装配式混凝土结构建筑实践与管理丛书

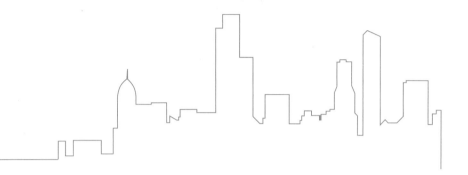

装配式混凝土建筑
——甲方管理问题分析
与对策

丛 书 主 编　郭学明
丛书副主编　许德民　张玉波

本 书 主 编　张　岩
本书副主编　陆　烜　张玉波
参　　　编　许德民　郭得海　胡卫波
　　　　　　吴润华　李秋爽

机械工业出版社
CHINA MACHINE PRESS

本书以问题为导向，聚焦当前装配式混凝土建筑大发展中出现的各种问题，从甲方管理的角度，通过扫描问题、发现问题、分析问题、解决问题、预防问题，以期为装配式混凝土建筑的甲方提供全方位、立体化解决方案，从而使甲方无论是从社会要求还是市场需求的角度，都能够积极主动地在适宜的条件下选用装配式混凝土建筑，管理好装配式混凝土建筑，建设好装配式混凝土建筑，推动装配式混凝土建筑的健康发展。

本书适合于从事装配式混凝土建筑的甲方、政府管理人员、监理、生产及管理人员，对于装配式建筑设计、构件生产厂家和安装施工人员也有很好的借鉴和参考意义。

图书在版编目（CIP）数据

装配式混凝土建筑. 甲方管理问题分析与对策/ 张岩主编 .—北京：机械工业出版社，2020.6

（装配式混凝土结构建筑实践与管理丛书）

ISBN 978-7-111-65384-4

Ⅰ.①装… Ⅱ.①张… Ⅲ.①装配式混凝土结构–建筑施工–问题解答 Ⅳ.①TU37-44

中国版本图书馆 CIP 数据核字（2020）第 062497 号

机械工业出版社（北京市百万庄大街 22 号 邮政编码 100037）
策划编辑：薛俊高 责任编辑：薛俊高
责任校对：刘时光 封面设计：张 静
责任印制：孙 炜
北京联兴盛业印刷股份有限公司印刷
2020 年 5 月第 1 版第 1 次印刷
184mm×260mm · 17.5 印张 · 416 千字
标准书号：ISBN 978-7-111-65384-4
定价：99.00 元

电话服务　　　　　　网络服务
客服电话：010-88361066　机 工 官 网：www.cmpbook.com
　　　　　010-88379833　机 工 官 博：weibo.com/cmp1952
　　　　　010-68326294　金 书 网：www.golden-book.com
封底无防伪标均为盗版　机工教育服务网：www.cmpedu.com

序

"装配式混凝土结构建筑实践与管理丛书"是机械工业出版社策划、出版的一套关于当前装配式混凝土建筑发展中所面临的政策、设计、技术、施工和管理问题的全方位、立体化的大型综合丛书，其中已出版的 16 本（四个系列）中，有 8 本（两个系列）已入选了"'十三五'国家重点出版物出版规划项目"，本次的"问题分析与对策"系列为该套丛书的最后一个系列，即以聚焦问题、分析问题、解决问题，并为读者提供立体化、综合性解决方案为目的的专家门诊式定向服务系列。

我在组织这个系列的作者团队时，特别注重三点：

1. 有丰富的实际经验

2. 有敏感的问题意识

3. 能给出预防和解决问题的办法

据此，我邀请了 20 多位在装配式混凝土建筑行业有多年管理和技术实践经验的专家、行家编写了这个系列。

本系列书不系统地介绍装配式建筑知识，而是以问题为导向，围绕问题做文章。编写过程首先是扫描问题，像 CT 或核磁共振那样，对装配式混凝土建筑各个领域各个环节进行全方位扫描，每位作者都立足于自己多年管理与技术实践中遇到或看到的问题，并进行广泛调研。然后，各册书作者在该书主编的组织下，对问题进行分类，筛选出常见问题、重点问题和疑难问题，逐个分析，找出原因，特别是主要原因，清楚问题发生的所以然；判断问题的影响与危害，包括潜在的危害；给出预防问题和解决问题的具体办法或路径。

装配式混凝土建筑作为新事物，在大规模推广初期，出现这样那样的问题是正常的。但不能无视问题的存在，无知胆大，盲目前行；也不该一出问题就"让它去死"。以敏感的、严谨的、科学的、积极的和建设性的态度对待问题，才会减少和避免问题，才能解决问题，真正实现装配式建筑的成本、质量和效率优势，提高经济效益、社会效益和环境效益，推动装配式建筑事业的健康发展。

这个系列包括：《如何把成本降下来》（主编许德民）、《甲方管理问题分析与对策》（主编张岩）、《设计问题分析与对策》（主编王炳洪）、《构件制作问题分析与对策》（主编张健）、《施工问题分析与对策》（主编杜常岭），共 5 本。

5 位主编在管理和技术领域各有专长，但他们有一个共同点，就是心细，特别是在组织作者查找问题方面很用心。他们就怕遗漏重要问题和关键问题。

除了每册书建立了作者微信群外，本系列书所有 20 多位作者还建了一个大群，各册书的重要问题和疑难问题都拿到大群讨论，各个领域各个专业的作者聚在一起，每册书相当于增加了 N 个"诸葛亮"贡献经验与智慧。

我本人在选择各册书主编、确定各册书提纲、分析重点问题、研究问题对策和审改书稿方面做了一些工作，也贡献了 10 年来我所经历和看到的问题及对策。 许德民先生和张玉波先生在系列书的编写过程中付出了很多的心血，做了大量组织工作和书稿修改校对工作。

出版社对这个系列也给予了相当的重视并抱有很高的期望，采用了精美的印制方式，这在技术书籍中是非常难得的。 我理解这不是出于美学考虑，而是为了把问题呈现得更清楚，使读者能够对问题认识和理解得更准确。 真是太好了！

这个系列对于装配式混凝土建筑领域管理和技术"老手"很有参考价值。 书中所列问题你那里都没有，你放心了，吃了一枚"定心丸"；你那里有，你也放心了，有了预防和解决办法，或者对你解决问题提供了思路和启发。 对"新手"而言，在学习了装配式建筑基本知识后，读读这套书，会帮助你建立问题意识，有助于你发现问题、预防问题和解决问题。

当然，问题是繁杂的、动态的；不仅是过去时，更是进行时和将来时。 这套书不可能覆盖所有问题，更不可能预见未来的所有新问题。 再加上我们作者团队的经验、知识和学术水平有限，有漏网之问题或给出的办法还不够好都在所难免，所以，非常欢迎读者批评与指正。

郭学明

2019 年 10 月

1999 年国务院发布《关于推进住宅产业现代化提高住宅质量的若干意见》后，住建部成立了住宅产业化促进中心，各地主管建设的部门也都相继成立了对应机构。当时我在沈阳市建委参与制定了沈阳市最早的住宅产业化相关文件，后来在新成立的沈阳市住宅产业化管理办公室从事装配式建筑管理工作。由于沈阳市是建筑产业化试点城市，后来又成为示范城市，作为地方政府行业管理部门的具体管理者，装配式建筑发展的推动者之一，我在实践中学习的机会较多，遇到的问题也较多，因此有了一些探索性的思考。尤其与装配式建筑的主力军，房地产企业、设计单位、预制构件制作企业和施工安装企业有很多互动，对他们的愿望、态度、困难和问题也比较了解。

我认为，装配式建筑的健康发展须实现由政府推动到市场自觉的转换，完成这个转换最重要的角色是装配式建筑产业链的龙头——开发商或者说建设方，即甲方。只有找出甲方决策和管理环节存在的问题，避免和解决这些问题，才有可能真正实现装配式建筑的宗旨——获得经济效益、社会效益和环境效益，才有可能从政府要求干转变为企业主动干。

本书从甲方管理的视角，例举了问题实例，列出了问题总清单，指出了问题的危害，给出了避免问题和解决问题的办法，并介绍了甲方管理和技术人员必须掌握的装配式建筑基本知识。

丛书主编郭学明先生委托我担任本书主编，一方面考虑我有长期在政府从事行业管理的经验，另一方面考虑我有组织作者团队的优势。受此重托我感到责任重大，也倍感压力。好在本书作者都是多年从事装配式建筑行业相关工作，既有丰富经验又有归纳能力，包括国内知名开发企业的装配式建筑专职管理和技术人员，多年从事技术咨询、预制构件制作和施工安装的管理者与专家。

本书副主编陆烜先生是上海保利房地产开发有限公司技术部高级经理，一级注册结构工程师、高级工程师；丛书副主编、本书副主编张玉波先生是沈阳兆寰现代建筑构件有限公司董事长；丛书副主编、本书参编许德民先生是沈阳兆寰现代建筑科技有限公司董事长、上海城业建筑构件有限公司总经理，高级工程师；参编郭得海先生是恒大地产集团住宅产业化中心东北区域负责人，一级注册建造师，注册监理工程师；参编胡卫波先生是地产成本圈创始人，《建设工程成本优化》一书的主编；参编吴润华女士是辽宁华屹建筑科技集团有限公司董事长；参编李秋爽女士是原构国际设计顾问合伙人，一级注册结构工程师、高级工程师。

郭学明先生指导、制定了本书的框架及章节提纲，给出了具体的写作指导，并对全书书稿进行了两次审改；许德民先生对全书书稿进行了校核和统稿，并对部分章节进行了修改；张玉波先生做了大量的组织和协调工作。

本书共 14 章。

第 1 章是装配式建筑甲方管理概述。 简要介绍了装配式建筑的基本概念与推广目的，分析了装配式建筑给甲方可能带来的利益和当前存在的不利因素，介绍了装配式混凝土建筑管理的特点，甲方决策与管理的重要性，甲方管理模式、流程与重点，人力资源配备与培训要求和国内外装配式建筑管理。

第 2 章是甲方决策和管理问题的类型与影响。 列举了甲方决策和管理中存在的问题，并进行了汇总、分类，指出了这些问题的影响与危害，给出了避免和解决问题的主要措施。

第 3 章是政策理解与应对问题及解决思路。 指出了目前存在的甲方对装配式混凝土建筑抵触与被动应付的问题，分析了原因，给出了解决思路；对甲方如何兼顾经济、社会、环境三个效益，如何用活政策与标准、如何争取政策支持及对不合理政策宜采取什么做法给出了具体的建议。

第 4 章是拿地环节存在的问题与预防。 对拿地环节存在的问题进行了汇总和分析，给出了预防和解决问题的办法，包括：拿地前政策和规范及拿地附带条件分析、拿地前成本增量测算问题、容积率的影响问题、预制率及装配率对成本和工期的影响、鼓励支持政策对成本和工期的影响及供给侧资源和条件对成本和工期的影响。

第 5 章是决策与方案设计常见问题与预防。 列举了决策与方案设计阶段问题实例，给出了常见问题清单及预防办法；重点讨论了装配式对业态、户型、结构类型与体系的影响，预制率（或装配率）优化方案和四个系统的分析，成本增量与功能增量的关系分析，早期协同及 BIM 决策。

第 6 章是实施模式问题及预防。 列举了装配式建筑实施模式的类型；具体分析了这些模式的利弊，给出了甲方选择设计单位、预制构件工厂、施工企业和监理企业的要点。

第 7 章是设计环节管理常见问题与预防。 列举了装配式建筑设计常见问题，甲方对设计管理的常见问题，重点讨论了装配式介入时机晚、常规设计与装配式设计脱节和设计协同组织不好会造成的影响，提出了甲方对设计环节管理的要点。

第 8 章是预制构件制作环节管理问题及预防。 列出了预制构件常见质量问题和构件交付常见问题、甲方对预制构件工厂管理中存在的问题，给出了甲方对构件厂管理的要点和构件出厂验收要点。

第 9 章是工程施工环节管理问题及预防。 对工程施工环节常见问题进行分析并提出预防办法，包括：施工各环节常见的质量与安全问题及危害和预防措施、工期延误问题的主要原因及预防措施、甲方对施工环节管理的常见问题及管理要点、出现质量隐患或事故的处理程序与要点。

第 10 章是监理管理问题及预防。 列出了装配式建筑监理常见问题和甲方对监理管理的常见问题，提出了甲方关于监理环节管理的要点，给出了甲方对驻厂监理工作、施工环节特别是灌浆作业监理工作进行监督管理的具体要求。

第 11 章是成本控制问题及解决思路。对比分析了国内外装配式混凝土建筑的成本情况，分析了国内装配式建筑成本高的原因，指出了国内甲方在装配式成本控制上的问题，并给出了甲方降本增效的思路和选项。

第 12 章是销售问题及解决思路。分析了消费者对装配式建筑的四种认知状态，列出了装配式建筑销售策略和方法存在的问题，给出了在销售环节让消费者放心的具体措施和建议。

第 13 章是物业管理问题及解决思路。列出了甲方的物业管理责任、装配式建筑物业管理特点、甲方在物业管理中存在的问题、物业管理指导书与专项培训、禁止砸墙凿洞的一些具体措施。

第 14 章是装配式建筑展望。对装配式建筑总体趋势进行了展望，列举了甲方目前在装配式推广背景下无法解决的问题，提出了对规范标准和政策制定、修订的期望，同时对供给侧改革和技术进步进行了展望。

我作为本书主编对全书进行了统稿，编写了第 1 章；陆烜先生是第 5 章、第 7 章、第 14 章的主要编写者；张玉波先生是第 8 章、第 10 章的主要编写者；郭得海先生是第 3 章、第 4 章、第 9 章的主要编写者；胡卫波先生是第 2 章、第 11 章的主要编写者；吴润华女士是第 6 章、第 12 章的主要编写者；李秋爽女士是第 13 章的编写者。

特别感谢王炳洪先生对本书第 4 章、第 5 章、第 7 章提出的修改意见。

感谢隋明悦先生和居理宏先生对我在装配式建筑管理实践的长期指导与帮助。

感谢在编写过程中给予大力支持的赵树屹先生、雷云霞女士、李康先生、闫恩山先生、石宝松先生、曾升先生、胡宝权先生、刘英武先生、王俊先生、李营先生、贺旭光博士、白世烨博士、田冠勇先生、李琳女士、李伟兴博士、吴永荣女士、廖宇先生、王雄伟先生、吴红兵先生、黄鑫先生、许佳锦先生、黄云辉先生、陈鹏先生。

感谢梁晓艳女士为本书绘制了部分图样、孙昊女士为本书第 9 章绘制了部分图样。

感谢上海联创设计集团股份有限公司在本书写作过程中给予的支持和协助。

感谢万科集团沈阳公司、绿城中国控股有限公司、万达集团、华润置业沈阳公司、上海保利房地产开发有限公司、广东省建筑材料行业协会装配式建筑分会、中天华南建设投资集团有限公司、原构国际设计顾问、宝龙集团、中南集团 NPC 事业部、和能人居科技集团、广东领和复合材料有限公司、上海天华建筑设计公司、中建三局一公司等企业提供的值得借鉴的工程实例和照片。

装配式建筑在我国还处于高速发展之中，甲方遇到的问题还会不断出现，本书不可能毕其功于一役地列举并解决所有问题，同时由于作者水平和经验有限，书中难免有不足和错谬之处，敬请读者批评指正。

本书主编　张岩

▶▶▶▶▶ **目录**
CONTENTS

第1章
装配式建筑甲方管理概述

本章提要

　　简要介绍了装配式建筑的基本概念与推广目的，分析了装配式建筑给甲方可能带来的利益和当前存在的不利因素，介绍了装配式混凝土建筑管理的特点，甲方决策与管理的重要性，甲方管理模式、流程与重点，人力资源配备与培训要求，同时对国内外装配式建筑管理进行了举例分析。

▌1.1　什么是装配式建筑

1.1.1　装配式建筑的定义

　　按常规理解，装配式建筑是一个技术概念，是一种建筑实现的工艺方式，是指由"预制部件通过可靠连接方式建造的建筑"。

　　但是，按照国家标准《装配式混凝土建筑技术标准》（GB/T 51231—2016）（以下简称《装标》）的定义，装配式建筑是"结构系统、外围护系统、内装系统、设备与管线系统的主要部分采用预制部件集成的建筑"（图1-1）。这个定义强调的装配式建筑是一个整体的概念，强调了四个系统的预制集成缺一不可。

　　这个定义与目前我国大部分建筑领域从业人员理解的定义（也是国际建筑界公认的定义），即"装配式建筑是结构系统和外围护系统采用预制构件集成的建筑"有所不同。

　　笔者认为，国家标准关于装配式建筑的定义之所以与常规定义不同，强调四个系统的预制集成，主要基于"补课"原因：目前中国建筑标准低，适宜性、舒适度和耐久性差，交付毛坯房，管线埋设在混凝土中，天棚无吊顶，地面不架空，排水不同层等。强调四个系统集成，有助于建筑标准的全面提升。中国建筑业施工工艺还比较落后，各个系统标准化、工

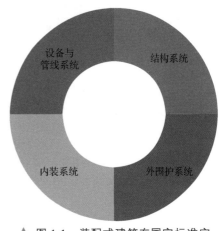

▲ 图1-1　装配式建筑在国家标准定义里的4个系统

具化、自动化程度低，与发达国家比还有较大的差距。通过推广以四个系统集成为主要特征的装配式建筑，有助于全面提升建筑现代化水平，提高环境效益、社会效益和经济效益。

作为甲方管理者，深刻理解和把握好国家标准的定义，对装配式建筑项目的决策和管理具有重要意义和实际意义，本书各章节对甲方在装配式建筑管理方面存在问题的分析和解决思路都是基于这个定义展开的。

目前，许多甲方管理者和技术人员对装配式建筑定义的理解还存在误区，例如把对装配式建筑的理解只局限于主体结构预制装配，是混凝土结构构件的装配。这个误区是装配式建筑实施过程中许多问题的根源，本书各章将予以详细讨论。

1.1.2 装配式建筑的基本特征、优点及不足

1. 基本特征

有人把装配式建筑比喻为"像造汽车一样造房子"，还有人比喻为"像搭积木一样造房子"。笔者认为前一种说法更贴切一些。汽车是工业化的典型产品，其设计、生产乃至管理和应用都遵循着工业化的技术要求和标准。只不过汽车是移动的空间，建筑是固定的空间。日本的装配式钢结构低层建筑所有部件生产都实现了高度的机械化、自动化和数控化（图1-2）。欧洲、美国、日本的叠合板、预应力楼板和部分墙板的制作也实现了高水平的自动化（图1-3和图1-4）。目前我国建筑领域工业化程度还很低，还不能与汽车等完全工业化的产品相比。但甲方应意识到建筑工业化的大趋势，而不是按照传统思维习惯对待装配式建筑。

▲ 图1-2 日本积水装配式低层建筑生产线上的机械手

▲ 图1-3 日本叠合板自动化生产线上放置预埋件的机械手

▲ 图1-4 欧洲预应力板自动化生产线

装配式建筑的基本特征也是很多工业产品的基本特征，简单说就是"六化"（图1-5），即设计标准化、生产工厂化、施工装配化、装修一体化、管理信息化、应用智能化。

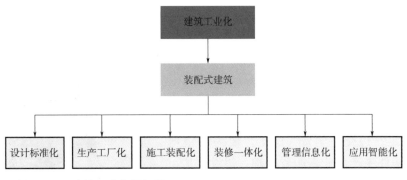

▲ 图 1-5　建筑工业化框架图

2. 装配式建筑的优点

现代建筑的登场是从铸铁-玻璃装配式建筑开始的，距今已有 170 年。钢结构建筑本身就是装配式，有 100 多年的应用历史。大规模的混凝土装配式建筑始于 20 世纪 50 年代，已经有 70 多年的历史。总结世界各国的经验，装配式建筑具有以下优点：

（1）提升建筑质量。体现在设计要求更加精细，各专业更加协同；采用工厂生产预制构件，精度和质量更高；预制构件的高精度还可以带动施工现场现浇混凝土的精度；保温一体化外围护预制构件可提高建筑节能保温和防火性能；工厂化生产更有利于质量控制和检查，也有利于向自动化、智能化发展。

（2）提高效率。体现在预制构件生产和施工安装环节，工厂可采用流水线或自动化机械设备生产构件，不受冬、雨期影响；施工安装比现场浇筑所需人工更少，施工效率更高。

（3）减少损耗。体现在由于前期设计的精细化和各专业协同使得生产和施工安装环节减少调整和补救问题，工厂化生产有利于钢筋边角余料、混凝土剩余残料及废旧模具的回收再利用，减少现场的脚手架和模板支护，减少抹灰等工序造成的材料损耗。

（4）有利于绿色发展。体现在装配式建筑可节材 20%，节水 20%~50%，减少工地扬尘和噪声污染，减少建筑垃圾 80%，更加有利于环保。

（5）改善劳动条件。体现在生产和施工环节，装配式施工现场比传统施工现场环境要好，工厂生产环境比施工现场更好，也有利于作业安全；工人分工更细、更专业，作业强度也相对较小，更有利于提高工人素质，有利于实现从业人员的主体从农民工向产业工人的转变。

（6）缩短工期。装配式建筑要求前期决策和设计阶段更加精细，尽量把预制构件生产、施工安装、管线设备和装修环节可能产生的问题预先解决，避免了调整和返工现象，同时与现浇建筑相比还减少了一些工序和环节，安装效率更高，由于多采用干作业，内装修可以随之跟进，总工期可比常规现浇作业缩短 30%~50%。

3. 装配式建筑的不足

装配式建筑虽然有很多优点，但也不是完美的，也有不足之处：

（1）不是所有建筑都适宜做装配式。装配式建筑有其适用性，由于标准化、模数化的要求，更适于造型简单或重复元素较多的建筑。对造型复杂、重复元素少的建筑适宜性较差。有些结构体系，如剪力墙结构体系，目前看适宜性不佳。

（2）装配式建筑对建设规模和建筑体量有一定要求。必须有使预制构件生产企业运营下去的市场需求量，建筑体量太小会增加建造成本，市场规模太小构件制造企业无法生存。

（3）发展初期或因政策需要磨合，或因规范尚待完善，或因甲方、设计、制作、安装、监理各个环节经验不足，边交"学费"边干，要为出错埋单；或预制构件生产企业需购置土地、建设厂房、购买设备，摊销费用较高；或施工企业需购置或租赁大吨位的起重等安装设备，还要组织专业施工队伍，导致施工成本增加；有可能传导给甲方是总成本增加、总工期延长的结果。

1.1.3 装配式建筑分类

1. 按结构材料分类

装配式建筑按结构材料分类，包括：装配式混凝土建筑（图 1-6），装配式钢结构建筑（图 1-7），装配式木结构建筑（图 1-8），装配式混合结构建筑（图 1-9）。

▲ 图 1-6　世界上最高的装配式混凝土建筑——日本大阪北浜大厦（208m）

由于装配式混凝土建筑是目前我国装配式住宅建筑的主要结构形式，建设规模最大，所以，除特别注明外，本书所说的装配式建筑都是特指装配式混凝土建筑。

装配式混凝土建筑，根据预制混凝土构件连接方式的不同又可以分为两种结构形式：

（1）装配整体式混凝土结构

装配整体式混凝土结构是指预制混凝土构件通过可靠方式进行连接并与现场后浇混凝土、水

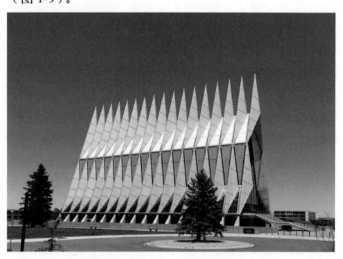

▲ 图 1-7　装配式钢结构建筑——美国科罗拉多州空军小教堂

泥基灌浆料形成整体的装配式混凝土结构。简言之，装配整体式混凝土结构以"湿连接"为主要连接方式。钢筋连接方式包括灌浆套筒连接、注胶套筒连接、机械套筒连接和绑扎连接等（图 1-10）。装配整体式混凝土结构具有较好的整体性和抗震性。目前，大多数多层和全部高层装配式混凝土建筑都是装配整体式混凝土结构，有抗震要求的低层装配式建筑也多是装配整体式混凝土结构。

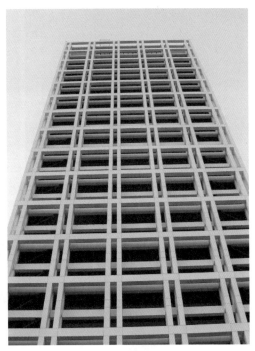

▲ 图 1-8　世界最高的装配式木结构建筑——温哥华 UBC 大学学生公寓楼（53m）

▲ 图 1-9　装配式混合结构建筑——东京鹿岛赤坂大厦（混凝土结构与钢结构混合）

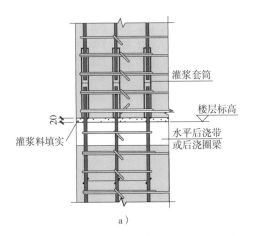

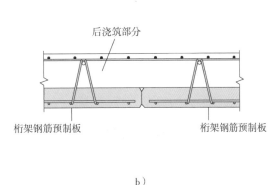

a）

b）

▲ 图 1-10　装配整体式混凝土结构主要连接方式
　　a）灌浆套筒连接节点图　b）后浇混凝土连接节点图

（2）全装配式混凝土结构

全装配式混凝土结构是指预制混凝土构件以干法连接（如螺栓连接、焊接、搭接等）形成的混凝土结构（图 1-11）。

国内许多预制钢筋混凝土柱单层厂房就属于全装配式混凝土结构。国外一些低层建筑或非抗震地区的多层建筑采用全装配式混凝土结构，如美国很多的停车楼就是采用全装配式混凝土结构形式。

▲ 图 1-11　全装配式混凝土结构的连接节点实例

2. 按建筑高度分类

装配式建筑按高度可分为：低层装配式建筑，3 层及 3 层以下（图 1-12）；多层装配式建筑，4~6 层（图 1-13）；高层装配式建筑，6 层以上 100m 以下（图 1-14）；超高层装配式建筑，100m 及以上，见图 1-6。

▲ 图 1-12　低层装配式建筑——10d 建成的武汉雷神山医院

▲ 图 1-13　多层装配式建筑——美国凤凰城图书馆

▲ 图 1-14　高层装配式建筑——沈阳万科春河里公寓楼

3. 按结构体系分类

装配式建筑按结构体系分类，有框架结构、框架-剪力墙结构、剪力墙结构、框支剪力墙结构、墙体结构、筒体结构、无梁板结构、排架结构（厂房常用）、空间薄壁结构等，详见表 1-1。

表 1-1　装配式混凝土建筑结构体系

序号	名称	定义	平面示意图	立体示意图	说明
1	框架结构	由柱、梁为主要构件组成的承受竖向和水平作用的结构			适用于多层和小高层装配式建筑,是应用非常广泛的结构
2	框架-剪力墙结构	由柱、梁和剪力墙共同承受竖向和水平作用的结构			适用于高层装配式建筑,其中剪力墙部分一般为现浇,在国外应用较多
3	剪力墙结构	由剪力墙组成的承受竖向和水平作用的结构,剪力墙与楼盖一起组成空间体系			可用于多层和高层装配式建筑,在国内应用较多,国外高层建筑应用较少
4	框支剪力墙结构	剪力墙因建筑要求不能落地,直接落在下层框架梁上,再由框架梁将荷载传至框架柱上的结构体系			可用于底部商业(大空间)上部住宅的建筑,不是很合理的结构体系
5	墙板结构	由墙板和楼板组成承重体系的结构,有剪力墙结构和暗柱暗梁的框架板结构			适用于低层、多层装配式住宅建筑

（续）

序号	名称	定义	平面示意图	立体示意图	说明
6	筒体结构（密柱单筒）	由密柱框架形成的空间封闭式的筒体			适用于高层和超高层装配式建筑，在国外应用较多
7	筒体结构（密柱双筒）	内外筒均由密柱框筒组成的结构			适用于高层和超高层装配式建筑，在国外应用较多
8	筒体结构（密柱+剪力墙核心筒）	外筒为密柱框筒，内筒为剪力墙组成的结构			适用于高层和超高层装配式建筑，在国外应用较多
9	筒体结构（束筒结构）	由若干个筒体并列连接为整体的结构			适用于高层和超高层装配式建筑，在国外有应用

（续）

序号	名称	定义	平面示意图	立体示意图	说明
10	筒体结构(稀柱+剪力墙核心筒)	外围为稀柱框筒,内筒为剪力墙组成的结构			适用于高层和超高层装配式建筑,在国外有应用
11	无梁板结构	由柱、柱帽和楼板组成的承受竖向与水平作用的结构			适用于商场、停车场、图书馆等大空间装配式建筑
12	排架结构(厂房)常用	由混凝土柱、轨道梁、预应力混凝土屋架或钢结构屋架组成承受竖向和水平作用的结构			适用于工业厂房装配式建筑
13	空间薄壁结构	由曲面薄壳组成的承受竖向与水平作用的结构			适用于大型装配式公共建筑

1.1.4 评价标准

现行的国家标准《装配式建筑评价标准》（GB/T 51129—2017）自 2018 年 2 月 1 日实施以来，很多地方政府依据国家标准并结合实际情况制定了当地的评价标准，对装配式建筑进行评价。

　　国家评价标准兼顾了装配式建筑的四个系统，突出了对装配式建筑定义的准确把握，避免了以前的评价方式只关注主体结构是否预制装配，而忽略其他系统的集成和全装修。同时，还综合考虑了对装配式钢结构建筑、装配式木结构建筑等建筑类型的评价，以及规定了装配式建造方式覆盖范围为全部民用建筑，包括居住建筑和公共建筑。

　　国家评价标准把装配率作为考量的唯一指标，对装配式建筑设置了控制性指标为最低准入门槛，以竖向构件、水平构件、围护墙和分隔墙、全装修等具体指标，分析建筑单体的装配化程度。达到最低要求时，即装配率达到 50%，才能被认定为装配式建筑；再根据分值的高低进行等级评价，即装配率为 60%~75%，评价为 A 级；装配率为 76%~90% 时，评价为 AA 级；装配率为 91% 及以上时，评价为 AAA 级装配式建筑。通过这些等级设置来发挥标准的正向引导作用，也为地方政府制定鼓励支持政策提供了弹性的空间，应该说这个评价标准具有系统性、导向性和可操作性。

1.2　装配式建筑历史沿革简述

1.2.1　古代装配式建筑历史简述

　　装配式建筑并不是新概念，古代许多石结构和木结构建筑就是装配式建筑。

　　早在 4 千多年前，埃及人建造的神庙就是石结构柱梁与木结构屋顶的装配式建筑（图 1-15）。两千多年前的古希腊雅典帕特农神庙（图 1-16）、波斯宫廷百柱大厅（图 1-17）也是石结构柱梁与木结构屋顶的装配式建筑。近两千年前的印度教寺庙（图 1-18）是石结构装配式建筑。中世纪欧洲流行的哥特式建筑大多是石结构装配式建筑，如巴黎圣母院（图 1-19）。

▲ 图 1-15　埃及神庙

▲ 图 1-16　古希腊雅典帕特农神庙

▲ 图 1-17　波斯宫廷百柱大厅

▲ 图 1-18　印度教寺庙

以中国为代表的东方木结构宫廷和寺庙建筑也是装配式建筑，如 1300 年前的五台山佛光寺（图 1-20）。日本现存的也有 1300 年前的木结构装配式建筑。

▲ 图 1-19　建筑立面极其复杂的哥特式建筑——巴黎圣母院

▲ 图 1-20　唐代五台山佛光寺木结构大殿

1.2.2　国外现代装配式建筑历史简述

1. 从铸铁结构——装配式钢结构开始

现代建筑登上历史舞台的第一座标志性的建筑就是装配式建筑。

建筑工业化是随着西方资本主义工业革命就已经出现的一个概念，最早可以追溯到 19 世纪 50 年代。当时工业革命对纺织、汽车、造船等工业领域都产生了巨大的影响，生产效率迅速提高，产品质量大幅提升。工业产品的标准化、机械化程度的提高使建筑业也受到了影响。世界上第一座现代建筑——1851 年伦敦博览会主展览馆——水晶宫（图 1-21）就是工业

▲ 图 1-21　世界上第一座现代装配式建筑——英国水晶宫

化的成果——一座铸铁结构的装配式建筑，开辟了人类建筑形式的新纪元。

20多年后，19世纪70年代，美国芝加哥和纽约等城市兴起了多层和高层写字楼、商场等铸铁和钢结构装配式建筑（图1-22）。20世纪前半叶，装配式钢结构超高层建筑即摩天大厦出现。1931年建成的纽约帝国大厦（图1-23）高381m，共102层，施工工期创造了4天一层楼的奇迹。帝国大厦占据世界第一高楼的宝座长达40年之久。

2. 装配式混凝土结构发展简史

现浇钢筋混凝土结构19世纪末期开始用于建筑。1910年，现代建筑的领军人物，20世纪世界四大著名建筑大师之一的格罗皮乌

▲ 图1-22　19世纪末芝加哥装配式铸铁结构建筑——温莱特大厦

斯提出：钢筋混凝土建筑应当预制化、工厂化。20世纪50年代，另一位世界四大著名建筑大师之一的勒·柯布西耶设计了著名的马赛公寓，采用了大量预制混凝土构件。

混凝土预制化是大规模建设的产物，也是建筑工业化进程的重要环节。早期混凝土结构建筑，每个工地都要建一个小型混凝土搅拌站；后来，有了商品混凝土，集中式搅拌站形成了网络，取代了工地搅拌站；再进一步，预制混凝土构件工厂形成了网络，部分取代了商品混凝土。

大规模装配式建筑在二次世界大战之后得到迅速发展，最初始于北欧。20世纪60年代，北欧国家由政府主导建设"安居工程"，采用装配式混凝土建筑，主要是多层"板楼"。北欧冬季漫长，夜长昼短，一年中可施工时间比较少，大规模搞装配式混凝土建筑主要是为了缩短现场工期，提高建造效率和降低造价，也能保证质量。

▲ 图1-23　纽约帝国大厦

北欧经验随后又传至西欧、东欧、美国、日本、东南亚等地区及国家。20世纪一些著名的建筑大师都热衷于装配式建筑，包括沙里宁、山崎实、贝聿铭、扎哈、屈米、奈尔维等，都设计过装配式建筑。

国外装配式混凝土建筑发展经历了三个主要阶段：

一是初级阶段，重点解决建立工业化生产体系，满足成本低、大批量、快速建造。

二是发展阶段，重点解决提高住宅质量和性价比，在质量和多样性方面进步较快，效益明显提高。

三是成熟阶段，转向了低碳化、绿色发展，材料可回收利用，向绿色建筑方向发展。

对照国外的发展经历，可以看出我国尚处于初级阶段，但从政府的角度出发是要解决三个阶段的任务。国外装配式建筑发展到现在，各个国家发展的重点和方式也有所不同。

3. 各国及地区发展现状

（1）欧洲发展现状

欧洲高层建筑不多，超高层建筑更少，其装配式建筑多采用多层框架结构和连接构造比较简单的多层剪力墙结构（比如双面叠合剪力墙结构）。欧洲的预制混凝土构件制作工艺自动化程度很高，因此装配式建筑的装备制造业也非常发达，居于世界领先地位。目前欧洲装配式混凝土建筑占总建筑量的比例在 30% 以上。

英国装配式钢结构建筑占 70%。

20 世纪 70 年代东德是工业化水平最高的国家，工业化水平达到 90%，多采用多层大板式装配式住宅，见图 1-24。

法国装配式建筑 20 世纪 80 年代开始逐渐建立体系，绝大多数为装配式混凝土建筑；模数化、标准化程度很高。

丹麦以装配式混凝土结构为主。强制要求设计模数化；预制构件产业发达；结构、门窗、厨卫等配件标准化；装配式大板、箱式模块等结构体系较多。

瑞典装配式木结构建筑较多，产业链极其完整和发达，发展历史上百年，涵盖低层、多层、甚至高层，90% 的房屋为装配式木结构建筑。

▲ 图 1-24　东德的大板式住宅楼

（2）亚洲发展现状

日本是世界上装配式混凝土结构运用得最为成熟的国家。日本高层超高层建筑很多是装配式混凝土建筑，而多层建筑较少采用装配式，主要是因为层数少，模具周转次数少，搞装配式造价太高。日本的超高层装配式混凝土建筑经历了多次地震的考验，充分说明装配式混凝土建筑技术已经非常成熟。

日本的装配式混凝土建筑多为框架结构、框-剪结构和筒体结构体系，预制率比较高。日本许多钢结构建筑也用叠合楼板、楼梯和外挂墙板等混凝土预制构件。

韩国、新加坡等国家的装配式混凝土建筑技术与日本接近，应用比较普遍，但比例不像日本那么大。随着中国的大力推进，亚洲的装配式建筑进程正处于快速上升时期。

（3）北美洲发展现状

美国由于住宅大多是别墅和低层建筑，多为木结构建筑。北美预应力预制构件应用广泛，全装配式建筑比较常见。多层的停车场，大部分是全装配式建筑。建材产品和部品部件种类齐全，构件通用化水平高，实现了商品化供应，部品部件的使用年限有保障。

加拿大装配式混凝土建筑装配率较高；类似美国，构件通用性高；大城市多为装配式混凝土结构和装配式钢结构建筑；小镇多为装配式轻钢结构或装配式轻钢-木结构组合建筑；抗震设防烈度6度以下地区，全装配式混凝土（含高层）建筑较多。

4. 国外装配式建筑发展特点

通过国外装配式建筑的发展历程，可以看出装配式建筑的发展与社会经济、地理环境、科技水平和产业配套等条件有关，各国大都坚持循序渐进的原则，经过至少十几年、数十年逐渐发展完善起来，可总结出如下特点：

（1）市场主导、政府引导。在发展初期，虽有政府推动或示范，但实际还是市场起主导作用。如日本大量应用预制混凝土构件建造超高层建筑、美国大量采用全装配停车楼等，都是因为装配式建筑具有经济性的优势。

（2）适合的技术路线。不同国家、不同气候特征和材料资源使得其装配式建筑技术的发展路线也有所不同：法国、丹麦以装配式混凝土建筑为主；英国装配式钢结构建筑较多；美国、瑞典装配式木结构建筑较多，还有很多国家选择多元化技术发展路线。

（3）完善的法律法规。美国、日本等发达国家均通过立法或技术法规的形式保障装配式建筑及其建材部品的质量安全。

（4）完整的配套产业链。英国、德国、日本等国家具有较为完备的装配式建筑全产业（供应）链和配套部品部件体系。

（5）稳固的技术基础。发达国家的建筑体系、关键技术、技术工人、工业化部品部件生产质量水平、部品部件物流体系、质量管理和评价体系等技术基础都非常完善。

（6）完备的认证评价制度。日本的优良部品认证制度、美国"节能之星"评价制度等认证和评价制度非常完备，有效促进了建筑整体质量水平的提升。

当然，国外装配式建筑的发展历程中，也有惨痛的失败案例和教训，1968年伦敦发生了Ronan Point公寓倒塌事件（图1-25），该公寓是一栋22层的装配式混凝土板式结构体系建筑。由于煤气泄漏导致爆炸，使得该建筑一个角区从上到下一直坍塌到底层的现浇结构为止。这个事件后来导致英国国内数以百计的类似高层公寓被认为不安全而被拆除。这个事故也引起了国际结构工程界的高度重视，并由此确立了结构设计的一个重要原则，即结构内发生一处破坏不应造成整体的连续倒塌。

国外装配式建筑的发展历程给我们的启示是，

▲ 图1-25　伦敦倒塌的装配式建筑公寓

我国尚处于装配式建筑发展的初级阶段，还面临着各种技术、管理和市场等问题，必须要采取审慎的态度，本着循序渐进的原则去解决这些问题，稳妥地推进和发展，而不能采取"一刀切"的政策，搞"大跃进"式的发展。

1.2.3　中国现代装配式建筑历史简述

我国的装配式建筑始于 20 世纪 50 年代，主要是学习苏联的工业化建筑，在居住建筑方面大量应用预制空心楼板，即我们常说的"大板楼"建筑。

到 70 年代末和 80 年代初，随着我国改革开放和人民对建筑要求的提高，"大板楼"的防水、隔声和保温等问题暴露出来，使这种建筑方式日渐式微。到 80 年代末至 90 年代，随着商品混凝土的大规模应用，现浇建筑占领了我国建筑市场，建筑工业化发展基本停止。

1999 年国务院办公厅发布 72 号文件《关于推进住宅产业现代化提高住宅质量的若干意见》后，全国又重新兴起了推进住宅产业化的工作。但由于当时房地产业刚刚兴起，住宅产业化在随后的十多年的发展进程极为缓慢。

21 世纪初期，万科公司创始人王石率先提出推进住宅产业化，主动学习日本、美国、欧洲等发达国家和地区的技术与经验，并开始在企业开发的项目上进行试验建设。

2006 年，深圳市率先开展了住宅产业化的推进工作，成为国家首个住宅产业化试点城市，并通过万科公司在保障房建设项目龙悦居三期中进行装配式项目的试点，见图 1-26。

2010 年，沈阳市政府提出了现代建筑产业的概念，引进了日本鹿岛建设、日本积水住宅等世界著名的装配式建筑公司在沈阳设立工厂，生产装配式建筑的预制构件等部品部件（图 1-27），开始在政府投资的公共建筑项目和万科春河里项目（图 1-14）中应用，同时在保障房项目中应用剪力墙结构体系，由本地企业提供预制构件。在沈阳市的带动下，各地政府纷纷出台鼓励、支持政策大力推动，产业化发展呈现快速发展的势头。

▲ 图 1-26　深圳龙悦居装配式建筑

▲ 图 1-27　由日本积水住宅公司生产的构件建造的别墅

2016 年，《中共中央国务院关于进一步加强城市规划建设管理工作的若干意见》（中发〔2016〕6 号，简称《若干意见》）和之后颁布的《国务院办公厅关于大力发展装配式建筑的指导意见》（国办发〔2016〕71 号，简称《指导意见》），是全行业全面推动装配式建筑的里程碑。《若干意见》里提到了，用十年左右的时间要使装配式建筑占新建建筑的比例达到30%。在《指导意见》里对这一目标又作了进一步明确——到 2020 年达到 15%，2025 年达到 30%。此外上述文件还提出了如金融、税收等政策方面的保障措施。

据统计，2012 年我国新开工装配式建筑面积为 1400 万 m^2，之后呈现出爆发式增长态势，2016 年突破 1 亿 m^2，2018 年约 1.9 亿 m^2，同比增长 24.67%。应该说发展势头越来越好，从此开启了里程碑式的发展阶段。

1.3 甲方为什么要搞装配式建筑

1. 万科为什么率先搞装配式

看了本节题目，读者可能会说，装配式建筑是政府推广的，是与拿地条件捆绑在一起的强制性要求，不是甲方自己主动要搞的。

从国外看，装配式混凝土建筑，要么是建筑师发起的，要么是从政府项目开始的，甲方往往是慢节拍跟进，或被建筑师说服，或看到有利可图，才搞装配式。也有甲方对搞不搞装配式不在意，认为只是一种建造工法而已，设计院或者总承包认为可以提高质量、缩短工期、降低成本，甲方当然也愿意。

而中国这一轮装配式建筑热潮却是甲方发动的，房地产的龙头企业万科提出并试验多年后，政府才跟进并制定政策加以推广。

从大背景看，中国大规模城市化和解决城市居民住宅形成的房地产业大发展，可以说创造了人类历史上最大规模的建筑体量，特别适宜搞装配式，搞建筑工业化，从而实现三个效益，即经济效益、社会效益和环境效益。

我们可以回顾一下装配式混凝土建筑的发展历史。

格罗皮乌斯为

▲ 图 1-28 格罗皮乌斯设计的纽约泛美大厦

▲ 图 1-29 贝聿铭设计的费城社会岭公寓

什么主张装配式？是为了提高质量，降低成本（图 1-28）。

贝聿铭为什么要搞装配式？是为了降低成本，缩短工期，还能实现建筑艺术效果（图 1-29）。

约翰·伍重的悉尼歌剧院为什么要搞装配式？开始他没有想搞，但现浇实现不了，是不得不搞（图1-30）。

北欧、前苏联、东欧为什么搞装配式？是由于大规模住宅建设，为了实现低成本、高效率，而且便于冬季施工。

日本鹿岛的一个超高层建筑为什么搞装配式？该建筑周边运输道路窄，无法运送预制构件，宁可选择在施工现场预制也不采用直接现浇，他们认为这种方式成本低、工期短、质量好（图1-31）。

屈米为什么搞装配式？是由于镂空墙板"躺"着预制更方便，现浇很难实现（图1-32）。

那么，万科为什么要搞装配式？是为了学习发达国家的经验，在最适宜搞装配式的大规模建设时期，除了提高质量、降低成本和缩短工期外，还有面向未来、不想被时代落下的战略考量。

毛坯房、管线埋设在混凝土中、排

▲ 图1-30　约翰·伍重设计的悉尼歌剧院

▲ 图1-31　东京大宫施工现场临时露天预制构件工厂

水不同层、小跨度空间、外墙保温不防火、建筑使用寿命短等，与世界建筑水准的诸多差距，都需要补课追赶，应真正为消费者的切身利益和企业的长远利益着想。

以万科为代表的甲方，搞装配式，既是现实考虑，又有战略眼光。既考虑了企业的经济效益和长远利益，也考虑了社会效益和环境效益。图1-33是中国最早高预制率大型装配式混凝土建筑居住区，建筑面积达70万 m^2。这个住宅区也是沈阳市目前人气最高的楼盘之一。

▲ 图1-32　屈米设计的镂空建筑(辛辛那提大学体育馆中心)

▲ 图1-33　沈阳万科春河里住宅区鸟瞰效果图

目前我国像万科那样以"提高效率，提高质量；降低成本，降低损耗"为目标，主动采用装配式建造方式进行开发建设的甲方还为数不多，大多数甲方还是由于政府的要求、市场发展及环保等因素的影响，处于被动接受、不得不采用装配式建筑的状态。

2. 发展背景

新中国成立以来，我国的建筑业采用的是以高投入、高消耗、高污染为代价的粗放型发展模式。建筑的工业化水平较其他产业明显落后。虽然建筑产业从 20 世纪 70 年代末复苏以来，经过 30 年的迅速发展，工程建设进入数量与质量并重的时期，但与发达国家相比，住宅产品的水准、耐久性、舒适度和能源消耗方面还有较大差距。随着以住房为代表的房地产业成为我国 21 世纪初国民经济发展中重要的支撑产业，建筑工业化成为促进我国国民经济发展的重要成长型产业，其建造方式的变革、科技含量的提高和管理模式的创新等，将成为提升建筑产业的核心问题，装配式建筑成为建筑工业化的主要技术抓手。

3. 政策驱动

在我国推动一个产业的发展，政府往往起到主导作用。政府推动装配式建筑主要从社会效益和环境效益的角度出发，更加关注装配式建筑在产业升级、节能减排、环境保护方面的优势。

2016 年中共中央和国务院联合发文推广装配式建筑之后，全国 31 个省、市、自治区也相继出台了一系列具体政策，很多城市都有了较好的实施经验和项目案例。

地方政府的装配式建筑政策主要是通过鼓励、支持、政策扶持、政府示范项目引导、强制捆绑土地等路径来推动的。

4. 市场驱动

在国家和各地方政府的政策驱动下，装配式建筑的市场氛围越来越浓，一些甲方也主动投入到装配式建筑的项目建设和技术研究中，建筑相关行业向装配式建筑转型升级的热情越来越高。越来越多的甲方逐步认识到装配式建筑的优点，对相关技术越来越了解，工程建设规模不断扩大，产业配套资源更加丰富完善，从而也使装配式建筑的成本日趋合理。

5. 给甲方带来的益处

经济效益是甲方关注的重点。装配式建筑能给甲方带来的经济效益主要体现在以下几个方面：

（1）增加产品竞争力。装配式建筑能提高建筑质量，提供完善功能，解决质量通病，消费者就会更愿意买，从中国成为世界最大的豪华汽车市场可一窥端倪。

（2）有利于资金周转和回笼。装配式建筑的施工工期可以缩短，很多地方政府还给予提前预售等鼓励支持政策，如有些城市项目土建施工至正负零即可办理预售许可证，可有效缓解企业资金周转的压力。

（3）获得政府补贴或奖励。政府出台了很多鼓励支持政策，如北京市的面积奖励、上海市的不计容面积奖励，以及沈阳市的财政补贴等，这些政策能够直接给企业带来实实在在的经济利益。

（4）获得社会效益。装配式建筑带动建筑业转型升级，提供更多就业和更好的居住产品，满足人民日益增长的物质文化需求，社会效益的取得有利于装配式建筑的健康发展，从而使甲方获得经济效益。

（5）获得环境效益。装配式建筑具有节水、节能、减少浪费和污染等环保节能减排的优势，甲方能节省相关投资和费用，带来间接经济效益。

在装配式建筑发展较成熟和房地产市场发展水平较高的城市，如上海、北京、深圳等房地产一线城市，装配式建筑确实能给甲方带来经济效益。而那些装配式建筑发展尚处于"初级阶段"的城市，受当地房地产市场发展水平等因素的影响，甲方可能还看不到装配式建筑带来的利益，这也是甲方抵触和被动接受的首要原因。

1.4　装配式建筑对甲方有哪些不利

虽然装配式混凝土建筑有诸多优势，但这些优势目前在中国尚未完全体现出来。这里面有诸多原因，包括推广初期没有经验、供给侧资源或稀缺或不成熟、建筑需要"补课"内容较多、政策不尽合理、有的标准规范条款过于保守、结构体系不适宜等。对甲方的不利主要体现在以下几个方面：

1. 成本增加

在主体结构系统方面，目前装配式混凝土建筑比现浇建筑的成本每平方米高出 10% ~ 30%。装配式建筑全装修也无疑增加了甲方的资金投入和管理成本。成本增加的因素有很多，包括技术标准、结构体系、设计、预制构件生产和施工安装、管理和建设模式、劳动力成本占比、监管体系等诸多因素的影响。成本的高低与产品品质和功能紧密关联，装配式建筑在功能和品质方面优势明显，功能增量较高、性价比较高。一些发达国家发展装配式建筑的初衷是为了"省钱"，所以才能通过市场的力量逐步推广发展起来。装配式建筑成本问题是甲方最为关注的问题，若不能有效解决，必将影响甲方主动参与的热情，从而影响和阻碍装配式建筑的顺利和健康发展。

2. 供给侧资源不足

相比现浇建筑的成熟的、丰富的产业链资源，除了一些起步较早的城市如上海、北京、深圳、沈阳等城市的产业链配套资源相对较多外，刚刚起步的城市相关配套资源严重不足，不少甲方面临无米之炊的窘境。这些资源不足不仅体现在"有没有"，还体现在"好不好"，有些城市虽有资源，但能力不足、水平较低，例如，预制构件企业产能不足，构件质量不好，方案和设计水平不够，吊装和灌浆作业管理粗糙、不顾细节和质量等，这些"不好"的资源也给甲方带来了不利影响。

3. 工期长

（1）设计周期长。

由于装配式建筑是四个系统预制部品的集成，对集成设计、一体化设计、协同设计要求更高，设计人员要结合装配式建筑的特点，对户型、结构形式、管线布置、集成部品应用等进行统筹规划设计，同时又增加了拆分、节点和预制构件设计等装配式专项设计，导致设计周期延长。

（2）模具制作和预制构件制作延长了工期。

装配式建筑增加了预制构件制作环节，也增加了很多不确定因素。例如施工单位不了解或不关注预制构件生产前需要进行模具设计和加工制作，生产后需要养护到出厂要求的强度方可发货，构件采购合同没有及时签订，导致首批安装的构件未能在现浇转换层施工完成后及时进场。另外，由于预制构件工厂管理原因或与施工单位协同不够，构件进场不及时、发货顺序不对、进场构件质量不合格等问题也时常出现。上述问题都会影响工程进度，导致工期延长。

（3）施工安装工期未缩短。

可以缩短工期是装配式建筑的优势之一，但由于设计不合理或施工企业在装配式建筑施工方面经验不足、施工组织不当、施工计划不细致、施工人员熟练程度不高等原因，导致施工安装工期并未缩短，甚至增加。

（4）后浇混凝土湿作业多影响工期。

由于我国较多采用装配整体式剪力墙结构体系，现场混凝土浇筑量虽然少了，但由于后浇混凝土点多面广、费工费时，无法缩短结构工程工期。同时，由于湿作业多，内装作业无法紧随主体结构进行施工，全装修的装配式建筑总工期可以大大缩短的优势也无法体现。

4. 存在质量脆弱点

装配式混凝土建筑比现浇建筑有很多质量上的优势，尤其是预制构件的质量比施工现场现浇部位的质量要好很多，但装配式建筑是预制部件连接而成的整体，其结构连接点就属于"脆弱"的关键点。这些"脆弱点"包括：现浇转换层伸出钢筋的准确度、套筒或浆锚搭接孔的位置与角度精准度；随层灌浆和灌浆饱满度；夹芯保温板拉结件的锚固；预埋遗漏和节点钢筋干涉拥堵等。

这里，"脆弱点"不是技术上本身存在的问题，而主要是管理问题，是强调对这个关键点在制作、施工和使用过程中如果做不好或出现问题，是非常危险的。这些"脆弱点"涉及结构安全，甲方作为项目开发的管理者，要有对结构的敬畏感，一定要控制好这些"脆弱点"的质量，保证结构安全。

5. 市场认知度不高

有调查显示，消费者对装配式建筑的了解和认识不足，甚至很多建筑从业人员也不认可。这是因为：

（1）品质提升不明显。由于装配式建筑还处于初级阶段，在设计、生产和施工等环节经验不足，但在政府的强制推广下，很多项目被动上马，装配式建筑品质提升的优势没有发挥出来，有些项目甚至还出现了质量问题。此外，一些从业人员对装配式建筑技术体系、工艺尚有争议和疑虑，如叠合板出筋问题、套筒灌浆连接的质量控制和检验检测问题等。

（2）由于成本增加，甲方有抵触情绪，大多是为完成政府的强制性要求不得已而为之。

（3）消费者对住宅的要求还比较简单粗放，更关注住宅的面积、户型、地段等因素，而对住宅的性能如节能保温、抗震、防火、隔声、室内环境、质量安全等要求不高，关注比较少。这与发达国家是很不同的。

1.5　装配式混凝土建筑管理特点

装配式混凝土建筑与现浇混凝土建筑的管理有所不同，主要表现在：

1. 政策不同

装配式建筑有与土地捆绑的政策，有考核标准，还有鼓励、支持政策等，需要甲方吃透政策、符合政策、在定量分析基础上用足政策。

2. 依据的标准规范不同

装配式建筑依据的标准规范与现浇建筑有所不同，增加了标准规范要求。设计人员需要吃透规范，用活规范，必要时通过专家论证超越规范。

3. 决策内容增加

甲方在拿地时，除考虑容积率、建筑密度、控高、绿化率等通常的拿地要求外，还要应考虑装配率、鼓励支持政策、结构体系、住宅户型的标准化、工程组织管理模式、设计咨询公司选择、全装修、BIM 技术应用等内容。装配式建筑管理"上游比下游重要"，相关内容在整个过程中越前置，对项目越有利。

4. 规划与方案设计深入

在建筑高度设计时要考虑装配式建筑的高度限制，还要考虑装配式实施的栋数和工程量，此外还要结合政府的相关装配率要求和鼓励支持政策，进行综合经济测算，选出最优的规划设计方案。

在建筑单体设计时，要充分考虑装配式建筑预制构件的标准化和通用化，遵循"少规格、多组合"的原则，减少标准户型数量、增加标准户型组合。立面造型应考虑预制构件制作的便利性，包括门窗洞口、飘窗及外表面工艺。

目前，一些甲方采用一套规划设计图纸用于企业的多个项目，并形成一系列定位不同的住宅品牌，如恒大、万科、碧桂园等，一套成熟的装配式建筑规划方案设计通过大规模的工程建设"复制"，可节省大量的时间和成本，也更符合工业化产品开发的理念（图 1-34）。

5. 设计内容增加

增加了装配式的结构复核计算；还增加了装配式专项设计，包括结构拆分、结构连接节点设计和预制构件等部品部件设计等；同时，还增加了内装设计。

6. 协同要求高

不仅设计院内部各个专业协同设计要求提高，装修设计要提前，

▲ 图 1-34　恒大某楼盘

还要与预制构件制作、部品部件制作和安装施工环节进行协同；而且有些协同需要从方案设计阶段开始（图1-35）。

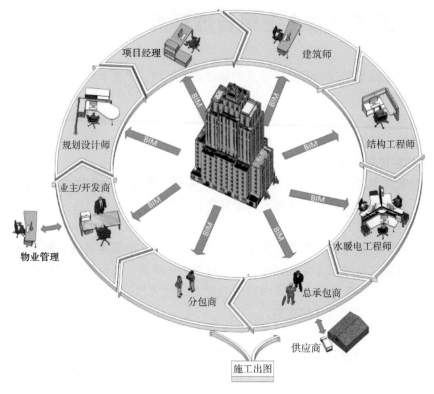

▲ 图1-35　协同设计示意图

协同是装配式建筑的灵魂，装配式建筑的成败也在于协同。目前，我国装配式建筑工程中出现的各种问题，例如成本问题、设计问题、预制构件生产和施工安装等质量安全问题，根本原因在于协同不够，参建各方、各个专业、各个环节之间没有进行有效的协同。

7. 管理范围扩大

增加了对预制构件设计、预制构件部品部件生产、运输、安装、全装修等方面的管理内容。

8. 成本、工期、质量、安全的关注点不同

通常一种技术进步带来成本的提高是正常现象，例如商品混凝土在建筑工程中的推广应用。装配式建筑由于与现浇建筑的组织管理模式不同，一些管理流程、设计和施工方式不同，增加一些环节和内容，也相应产生了一些成本增量，这些成本增量是建筑业工业化升级带来的系统性成本增加，甲方应给予高度关注。

有些工作和环节需要前置是装配式建筑的一大特点，在决策和设计阶段，制作、安装、装修等环节都应提前介入，由于工作重心前移，甲方的关注点应更多放在前期设计阶段。

此外，甲方还应高度关注装配式建筑制作和施工的关键环节，关注质量和安全方面的"脆弱点"。

9. 运行模式不同

装配式建筑增加了预制构件生产这一参建方，而提高协同性、加强信息沟通，最好的办

法就是尽量减少参建方，也更有利于明确责任。近几年国家在大力推行工程总承包 EPC（设计、采购、施工一体化）工程管理模式。这种模式可以更加有效地控制投资、工期和工程质量安全，是装配式建筑最适合的管理和运营模式，具体阐述可详见本书第 6 章相关内容。

1.6 甲方决策与管理的重要性

许多人误以为装配式混凝土建筑的好坏主要取决于预制构件工厂，把发展装配式建筑等同于建设构件制作企业。

其实，上游比下游更重要。对装配式建筑影响最大的是政策和标准，在政策和标准确定并暂时不能调整的情况下，装配式建筑能否做好，重要性的次序依次是甲方决策与管理、设计、预制构件生产和施工，由此看出最重要的是甲方和设计环节（图 1-36）。

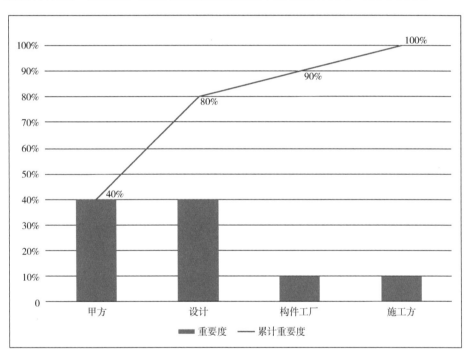

▲ 图 1-36 装配式建筑各环节重要程度示意图

1. 甲方是第一责任主体，承担项目全面责任

甲方是一个工程项目的发起者、投资者、管理者和受益者，拥有整个项目决策和管理的最大权力，权力越大意味着责任也越大。

国家法律明确了甲方要对整个工程项目的质量安全负全面责任，其他责任主体只对自己承担的工作内容负责。甲方的全面责任意味着更多的决策和管理内容，甲方不仅要统筹、协调、衔接各个责任主体的工作内容，而且要填补各个责任主体之间的责任和工作空白点，即别人不管的甲方管，别人管的甲方也要管，这些责任甲方都无法回避。

2. 甲方是决策者和全生命周期管理者

装配式建筑项目增加的决策和管理内容，任何环节也取代不了甲方。

提供给消费者的建筑产品的适宜性、方案的合理性、四个系统的集成、最佳性价比的获得等等，涉及投入与产出的对比性分析与决策，只有甲方才能"拍板"。

此外，甲方还对项目完成后的售后服务、运营管理等工作也承担相应的责任，须对建筑全生命周期负责。甲方必须把装配式建筑项目作为一个"整体"去考虑，不仅包含建筑过程的各个环节、各个专业和系统，还要将建筑产品的全生命周期通盘考虑。例如毛坯房交付后存在的管线埋设在混凝土中、排水不同层、小跨度空间、外墙外保温防火性能差、建筑使用寿命短等问题，甲方都要承担管理责任。

3. 甲方是投资受益者和风险承担者

如果充分发挥装配式建筑的各项优势，甲方的投资收益是可期的，建筑产品的品质提升会吸引更多消费者，增加消费者的购买意愿。而且目前国家和各地方政府还给予装配式建筑各项支持和奖励政策，这些因素都使甲方成为直接受益者。

除了价格、地段、产品定位等风险因素外，甲方还需面对装配式建筑项目增加的风险因素。装配式建筑的成本提高、配套资源不足、新的组织模式不熟悉、缺乏建设和管理经验、消费者不接受等因素，无疑增加了项目风险。甲方无法回避，唯有积极面对，加强学习，提高技术和管理水平，以适应装配式建筑的项目开发管理。

▌1.7 甲方管理模式、流程与重点

1. 适合的管理模式

甲方对装配式建筑管理模式包括：委托工程管理公司模式、总承包模式、聘请管理顾问模式和直接管理模式，不同模式对应不同的管理流程，详见第 6 章。

工程总承包（EPC）被认为是最适合装配式建筑的管理模式，它更扁平化、更注重协同性，责任界定更加清晰，资源统筹更加合理高效，成本、工期控制也更精准，但中国目前经验不多，甲方在装配式建筑项目中可尝试这种模式。

近年来，随着 BIM 技术的应用，装配式建筑的项目管理模式趋于工业产品开发生产模式——集成项目交付（Integrated Project Delivery，简称 IPD），即装配式建筑项目启动前，甲方就召集设计、施工、构件部品和材料供应、监理等参建各方一起做出一个 BIM 模型，这个模型是竣工模型，各参建方按照这个模型来做自己的工作，由甲方或设计方作为总协调人。这种组织管理模式更加注重早期协同，其施工安装过程无须进行方案变更和修改图纸，虽然前期投入的时间精力多，但可以节约总工期和成本。

可以认为，工程总承包（EPC）+BIM 是装配式建筑较为理想的管理组合。

2. 合作对象的选择

甲方确定了装配式项目的管理模式后，就面临着如何选择工程总承包单位（或施工单位）、设计单位、预制构件等部品部件工厂、监理单位等。甲方在选择合作方时，应注重这些企业在装配式建筑方面的能力、经验、质量和信誉及协同能力，如果需要和没有这方面能力的企业进行合作，甲方应要求相关企业与有经验的单位进行合作或聘请专业的顾问单位。合作对象的选择要点详见第 6 章。

3. 管理重点环节

甲方须对装配式建筑全过程进行质量管理，尤其要在决策和方案设计环节上下功夫，并对设计、预制构件制作、施工安装和监理环节的重点进行管控。

（1）决策与方案设计环节

吃透政策、用活政策、争取政策；吃透标准，用活标准、超越标准；不是为了装配式而装配式，而要做有效益的装配式；不能降低成本，就要想办法提高性能，让功能增量大于成本增量。这方面的内容详见第 3 章~5 章。

（2）设计环节

1）经过定量分析和产品与业态设计，选择符合装配式特点和成本控制要求的适宜的结构体系。

2）进行结构概念设计和优化设计，确定适宜的结构预制范围及预制率。

3）按照规范要求进行结构分析、计算，避免拆分设计改变初始计算条件而未做相应的调整，由此影响使用功能和结构安全。

4）进行四个系统集成设计，选择集成化部品部件。

5）早期协同设计，将建筑、结构、装修、设备与管线各个专业以及制作、施工各个环节信息汇总，对预制构件的预埋件和预留孔洞、构件连接接点的钢筋交汇等进行设计协同，避免遗漏和拥堵。

6）设计应实现模数协调，给出制作、安装的允许偏差。

7）对关键环节设计（如预制构件连接、夹芯保温板设计）和重要材料选用（如灌浆套筒、灌浆料、拉结件的选用）重点管控。

以上详细内容见第 7 章。

（3）预制构件制作环节

1）对灌浆套筒、夹芯保温板的拉结件做抗拉实验。灌浆套筒连接未经试验便批量制作生产，会带来重大的安全隐患。在浆锚搭接中金属波纹管以外的成孔方式也须做试验，验证后方可使用。

2）对钢筋、混凝土原材料、套筒、预埋件的进场验收进行管控、抽查。

3）对模具质量管控，确保预制构件尺寸和套筒、伸出钢筋的位置在允许误差之内。

4）对预制构件制作环节的隐蔽工程进行验收。

5）对夹芯保温板的拉结件重点监控，避免锚固不牢导致外叶板脱落造成事故。

6）对混凝土浇筑、养护重点管控。

以上详细内容见第 8 章。

（4）施工安装环节

1）预制构件和灌浆料等重要材料进场须验收。

2）预制构件连接的伸出钢筋的位置与长度在允许偏差内。

3）吊装环节保证预制构件标高、位置、垂直度准确，套筒或浆锚搭接孔与钢筋连接顺畅，严禁钢筋或套筒位置不准确而采用煨弯钢筋的方式勉强插入的做法，严格监控割断连接钢筋或者凿开浆锚孔的破坏性安装行为。

4）预制构件临时支撑安全可靠，斜支撑地锚应与叠合楼板桁架筋连接。

5）及时进行灌浆作业，随层灌浆，禁止滞后灌浆。

6）必须保证灌浆料按规定调制，在规定时间内使用（一般为30min）；必须保证灌浆饱满。

7）对于外挂墙板，确保活动支座连接符合设计要求。

8）后浇混凝土环节，钢筋连接符合要求。

9）外墙板安装缝防水作业应符合规范和设计要求。

以上详细内容见第9章。

1.8 人力资源配备与培训要求

1. 岗位配备及人员素质要求

甲方关于装配式建筑管理与技术专业岗位的配置与所采用的工程组织管理模式有关，可参考表1-2。

表1-2 甲方装配式建筑专业岗位配置表

部门	岗位	组织管理模式				岗位要求
		委托管理工程公司	工程总承包	聘请咨询机构	直接管理	
领导决策层	总经理、副总经理、项目经理	√	√	√	√	熟悉装配式建筑基本知识、装配式建筑优点、缺点和难点、全过程管理、成本控制等要点
综合开发部门	拿地规划	√	√	√	√	熟悉装配式建筑相关知识，掌握当地政府的土地规划方面关于装配式的强制性政策和鼓励支持政策，有实际工作经验
	策划与方案	√	√	√	√	熟悉装配式建筑相关知识，掌握相关设计原则和成本控制要点，有实际工作经验
	报批报建	√	√	√	√	熟悉政府项目报建审批过程中对装配式建筑的鼓励支持政策，有实际工作经验
设计管理部门	规划设计			√	√	熟悉装配式建筑的设计原则和相关标准规范，有实际工作经验
	施工图设计			√	√	熟练掌握装配式建筑相关标准规范，有实际工作经验

（续）

部门	岗位	组织管理模式				岗位要求
		委托管理工程公司	工程总承包	聘请咨询机构	直接管理	
工程管理部门	项目管理			√	√	熟悉装配式建筑相关标准规范，掌握项目管理质量安全要点和验收标准，有实际工作经验
	土建管理			√	√	熟悉装配式建筑相关标准规范，掌握项目管理质量安全要点和验收标准，有预制构件施工安装实际经验
	管线配套管理			√	√	熟悉装配式建筑管线布置原则和标准规范，掌握相关管理重点，有实际工作经验
	装修管理			√	√	熟悉装配式建筑建筑装修管理原则和要点，有实际工作经验
	预制构件等部品部件管理			√	√	熟悉预制构件等部品部件生产、运输、安装等环节的标准规范和管理要点，有实际工作经验
预决算管理部门	招采管理	√	√	√	√	熟悉当地预制构件和其他预制部品的市场和价格，有实际工作经验
	合同管理	√	√	√	√	熟悉装配式建筑预制构件和其他部品的供货周期、方式和安装要求，有实际工作经验
	预算、决算管理	√	√	√	√	熟悉装配式建筑的成本控制和要点，掌握相关部品部件和材料市场价格，有实际工作经验
营销及售后管理部门	销售	√	√	√	√	熟悉装配式建筑质量性能的优点和优势，并作为卖点宣传
	售后及物业服务	√	√	√	√	熟悉装配式建筑的质量安全的验收标准规范，掌握相关质量缺陷和问题的解决措施

2. 培训方式和途径

装配式建筑作为一项新的生产方式，要求甲方增强管理能力，进行知识的扩充、提升和应用。很多甲方通过建立培训机制来提高管理能力和工作技能，从而增强企业竞争力，如万科集团的"千人计划"，专门派管理和技术人员赴日本学习装配式建筑技术。甲方可以通过以下途径进行学习培训：

（1）建立企业内部学习培训制度，明确培训岗位、内容和目标。甲方可针对装配式建筑产业链中的关键环节，例如装配式专项设计、预制构件吊装、套筒灌浆作业等内容率先进行培训，还应注重政策解读、设计规范、质量标准、管理模式等方面的培训。

（2）积极参与行业协会、大专院校、科研院所和相关企业的培训活动。甲方除了参加相关学习外，还可从中招聘学员，补充企业人员不足的问题。

（3）通过组织论坛、博览会、研讨会等会议活动形式进行培训学习，使甲方了解装配式建筑发展趋势，应用更新的技术和产品。

（4）通过互联网等信息技术开展在线网络学习培训。甲方可充分利用网络资源，形成企业自身的数据信息收集和应用体系，为装配式建筑项目管理提供支撑和服务。

（5）通过聘请顾问或咨询公司，参与实际工程管理，培养和培训本企业的技术和管理人员，注重装配式建筑工程的实际操作和具体工作。

3. 培训内容

甲方除了按岗位要求作为培训内容对自身团队成员培训外（表 1-2），还应了解并掌握其他参建方相关人员的培训内容和相关知识（表 1-3），以便于在实际的项目管理中有的放矢、精准管控。

表 1-3　装配式建筑参建方专业培训一览表

单位	岗位	主要培训内容	培训形式
监理	总监	装配式建筑基本知识、装配式建筑预制构件生产监理重点、装配式施工安装工程监理重点、装配式行业标准与国家标准	案例授课 现场培训
	驻厂或工地监理	装配式建筑基本知识、装配式建筑预制构件生产监理项目、程序与方法、装配式施工安装工程监理项目、程序与方法、装配式行业标准与国家标准	案例授课 现场培训
设计	建筑师	装配式建筑基本知识、装配式行业标准与国家标准、建筑设计与集成设计	案例授课 现场培训
	结构设计师	装配式建筑基本知识、结构设计原理、规范、拆分设计、连接节点设计	案例授课 现场培训
	机电设备设计师	机电设备、管线设计的相关知识	案例授课 现场培训
	内装设计师	装配式装修设计相关知识	案例授课 现场培训
	预制构件设计师	预制构件设计、制作、安装基本知识	案例授课 现场培训

（续）

单位	岗位	主要培训内容	培训形式
预制构件工厂	厂长	装配式建筑基本知识、预制构件生产管理知识	案例授课 现场培训
	技术、质量人员	装配式建筑预制构件技术与质量管理知识	工厂培训
	试验室人员	装配式建筑试验与检验项目、方法	工厂培训
	设备维修人员	设备说明书、设备维修操作规程	工厂培训
	组模工	模具组对、检查操作规程	工厂培训
	钢筋工	钢筋加工与入模、套筒、预埋件、预埋物等入模操作规程	工厂培训
	混凝土搅拌工	混凝土搅拌操作规程	工厂培训
	混凝土浇筑、振捣工	预制构件浇筑、振捣操作规程	工厂培训
	养护工	预制构件养护操作规程	工厂培训
	脱模工	预制构件脱模操作规程	工厂培训
	修补工	预制构件修补操作规程	工厂培训
	预制构件存放、装车工	预制构件存放、装车操作规程	工厂培训
	预制构件运输车驾驶员	预制构件运输操作规程	工厂培训 案例授课
施工	项目经理	装配式建筑基本知识、装配式建筑施工管理常识	案例授课 现场培训
	技术、质量人员	装配式建筑施工技术与质量知识	现场培训
	起重工	预制构件和相关材料吊装作业操作规程	现场培训
	起重机司机	起重机操作规程	现场培训
	信号工	预制构件和相关材料吊装作业操作规程	现场培训
	安装工	预制构件吊装作业操作规程	现场培训
	灌浆工	预制构件连接灌浆作业操作规程	现场培训
	安装缝打胶工	安装缝打胶作业操作规程	现场培训

1.9　国内外装配式建筑管理启示

1. 国外装配式建筑管理模式

国外装配式建筑项目大都采用工程总承包模式（EPC 模式），或其衍生出来的模式。

（1）日本

日本大型建筑公司较多，主要采用工程总承包模式，而且是完全总承包模式，业主（甲方）、总承包商、专业分包商都是具有长期合作关系的企业。总承包商制定严格的技术标准并帮助分包商实现。分包商也能够按规定的时间和质量完成承担的工程项目。日本的许多大型建筑公司如鹿岛、清水、大成等建筑公司都采用这种模式。这些大型建筑公司非常重视项目的设计细节和施工管理，能够对项目建设从概念设计到完工的全过程进行管理。

（2）新加坡

新加坡的建筑管理模式与日本类似，主要采用工程总承包模式，并以大型建筑公司为主，这些大型建筑公司的资金实力较强，技术、管理水平较高，分包商多为中小型企业及各类专业分包企业，如：打桩公司、预应力张拉公司、混凝土补强公司、脚手架公司、门窗安装公司等门类齐全，专做分包和提供劳务。

（3）欧洲

德国、法国、英国等欧洲国家也多采用工程总承包模式，或衍生的项目经理负责模式，尤其在大型复杂工程建设项目采用工程总承包（EPC）模式的比较多，例如国家重点项目。也有些大型工程采用委托管理公司的模式。一般的住宅项目大多采用项目经理负责制。欧洲预制构件工厂多由商品混凝土搅拌站转型或拓展而来。构件厂专业化分工明确，分别专门生产异型构件、墙板、楼板、柱梁构件等。钢筋加工也是由专业工厂完成。

（4）美国

美国多采用建筑师负责模式，通常是由业主（甲方）委托建筑师或其团队（也包括一些项目咨询顾问公司）全面负责工程设计，同时还负责主要材料的选定和施工企业的选择，并进行工程管理。这种模式突出了设计环节在工程建筑中的主导地位，能更好地发挥和实现装配式建筑的优势。因此，欧美国家的建筑师（如前文介绍的格罗皮乌斯、勒·柯布西耶、约翰·伍重、贝聿铭等）的名气和影响力比业主（甲方）更大。

2. 国内装配式建筑管理模式

（1）万科

万科经过多年的实践，在装配式建筑项目管理上积累了很多经验，但目前还主要采用传统的施工总承包模式，个别项目采用工程总承包模式。项目设计包括装配式方面的设计由万科公司自有设计部门独立完成，由施工承包方负责采购预制构件等部品部件，通常施工承包方采购的构件也多为与万科公司长期合作的构件企业生产，委托的监理单位需要向构件厂派驻驻厂监理。

（2）保利

保利公司的装配式建筑并未采用工程总承包模式，拆分设计和预制构件设计都是交由设计院或者专业设计咨询公司负责；构件生产企业是甲方单独招标，和甲方签约；由施工总包单位负责安装（一般由专门的班组），构件厂只负责供货，不负责安装，但甲方要求构件厂在前期到现场协助指导；委托的监理单位需要向构件厂派驻驻厂监理，有的项目通过对构件厂的监控实现对构件生产的管理。

（3）恒大

恒大公司的装配式建筑项目也没有采用工程承包模式，还是采用传统的施工承包模式，拆分设计和预制构件设计由委托的设计方负责，甲方负责审核；构件由甲方指定构件生产企业生产，在施工承包合同里对此进行约定，由施工承包方负责构件采购和安装，即甲指乙供，委托的监理单位需要向构件厂派驻驻厂监理。

（4）国内小型开发公司的常用模式

与国内大型开发公司（甲方）相比，小型开发公司（甲方）由于技术、人员、管理等投入少、无经验，多数采用传统的施工承包模式，通常委托一家有装配式建筑经验的咨询顾问公司，负责选择设计单位和预制构件工厂，并对预制构件生产和安装等环节进行监督管理。

（5）香港地区的常用模式

我国香港地区基本采用工程总承包模式，但所不同的是，总承包商指定一些专业分包商外，业主（甲方）也指定一些专业分包商，类似"甲指乙供"，总承包商不仅要管理自己指定的专业分包商，还要协调和管理业主（甲方）指定的分包商。例如香港汇丰银行施工时，有一百多家分包商，其中就有甲方指定的分包商，也有总承包方的分包商。

第2章
甲方决策和管理问题的类型与影响

本章提要

　　第1章1.5节已经讨论了甲方关于装配式建筑的决策与管理的重要性，本章将列举甲方决策和管理中存在的问题，并进行汇总、分类，指出这些问题的影响与危害，同时给出避免和解决问题的主要措施。

2.1　甲方决策问题举例

1. 甲方决策主要内容

（1）如何应对政府推广装配式建筑的政策。

　　甲方是建设项目的投资者和受益者，是影响装配式建筑发展的上游环节。甲方应对装配式建筑相关政策的举措将直接影响项目的成败和企业的战略。现阶段的应对策略主要包括以下三种：

　　1）做领导者。以万科和碧桂园等企业为代表，成为我国房地产开发企业中发展装配式建筑的先行者和领导者。在具体项目上不满足于拿地时约定的装配式最低指标，而是积极应用各项建筑工业化技术来发挥装配式建筑的质量和进度优势；在部分城市进行政策分析后主动采取更符合自身项目价值的做法，以政策补贴抵消成本增量，以缩短的开发周期获得更大的经济价值；通过投资建设预制构件工厂、培育总承包企业、整合上下游等方式积极构建全产业链，探索和推广工程总承包管理模式，推动建筑产业转型升级。

　　2）做跟随者。大多数甲方采取的是跟随发展的策略，既不冒险，也不消极抵触。不主动进行技术研发和创新实践，但积极学习先进企业的装配式项目的操盘经验，通过定向地引进管理人才和有经验的供应商来降低学习成本，也愿意去尝试应用有政策奖励的新技术、新工艺、新产品。

　　3）消极应对。但仍有一部分甲方抱着能不做就不做、能少做就少做的消极心态。例如要求设计单位想办法找政策文件的漏洞、打规范的擦边球，认为少做就少花钱，甚至通过其他不合规手段来蒙混过关。这类企业被市场淘汰的风险相对较大。

（2）在考虑装配式特点与条件并初步测算的基础上做出拿地决策。

　　拿地环节是甲方实施装配式项目的第一个环节，甲方需要详细了解目标地块的装配式要求，需在拿地方案和利润测算的基础上做出拿地决策。在利润测算中除了考虑建安成本的影响外，还要考虑开发周期、产品定位等所有影响利润测算的因素。具体包括：

1）开发周期的长短影响拿地利润测算。现阶段，有的项目做装配式后开发周期缩短了，有的项目则延长了。例如上海万科某 23 层的装配式住宅项目，应用石材反打、窗框预埋等工业化技术，缩短开发周期 90d 左右；在同时进行内装修穿插施工的项目可以缩短工期 160d 左右。但有些企业的项目不仅没有缩短反而延长了开发周期，这样的企业普遍不熟悉装配式，还无法发挥装配式缩短开发周期的优势。

2）产品定位的变化影响销售策划，影响拿地利润测算。国家在发展装配式建筑的同时，在政策和评价标准中融入了建筑工业化、集约化、信息化的具体要求，融入了提升建筑产品品质的指标，因而做装配式的项目产品定位应有所提高。例如从普通户型到全寿命周期户型；从毛坯房到全装修房；从普通住宅到百年住宅等。

3）建安成本的增量影响拿地利润测算。现阶段普遍是有成本增量，需要根据不同的拿地方式来评估目标地块所适用的装配式政策，在考虑装配式指标可能导致成本增加的风险后确定合适的建安成本增量，并测算拿地利润。

4）鼓励支持政策有利于降低成本、增加收入，影响拿地利润测算。需要考虑国家和当地对装配式项目的补贴、奖励、提前预售等鼓励支持政策红利的影响，以免低估拿地后的财务收益。

（3）结合装配式的特点来进行业态规划和产品设计。

装配式政策对甲方的影响不仅是建安成本增量和结构工期延长，还有更重要的、更前端的建筑业态规划和产品设计。甲方从一开始就应结合装配式的特点做适合装配式的业态规划和产品设计，这是控制后端的建安成本增量和结构工期的关键工作。具体包括：

1）按装配式建筑的思维做业态规划和产品定位，做好"大标准化"设计。尽量提高单体建筑的装配率，减少低装配率的单体建筑数量，例如做 3 栋高装配率，也许比做 6 栋低装配率更划算。尽量选择产品定位高的、能充分发挥装配式优势的单体做装配式，做高装配率。如果全部单体建筑采用装配式，设计中应尽量减少楼型和户型数量。如果仅有部分单体建筑做装配式，应优先选择相同楼型、相同户型的建筑，尽量选择相同楼层多、体型系数小的建筑。例

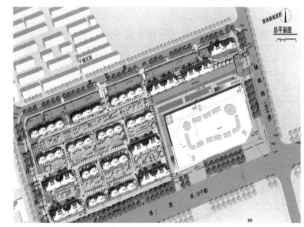

▲ 图 2-1　海安万达海之心公馆项目总平面

如图 2-1 海安万达海之心公馆项目，住宅建筑面积 28 万 m^2，共 5 个户型，与装配式的适应性较好。相对于其他类似项目有七八个户型，其每减少一个户型，仅钢模具成本就可以减少约四五十万元。

2）按装配式建筑的思维做建筑平面和立面设计，做好"小标准化"设计。平面设计时应遵循平面形状规则、对称，避免平面凹凸过多，降低体型系数；建筑方案应充分发挥材料

的结构性能，尽量考虑大开间、少梁、厚板布置，减少平面构件种类。立面设计时尽量通过外墙肌理及色彩的变化来实现建筑立面风格的多样性需求，尽量通过标准化预制构件的重复、旋转、对称等灵活的组合方式实现艺术效果，减少立面构件种类。

（4）在方案设计阶段就做出提升建筑标准、功能、质量和提高经济效益的决策。

好的装配式方案，才会有好的结果。国家大力发展装配式建筑的时期，是甲方系统地提升产品品质和促进企业升级发展的一个窗口期。甲方在方案设计中需要做出与之适应的决策，重点应考虑以下两点。

1）要提供比竞争对手更高性价比的产品。装配式建筑因其产品完整度更高、技术含量更高，产品实现方案更多，甲方需要思考借装配式政策来提供一款比竞争对手有更高性价比的产品。例如同样是大户型的改善型住宅产品，有大开间设计的性价比更高，有管线分离设计的性价比更高，有同层排水的性价比更高，有结构装饰一体化外墙的性价比更高等。例如图2-2所示北京郭公庄一期公租房项目，通过采用结构装饰一体的清水混凝土预制外墙，实现了装饰面终身免维护，从而降低了住户的使用成本，也彻底消除了传统建筑外饰面的质量通病，具有更高的品质。

2）要把更多的钱用在客户愿意为此买单的需求上。随着老百姓对居住品质的要求越来越高，对质量追求越来越精细，也更愿意为质量和性能买单。工业化建造方式可以系统性解决传统工艺的质量通病，但是现阶段仅满足最低标准的装配式建筑普遍实现不了这样的目标。万科从2002年启动住宅产业化研究，以"5+2+X"工业化建造体系来实现"两提两减"目标；碧桂园在2017年提出"SSGF"工业化建造体系，以"精品质、低成本、高速度"为目标。两家

▲ 图2-2　北京郭公庄一期公租房项目

领军企业均立足于用工业化建造提升工程质量，适当投入一定的成本来解决"渗漏霉裂"等质量痛点，提高客户满意度。同时用缩短开发周期来降低成本，平衡质量成本支出，从而大幅提升了企业核心竞争力。

（5）做出项目实施模式的决策。

项目采用哪一种实施模式取决于该模式是否能实现甲方获利最大化，是否适合甲方的企业管理模式。同时也没有哪一种现存的模式天生就是为某个甲方量身定做的。但是"走老路，肯定到不了新地方"，也没有某一个标准模式适用于所有甲方。对于传统现浇混凝土建筑，甲方沿用熟悉的设计与施工分离模式可能更适宜；从第1章的论述我们知道，工程总承包在我国还处于起步阶段，大部分的甲方仍采用传统的项目组织模式。而对于装配式建筑，哪种模式更适宜、更能帮助甲方获得最大价值，需要重新研判，并进行落地性优化调整。具体内容详见第6章。

1）设计与施工分别发包模式，适用于管理简单的项目。我国在50年以前就开始使用这

种模式，有利于设计和施工这两个行业的快速成长和发展，也有利于甲方通过竞争性比价来控制成本，合理分摊投资建设风险。即使现在，在传统现浇项目上继续采用这种模式也不会有什么大问题。

2）设计与施工完全总承包模式，适用于管理复杂的项目。以装配式建筑、绿色建筑等为代表的现代工程更为复杂，科技含量高，容错度低，对协同性要求更高，传统模式不再是最佳方案。总承包模式的集成度高、管理路径短、责权利清晰，承包商管理能力在不断提升，甲方可以通过让承包商获得更大的管理权力和承担更大的责任，从而更快地实现甲方管理上移（重点关注产品策划、销售、运营等关键环节）和价值上移（转向投资和运营等价值潜力更大的领域），参建各方的利益可以得到新的平衡。总承包模式是最适合装配式项目的管理模式，但在实施前需要因地制宜地进行优化和调整。

2. 问题与经验举例

在甲方决策的五大主要内容中，有些企业或项目存在一些问题，也有的企业收获了经验，兹举例如下：

例 1　某甲方对装配式政策的理解局限于成本略有增加，没有意识到装配式对项目建造和运营流程的系统性影响。甲方企业内没有相应调整运营管理体系和各个专业的管理流程，导致第一个项目就遭遇现浇转换层完工后停工等待预制构件的局面，前期延误导致后期抢工，在前期发生了大额窝工费，后期又发生了大额抢工费。后来不得不强制调整预制范围，通过加大标准层的预制比例来达到预制率指标，从而导致成本大幅增加。

例 2　某甲方在拿地时对装配式建筑没有深入了解，按"做装配式可以缩短工期"来进行拿地利润测算和制定项目开发规划。由于该甲方是第一次做装配式，也没有聘请咨询顾问团队，在开发大纲中没有结合装配式建筑的特点来组织穿插施工，在结构施工中才发现开发周期将会延长二三个月，导致需要调整交楼时间和资金安排。

例 3　某甲方在做别墅项目的概念和方案设计时，没有对境外设计单位提出装配式的要求，第一轮设计成果出来后发现外立面造型复杂、线条过多，经专家评估装配式的实现难度太大、成本过高，设计需要返工，结果导致增加了 100 万元左右的设计费。

例 4　上海绿地某住宅项目结合装配式指标要求，设计大开间住宅，结构剪力墙沿套型外侧布置，套内没有承重墙（图 2-3），只有一根次梁，开放式的套内空间，实现"百变户型"；管井外置设计，厨房空间规整，没有凸角；全预制混凝土外墙（图 2-4），避免了外墙不同材料之间的变形裂缝、渗漏问题，还通过在外墙预制构件上设计凹缝满足了外立面分缝和造型的需要。同时还采用了单立管旋流静音排水、同层排水系统等技术。这样的产品，提升了产品的性价比，解决了客户敏感的工程质量痛点。从而获得了良好的经济效益和客户体验。

例 5　某甲方响应政策要求，在装配式项目中尝试总承包管理模式，一家特级企业中标成为总承包方。但在实施中发现，该总包单位并不具备设计管理能力，其他方面管理经验也很欠缺，无法对分包单位实施有效的管理，演变成了形式上总承包，实际上还是甲方进行全面管理。事后分析原因发现，目前具备装配式项目总承包管理能力和经验的企业较少，因而甲方只能根据总包单位的实际能力来确定总承包范围，根据管理熟练程度和双方合作情况逐渐加大承包范围。

▲ 图 2-3　套内无承重墙

▲ 图 2-4　全预制混凝土外墙、管井外置

2.2　甲方管理问题举例

1. 甲方管理主要内容

（1）合作单位选择的管理。

甲方是资源整合型企业，是通过发挥合作伙伴的专业智慧来实现项目价值最大化。甲方在传统模式下应根据装配式建筑的特点与需要来选择设计、咨询、施工、制作、监理方等合作单位，要提出针对性的入选条件，重点关注所选单位的实际经验。尤其是对于设计单位的选择是重中之重；其次是总包单位和预制构件厂家，选择失误后对工程进度和质量的影响极大。

（2）施工图和预制构件深化设计环节的管理。

设计合理，生产和施工才有可能合理，工期和成本才有可能合理。装配式建筑的设计范围更广、设计环节更多、设计深度更深，前置管理和协同设计的要求更高，设计出现问题后弥补困难甚至无法弥补，导致造成的损失更大。甲方应了解装配式建筑设计的常见问题，并将其作为设计管理的重点，提前采取相应措施避免问题的发生。

（3）预制构件制作和其他部品部件制作环节的管理。

现阶段，绝大多数的预制构件工厂运营时间都不长，有经验的管理者和产业工人比较稀缺，加之个别地区预制构件产能不足，供不应求，难免会出现私下转包、质量缺陷多、供货延误等问题。因此甲方对预制构件制作企业的选择应慎重，对构件生产须把控，并进行有效管理，以防对施工质量和进度造成更大的影响。

（4）施工安装环节的管理。

施工安装环节是之前所有环节的问题集中出现的环节，也是检验相关合作单位工作质量的环节。甲方必须对装配式建筑常见的质量和安全问题有所了解，并有针对性地制定预控措施，制定问题出现后的处理机制和处理方案，以避免施工环节的各类问题影响进度和质量，甚至给品牌和销售造成损失。

（5）对监理的管理。

在开发建设全寿命周期过程中，管理好监理单位，甲方就可以腾出更多精力来做项目销售、设计、成本等价值回报更高的工作。装配式混凝土建筑的质量风险点有所增加，特别是预制构件的生产、运输、交货、存放、吊装、连接等环节，目前是大多数监理工程师并不熟悉的内容。监理单位的工作内容和难度均有较大幅度的增加，甲方需要更加重视对监理单位的选择和管理，发挥监理单位在质量、进度、安全等方面的管理作用。

（6）成本管理。

做装配式建筑不能"唯成本论"，也不能不解决成本问题。相同的销售价格，成本高了，甲方利润可能就少了，成本问题是制约甲方做装配式建筑的一个关键问题。甲方要解决装配式建筑的成本问题，不能只盯着建安工程成本，这是"小成本"；要用"大成本"视角，在努力降低装配式工程成本的基础上，更加关注财务成本、管理成本、使用维护成本的控制等问题，向先进企业学习，发挥装配式建筑的综合工期优势，为企业创造更大的经济价值。

（7）销售环节的管理。

装配式建筑如果销售不好或不好销售，装配式就难以持续发展。做装配式就是要向消费者提供更好的建筑产品，但是多数消费者因为不了解好在哪里而并不埋单，甲方销售人员又不会宣传，反而让施工过程中的个别质量问题传播得更广泛。甲方应在前期策划中就植入销售思维，在装配式建筑的产品设计中落实销售策略，在销售策划中落实装配式卖点，把装配式的质量和安全控制讲清楚，把装配式能给用户带来的实实在在的好处说明白。

（8）交付后的管理。

交付后的管理，看似与甲方关系不大，属于物业管理公司的范畴，但客户满意度却直接关系到甲方品牌和市场信誉，直接影响到下一个项目的销售去化速度和价格。甲方需要在交付环节做好物业管理问题的预控，特别是针对装配式建筑的特点来制定产品使用说明书，并组织相关培训，协助物业管理公司做好交付后管理，提高客户满意度，体现出装配式建筑的差异化价值。

2. 存在问题举例

例1　某甲方直接沿用原合作的设计单位，没有针对装配式建筑这一差异性来重新评估设计单位的实力。设计单位依照类似案例进行设计，凑足装配率指标，没有利用项目中已确定实施的绿色建筑、BIM 应用、预制围墙应用、成型钢筋应用等加分项，造成设计偏结构预制，导致预制工程量过多且竖向结构构件预制过多，一旦实施将会对施工进度和成本产生较大的负面影响。最终不得不将装配式专项设计任务从原设计总包合同中剥离出来，重新找设计单位进行专项设计，埋下了变更索赔和进度延误的风险。

例2　某项目的预制板式阳台（图 2-5），在生产过程中发现脱模后全部在根部出现裂纹。后查实，是深化设计时未进行脱模验算，没有考虑板式阳台在脱模起吊过程中构件与模台表面的吸附力，最终只能修改设计，重新生产，导致浪费成本、延误工期。甲方需要加强预制构件制作前最后一道设计关的把控和审核，对关键问题进行清单式销项管理。

例3　某项目预制构件由甲方供货（后面简称甲供），甲方通过招标方式，与一家当地最有实力的预制构件工厂签订了构件采购合同，以降低供货风险。在接收第一批构件时，发现构件质量较差，供货进度协调也比较麻烦。通过去构件厂实际调查才发现，实际供应构件的厂家并非签约的构件厂，签约构件厂由于产能饱和，将构件制作转包给了一家没有经验和能力的构件厂。

例4　某项目的外架方案没有考虑到预制外墙的特殊性，甲方和监理没有重视预制外墙施工中的防水质量问题，导致外架的固定点留置在预制外墙的水平缝位置。在外墙打胶过程中，防水胶带被硬性中断，留下了外墙渗漏隐患（图2-6）。

例5　某项目监理招标过程中，在招标文件中没有针对装配式建筑的特点提出派驻驻厂监理的要求。开工后，甲方工程部要求监理单位派一人到预制构件工厂进行驻场监理，但监理单位在投标报价中没有考虑驻厂监理的编制和相关费用，如果派一人到构件厂家，现场监理人数就不足，因原报价已压至最低，也不愿意增加人手。最终经双方协

▲ 图2-5　预制板式阳台（非案例项目）

▲ 图2-6　预制外墙水平缝外有外架固定点

商后，监理单位派驻驻厂监理一人，甲方不得不以合同变更的形式增加监理费用。

例6　某甲方有自己的预制构件深化设计单位和预制构件工厂，项目中的高层住宅和别墅均由自己的设计单位完成，高层住宅的预制构件也由自己的构件厂生产，但将制作难度大、复模率低的别墅项目的构件通过招标方式，以较低的价格交由一家新成立的构件厂完成。构件厂按图施工，没有像甲方自己的构件厂一样参与深化设计。在构件进场吊装环节发现，楼梯、外墙、飘窗等多个构件出现批量性的质量问题，经查实是深化设计图出错，结果导致工期、质量、成本均受到较大的影响。甲方本意要节省构件成本，却产生了更大的问题处理成本。

例7　某项目负责人片面地认为装配式技术不成熟、不安全，加上装配式结构施工工期长，又增加了大量的组织协调工作，对装配式建筑消极应对。在项目销售协调会议中要求销售方案尽量回避装配式，没有组织销售人员进行装配式基础培训，导致销售人员在回答客户的疑问时含糊其辞，让客户更生疑虑。项目销售不但没有受益，反受其害，投入的成本并没有给甲方带来销售上的回报。

例8　长沙某装配式项目，没有做全装修，没有考虑交付后装修的问题，设计采用了

内保温做法，导致许多住户在装修中铲除了泡沫保温材料（图2-7）。住户与物业公司就保温材料产生的建筑垃圾清运费产生争议，垃圾清运费高达 15 元/m²，不仅增加了住户的成本，同时也降低了房屋保温、隔声性能，还埋下了火灾隐患。

▲ 图 2-7　装修施工时铲除的保温层(非本案例项目)

2.3　甲方决策和管理问题汇总分类

　　为了使读者对装配式混凝土建筑决策和管理中的问题有个概括性地了解，我们将房地产开发各环节的相关问题列入表2-1中，以便于从事甲方相关管理工作的读者在进行决策和问题管控时参考。

表 2-1　甲方决策和管理问题汇总表

类型	序号	问题清单
政策与拿地	1	被动应付装配式政策
	2	对装配式政策不了解、未充分利用，甚至出现偏差
	3	没有用活政策、争取政策
	4	对土地出让条件中关于装配式的要求不重视或未做定量分析
	5	缺乏三个效益，即经济效益、社会效益和环境效益的统筹考虑意识
	6	没有对审批环节的装配式支持政策进行定量测算，如提前预售、优先审批等的影响
	7	对容积率奖励等政策没有进行系统性分析
	8	没有对拿地后的付款条件与政府进行协商，没有争取按照装配式建筑的特点分期支付土地出让金等政策支持
	9	对成本增量、功能增量、工期影响未做定量评估
	10	对供给侧资源未做调查及影响评价
策划与决策	11	没有做装配式专项策划
	12	对自己在决策上的角色和作用认识不够
	13	对自己在组织协调上的角色和作用认识不够
	14	对装配式的优势认识和利用不够
	15	对装配式的前置性特征认识和利用不够
	16	对装配式的集成性特征认识和利用不够，对"四个系统"的集成未做考虑
	17	没有对现有产品做装配式的适应性评估和优化
	18	没有进行装配式实施方案的对比分析，对全装修、管线分离和同层排水未进行比较分析
	19	在经验不足时，没有聘请装配式专项顾问进行专家引路
	20	没有考虑装配式在安全管理上的特点

（续）

类型	序号	问题清单
策划与决策	21	没有考虑装配式在进度管理上的特点
	22	没有考虑装配式在质量管理上的特点
	23	没有考虑装配式在成本管理上的特点
	24	没有考虑装配式建筑在使用阶段的优势
	25	没有考虑逐步采用总承包管理模式
	26	没有考虑应用 BIM 技术
	27	没有考虑通过装配式建筑来提升产品品质
	28	没有考虑提高建筑功能的方案
	29	群体项目的开发时序没有考虑装配式建筑的规划布局
	30	规划设计时没有考虑装配式（包括预制）方案对建筑高度的影响
	31	规划设计时没有考虑预制构件的场内运输、存放场地、塔式起重机位置
	32	没有对预制构件运输及道路状况进行分析
	33	没有对设计单位、施工单位、预制构件等部品部件厂家进行调研
	34	没有对预制装配方案进行系统地风险管理
设计	35	对重点问题没有管理措施
	36	建筑负责人对装配式建筑认识不足
	37	装配式设计介入较晚
	38	没有组织相关单位提前参与协同设计
	39	未按照装配式的规律提出设计要求
	40	没有让装配式产生足够的功能增量
	41	对装配式规范的理解和应用不够
	42	没有用好规范、用活规范
	43	按心理定式设计，没有重新进行方案对比分析，如不同结构体系的比较
	44	没有选择适宜的建筑风格
	45	规划设计建筑层数时没有考虑装配式的特点
	46	没有控制户型数量和楼型数量
	47	同一楼栋相邻单元的相同户型没有尽量采用平移布置
	48	平面设计时没有考虑装配式建筑宜规则、对称、小体型系数的要求
	49	户型设计时房间规格过多
	50	立面设计没有采用标准化的模块进行组合
	51	立面设计方案没有考虑装配式特点，没有选择标准、简洁的方案
	52	立面方案的线条设计没有考虑装配式特点
	53	立面设计中没有考虑和利用外墙板的拼缝
	54	立面材料选择时没有考虑装配式特点
	55	没有选择适宜的外墙保温形式
	56	没有对设计单位提出免支撑、免模板等要求

（续）

类型	序号	问题清单
设计	57	建筑和结构设计没有协同，没有采用"少梁、大板"布局
	58	单个预制构件的尺寸或重量过大
	59	结构设计进行了硬拆分、被动式拆分设计
	60	内装设计没有前置，无法实现装修一体化
	61	没有进行建造模拟
	62	没有利用或改用现有模具
制作	63	选择预制构件厂家的标准不清晰
	64	选错预制构件厂家
	65	选择预制构件厂家的时间过迟
	66	只选择一个预制构件厂家生产项目的所有预制构件
	67	没有重视预制构件存放场地对进度的影响
	68	没有组织预制构件厂家参与设计协同
	69	没有组织预制构件厂家提前生产
	70	供货进度协调措施不力
	71	没有对预制构件生产的关键环节进行有效管理
	72	没有组织协调预制构件交付时间及出厂质量验收
施工	73	没有要求施工单位做专项施工策划
	74	没有提前做工法样板楼
	75	在施工团队没有经验的情况下没有招聘专业人员或没有聘请顾问
	76	没有进行装配式系统培训
	77	对工程进度计划管理不到位
	78	对需要关注和管控的问题不清楚
	79	没有制定预防管控问题的方案
	80	对关键环节没有要求
	81	对现场管理人员监督检查不到位
	82	对出现问题的处理没有报告和处理程序
监理	83	没有按照装配式建筑特点选择监理企业
	84	没有在合同中对监理企业提出有关装配式的具体要求
	85	没有按照装配式建筑监理工作范围扩大的特点增加监理费用
	86	没有要求监理公司到预制构件工厂进行驻厂监理
	87	没有要求监理单位对构件连接进行旁站监理
	88	没有制定装配式建筑发现质量问题的处理流程
	89	没有对监理单位进行专项交底、检查及提供必要的帮助
	90	没有建立监理工作和信息交流平台
成本	91	没有做好适应装配式的成本和招采策划
	92	没有做好辅助决策的全成本分析

（续）

类型	序号	问题清单
成本	93	招采进度滞后影响设计提资
	94	没有针对性地提出限额设计要求
	95	按传统套路进行拆分式招标
	96	没有选择好设计单位
	97	没有选择好预制构件厂家
	98	没有选择好施工单位
	99	没有提前选择好甲供材料单位
销售	100	没有在销售策划中融入装配式建筑的特点
	101	回避或未涉及装配式话题
	102	没有对营销团队进行装配式专项培训
	103	对消费者的关注点不敏感
	104	对装配式的宣传方式不当
	105	对功能增量和标准提升等优势宣传不够
物业管理	106	没有在物业管理策划中融入装配式建筑的特点
	107	未提供《物业管理指导书》，或指导书中缺乏针对装配式建筑的内容
	108	《住宅使用说明书》缺乏装配式集成部品的使用说明
	109	《住宅使用说明书》缺乏装修改造或家具、软装施工的注意事项
	110	未对物业公司人员进行装配式培训
	111	未制定针对装配式特点的维修保养预案、工作流程和工作标准
	112	未制定使用过程中的问题（特别是住户反应的问题）的处理流程
	113	未制定回访制度和档案管理不到位
	114	未考虑如何确保建筑物整个使用寿命期内，在业主或物业公司更换的情况下，《物业管理指导书》和培训内容能够被延续执行
	115	未提供施工总包单位、分包单位、设备及部品供应单位的联系方式

2.4　甲方决策和管理问题的影响

1. 被动应付政策问题的影响

甲方只是被动应付政府推进装配式建筑发展的政策，是甲方在决策和管理上所有问题的根源，也是造成某些装配式建筑的质量没有明显提升、工期不减反增、成本不降反升的根本原因。

"被政策推动""不得不干"是被动和消极地应对，而"通过实践推动政策""干就干好"才是主动和积极地应对。主动与被动，是截然相反的应对策略，其造成的结果也会有天壤之别。

　　主动应对，是以积极的心态思考如何借势发展，是谋划未来。也许现在付出的成本相对要高一些，但因有创新和实践而积累了更多的知识产权和管理经验，能为将来的发展做好准备，未来会更有竞争力。最显著的代表企业是万科和碧桂园，两家行业领军企业在住宅产业化上的大投入和超前实践，已经在房地产行业取得了显著的优势地位。

　　被动应付，是以消极的心态思考如何减少损失，是立足现在。可能现在付出的成本相对会低一些，但因满足于最低标准，没有研发、难以形成知识产权、难以积累管理经验，终会因落后于先进企业而可能逐渐掉队。被动应付，可以应付一时，也许能获得一时之利，但装配式建筑的发展不是应急之策，不是一时之策，而是国家乃至世界建筑的发展趋势。具体而言，被动应付政策会产生以下不利影响：

　　（1）企业竞争力越来越弱，逐渐失去市场优势。

　　在甲方拿地和开发过程中，国家和各地方政府均制定了推进装配式建筑发展的相关政策，有强制性的、也有鼓励性的，这些政策鼓励有社会责任感、有综合实力的企业进行尝试、研发，进而掌握装配式建筑技术，在国家大力推动美丽中国、生态文明建设的大背景下，懂装配式的甲方将在拿地、开发、运营环节持续获得不对称的竞争优势；同时也有助于淘汰一些消极抵触、没有实力的企业，最终会带来行业的优胜劣汰，促进建筑业的转型升级。

　　被动地应付国家发展装配式建筑的政策，不会等来政策的松绑，反而会面对逐渐加码的推进力度。项目没有借装配式建筑的优势来提升产品竞争力和投资效率，企业没有在装配式建筑实践中形成知识产权和优化管理体系，就会逐渐落后于行业的平均管理水平，也可能在时代发展中被淘汰出局。

　　（2）产品性价比越来越低，逐渐失去市场份额。

　　装配式建筑的发展将推动建筑业转型升级，最终的目的是提升建筑产品的品质和性价比，满足我国老百姓日益增长的美好生活需要。随着社会的发展与进步，老百姓对住房的需求不再只是"居者有其屋"，而是要"居者优其屋"，人居品质要跨上一个新台阶。国家将雄安新区定位为"绿色生态宜居新城区"，80%～90%的建筑都将是装配式建筑，这是国家在最高层面的示范和引领。

　　而在被动应付政策的情况下，企业就没有借装配式的发展机遇和优势进行产品创新的积极性，从而失去提升产品竞争力的历史机遇。例如万科、绿地等甲方结合装配式技术特点，将住宅设计成大开间，既降低了装配式成本增量、加快了进度，又实现了百变空间的可变户型，大幅提高了住宅性价比。与之相比，没有做大开间设计的装配式住宅，则性价比相对低。长此累积，被动应付的甲方企业可能面临拿地越来越难、销售份额越来越小的局面。

　　（3）管理团队没有历练，合作伙伴没有形成，失去发展潜力。

　　发展装配式建筑的意义，远不止建筑本身。发展装配式建筑，既是建筑业转型升级的过程，也是一个集体学习的过程。通过做装配式，甲方管理平台和项目团队要学会运用系统性思维来策划，要学会前置管理，要学会跨界协同。通过做装配式，甲方要重新寻找、挑选更有技术实力和管理经验的合作伙伴，并在实践中检验和评估，发展成为甲方开疆拓土的好帮手。成功的装配式项目，意味着已有了学有所成的专家团队，全产业链的合作伙伴。经过装配式建筑项目历练的管理团队和合作伙伴，是甲方最大的无形资产，将是甲方可持续发展的核心竞争力。而在企业被动应付之下，就形成不了上述优势。

综上，甲方应对政府推广装配式建筑政策的策略，在从"不得不干"转变为干就干好、趁势而上、应势发展的积极心态。

2. 选错合作单位的影响

甲方是资源整合型企业，找合作伙伴的目的是为了借力，选对了合作单位，项目就成功了80%。选错了合作单位，尤其是选错了设计单位，甲方就借不了力，反而要为选错的合作伙伴承担一些工作和责任，就可能出现反复折腾、工期延误、成本失控，甚至出现质量、安全事故等问题。

一个好的合作单位，是甲方的好帮手。首先他与甲方有一个共同的目标，那就是把这个装配式项目做好，他既会盘算作为合同乙方的小帐，也会盘算甲方项目成功这本大帐；其次他有甲方没有的经验和资源，他能帮助甲方补足做好这个装配式项目的短板，他与甲方互补而不是相克；最后他还必须有师傅般的品质，对甲方可能出现的问题能提前提醒，对甲方遇到的困难能够积极想办法帮助解决。

而没有找到好的合作单位，或者选错了合作单位，选的合作单位是没有装配式经验的新手，那么在每一个环节出错的概率都相对更高，甲方要付出的学费就会更多。这种情况下，甲方的装配式项目就难免会变为合作单位的练兵场，不仅不能为甲方避免问题、解决问题，反而可能制造新问题，重复交学费。轻则给甲方增加了许多无效的协调和管理工作，重则问题频出、困难重重，给工程进度、成本、甚至在质量和安全上造成不可挽回的损失。以选错设计单位为例，有可能出现以下三个方面的问题：

（1）开发周期延长。

有装配式经验的设计方，能帮助甲方做好策划、做好设计，能够帮助甲方避免以前出现过的问题，从而控制好开发周期，甚至可以缩短开发周期。

甲方如果选错设计单位，首先设计周期会失控，新手按传统设计流程进行专业之间的依次设计，完成装配式设计任务就很不容易了，要想通过专业穿插和协同来缩短设计周期几乎没有可能，少则延长30天，多则延长60天以上。有经验的设计单位和有经验的甲方之间的协同能够做到不增加原有的设计周期，而一般的设计单位则需要延长45天以上。同时，还可能出现设计成果的可施工性差，施工现场出现遗漏、碰撞、干涉等问题导致结构工期延长。

（2）质量风险增加。

有装配式经验的设计方，擅长于防患于未然。既知道装配式建筑的质量风险点，也掌握预防和控制这些质量风险点的措施，还能够通过前期的策划和设计来减少质量问题发生的概率和减轻质量问题发生导致的后果。

如果选错了设计单位，没有装配式经验，不了解预制构件等部品部件在建筑设计、生产、运输、吊装、使用等环节的技术和限制条件，难免出现纸上谈兵的问题，设计的预制构件不仅拆模困难、施工干涉严重，甚至出现设计错误。例如图2-8某别墅项目带梯裙的预制楼梯，在预制构件深化设计中没有考虑预制和现浇的衔接，导致现场凿除、修补。图2-9是预制带窗洞外墙，设计中没有考虑到窗台部分的线条凸起，容易出现脱模时缺棱掉角，导致该预制构件普遍需要修补。还有时常出现预制构件的预埋件或伸出钢筋与现场的钢筋干涉，现场施工不得不先割掉钢筋，构件安装后再焊接恢复的情况，处理不当就会产生结构安全隐患。

▲ 图 2-8　预制楼梯设计错误导致现场处理　　　▲ 图 2-9　要修补的预制外墙窗台

（3）成本增量失控。

有装配式经验的设计方，擅长于在设计前期就用工业化思维进行建筑设计，擅长于发挥装配式的优势来缩短开发周期，实现免支撑、免模板、免抹灰等带来的经济效益，从而降低成本。

而如果选错了合作单位，工期和质量目标尚没有保障，成本增量控制更是无从谈起。例如某学校综合楼项目，甲方在项目之初对装配式做过一些了解，可以免支撑，这对于室内净高较高的建筑来说可以省更多的钱。甲方也要求设计单位免支撑，并要求总包按免支撑报价。但在实施中发现，总包单位还是搭设了支撑，并申报了索赔意向，双方产生争议。之后了解到，设计图是普通的桁架筋叠合单向板（图 2-10），虽然避免了双向板后浇带需要的模板和支撑，但无法实现免支撑。目前，有可能免支撑的叠合板基本是预应力板，有 SP 板、双 T 板和 PK 板。

▲ 图 2-10　单向叠合板下面的托板+支撑（非案例项目）

3. 不做专项策划的影响

装配式建筑的容错度较低，甲方要做好装配式建筑，就必须做好装配式的适宜性决策和一体化设计的组织协调。而这两项工作都集中于项目前期，参与的人少，时间档期比较短，要做好这两项工作，甲方需要提前策划，预见可能出现的困难和问题，并准备好应对方案，甚至要提前为某些标准问题准备好标准答案，这就是装配式专项策划。

装配式专项策划的成果是设计阶段的输入条件，是指导装配式建筑实施全过程进行决策和协同的工作纲领。如果没有做专项策划，就是打一场没有准备的仗，成功的概率极低，失败的风险较大。具体包括以下三个方面：

（1）应急决策、临时分析、无充分依据决策，造成决策失误。

甲方在装配式建筑的前期和设计中需要做的决策比较多，例如是否争取政策奖励，是否结合装配式来提升产品定位等（详见第5章5.1.2），这些决策直接影响项目的经济效益。一旦决策失误，后面无法纠正，也难以挽回损失。

在没有做好专项策划的情况下，甲方在实施过程中如果事事进行技术经济分析、开会讨论，在时间上不允许。那么在依据不充分、甚至数据并不准确的情况下进行决策，就难免出现错误。

例如某项目没有做专项策划，设计单位按"预制水平构件+预制内墙"方案基本完成设计图，甲方请设计单位分析外墙预制可以奖励最多3%容积率的政策是否可以争取，设计单位回复这样做不划算。实际上该项目的销售价格较高，可以通过做外墙预制（代替预制内墙）获得奖励来抵消成本增量。类似问题还包括不重新分析，继续沿用在传统现浇建筑中的常规设计手法，导致不适应装配式的问题，具体详见第11章表11-8。

（2）难以统筹兼顾多个目标平衡，可能导致顾此失彼。

一个装配式项目，质量再好，品质再高，如果销售去化太慢或售价太低，这个装配式项目也是失败的。每一个装配式项目，甲方都是要统筹考虑安全、质量、进度、成本、销售、使用等全部目标，避免在任何环节出现一票否决的重大问题。

在没有做装配式专项策划的情况下，甲方需要在短时间内做出决策，为了满足抢进度、高周转的需要，往往会牺牲成本、甚至牺牲质量。

例如在模具成本的控制上，设计图纸上的复模率是理论的，是最大的周转次数，只有给予预制构件工厂足够的生产周期，才能实现模具的最大周转次数，把模具成本降下来。但是可能没有做好相应策划，在深化设计延期，但施工现场吊装时间不能延期的情况下，只能是通过增加模具套数、增加成本来缩短生产周期、保证吊装时间。1套预制楼梯的钢模具成本约1.5~2万元，增加10套模具就增加15~20万元（图2-11）。

（3）组织协调落空，可能导致一体化设计中缺少关键单位参与。

甲方在设计全过程组织相关单位进行一体化设计，是做好装配式建筑的关键工作。一体化设计既涉及全部设计专业，也涉及建造全过程，更涉及甲方营销、设计、工程、成本及公司总部相关部门。总承包单位应该在什么时间介入设计，招采部门应该在什么时间完成总承包的定标，设计部门应该在什么时间提供总承包招标所需图纸，工程部门应该在什么时间提供总承包招标中所需的技术要求，如果出现延误应该如何处理，等等，都需要在专项策划中一一落实。

▲ 图2-11   预制楼梯钢模具

在没有做专项策划的情况下，任何一个环节都可能出现疏漏，任何一个疏漏都可能造成应该参加一体化设计的单位没有参加，并造成连锁反应。例如设计单位定标时间出现延误，总承包招标就可能也出现延误，总承包单位就可能不能参与一体化设计，那么预制构件就可能出现预埋点位不合理甚至错误，产生无效成本。

4. 协同管理搞不好的影响

协同管理是装配式建筑项目管理的核心。传统现浇建筑也需要搞好协同，而装配式建筑的容错度更低，对协同的要求更强烈，否则损失更严重。具体包括以下三个方面：

（1）决策失误的经济损失更大。

装配式建筑对集成管理的依赖性更强，每个参建单位都对项目结果有较大的影响。甲方在前期的协同越充分，决策的合理性就越强。例如总承包单位因没有定标的原因不能参与前期协同设计，那么总包单位自身在工业化建造上的很多优势就难以纳入项目的装配式实施方案中，有可能导致装配式实施方案过于保守，经济性较差。例如很多总包单位自身就熟练应用的装配式围墙、自动提升脚手架、成品钢筋等技术都可能为装配率计算贡献分值。

（2）预埋问题的补救代价更大。

各个专业和各个环节的预留预埋要在预制构件制作时实现，尤其是没有做管线分离设计的全装修房，预留预埋遗漏或偏差问题在施工现场难以补救，或补救代价较大，甚至影响结构安全。例如某项目由于内装设计滞后，造成土建与内装专业之间不一致，施工现场产生大量修改，重复施工、打洞（图2-12）、开槽，既会产生较大金额的现场签证索赔，甚至可能因现场施工擅自修改给结构安全埋下隐患。内装因此也没有做到穿插施工，导致缩短开发周期的预想也不能实现。

▲ 图 2-12　叠合板上凿洞穿线管

（3）碰撞问题的处理代价更大。

各专业之间、部品部件之间、钢筋之间、管线之间需要通过协同设计来统筹安排。如果没有做好协同设计，就可能产生较多的碰撞问题（图2-13和图2-14），这些碰撞问题因预制构件的纠偏空间小而导致现场施工困难，轻则拆改、返工造成质量瑕疵和成本浪费，重则产生窝工、延误工期等严重后果。

（4）工期延误，无效成本多。

各专业设计之间的协同性问题，会导致预埋问题和碰撞问题，导致窝工多、浪费多，甚至造成不可挽回的损失。

计划管理上的协同性如果做不好，会直接导致工期延误，例如土建工程计划与内装计划，如果没有衔接好，总包单位不能在规定时间移交工作面，没有做好穿插施工的楼层截水等配套措施，虽然内装单位在规定时间进场、但不能施工，会直接导致工期延误，以及产生窝工索赔。

计划管理的协同性如果做不好，还会导致预制构件生产成本的增加，例如甲方在制定施工计划时没有与构件生产计划协同好，给予的生产周期过短，导致预制构件工厂需要准备更

▲ 图 2-13　叠合板钢筋与墙钢筋碰撞

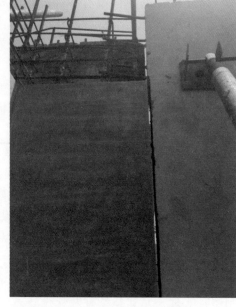
▲ 图 2-14　暗梁钢筋与墙筋碰撞

多的模具，造成模具成本增加。而如果做好生产计划与施工计划的协同，既可以优化模具成本，还可以做到在运输车上直接吊装，不卸车、施工现场不需要存放场地，从而节约起重机成本和存放成本。

2.5　解决甲方决策和管理问题的主要措施

1. 培训

现阶段很多甲方都出现这样的局面——"政府说要做装配式，我还没有准备好"，既没有懂装配式的管理人员，也没有懂装配式的合作单位，更没有建立与装配式相适应的管理体系和技术标准。甲方要解决这一系列的问题，首先要做的就是培训和学习，从不懂到懂，做好长期面对和借机发展的准备。即使是请了顾问找了最有经验的合作单位，甲方也不能一点也不懂。也不是学懂了就可以把师傅丢了，装配式是一门实践性很强的学科，懂是管理的基础，但不是实践的全部。

（1）培训谁？

"装配式是结构设计师的事情，跟我关系不大"——这样片面的想法会影响培训人员的安排。发展装配式建筑，是一个集体学习的过程。甲方全员都应接受装配式专项培训，即使是人力资源岗位也必须懂一定的装配式知识来提高人才招聘的效果。同时也要分轻重缓急，投资拓展、营销策划、产品研发和运营管理、设计管理等最前端的部门首先应接受培训；而企业决策层和高管、成本和招采管理、销售条线等影响决策的岗位和部门更应是重点培训对象。

（2）什么时间培训？

"还没有遇到装配式，我不用学"——这是培训遇到的第二个问题。前置性是装配式建筑的特征之一，在所有需要前置的工作中，学习是首先要前置的工作。以"用什么学什么""用时现学"的态度对待装配式建筑，都难免用成本埋单。学习滞后，使得甲方管理人员要想有装配式经验，只能通过做一个装配式项目摸索和学习，效果未必理想，还会导致产生高昂的、对工程有害的无效学习成本。而提前学习，从现在就学习，从其他企业的案例经验和教训中学习，则可以少走弯路，少交学费。在学习时间安排上，企业应担当引领责任，万科、碧桂园、龙信等企业均花费巨资在 10 年前就开始派员工赴装配式发展好的国家学习。

（3）培训什么？

"这个与我没有关系"——部门职能的割裂和自我设限是装配式建筑集成设计、协同设计的最大敌人。例如成本造价人士普遍认为装配式相关的政策、规范与已无关，认为是开发报建和设计部的事情。尽管不同的培训对象有不同的培训重点，但装配式建筑更依赖集体协同管理，每个专业都要融入到一体化设计中，每一个岗位都要首先具备全面的装配式建筑知识，然后才是精通于职责所在的那一小部分。

甲方培训的重点是如何决策和管理，例如企业决策层和高管，应重点学习装配式建筑的政策和前景、发展理念和市场价值、与企业产品和品牌的关系等影响企业决策的内容；对设计线的培训，重点是一体化设计理念和实践、设计管理流程和要点、方案优化与限额设计等；对工程线的培训，重点是预制构件制作和装配式施工安装建筑技术及工程管理要点等；对成本线的培训，重点是装配式建筑的全成本管理和一体化设计理念和案例、成本策划与招标采购要点等。

（4）怎么培训？

在培训方式上，建议企业以组织集中的、封闭的培训班为主要方式，以持续性的项目案例参观、总结、研讨为培训绩效管理重点。例如 2017 年 12 月，东原地产组织了设计、工程、成本部门进行为期三天的装配式专题研讨班；2018 年 4 月，光明地产组织了为期三天的装配式管理班；2018 年 5 月，景瑞地产组织了为期三天的装配式项目管理培训班；2018 年 11 月，沈阳万科利用冬休时间组织了为期两天的装配式专题培训（图 2-15）。

▲ 图 2-15　沈阳万科为期两天的装配式专题培训

员工以参加集中式培训班为起点，自己看书学习，在案例中学习，在与兄弟单位项目交流中学习，多参观、多研讨、多总结。目前我国已出版的装配式系列书籍较多，"装配式建筑技术与管理"丛书的"200 问系列"和本套"问题系列"两大系列丛书分别适合入门者和管理者学习和参考。除了企业提供的学习渠道以外，还可以通过微信群、微信公众号、网络论坛等多种形式进行免费的、持续的学习。

2. 请专家引路

现阶段，大部分甲方没有装配式建筑的开发经验，要做装配式项目，最快最有效的解决方案就是请专家引路。请专家引路，避免从零开始，避免不必要的试错成本。可以避免课堂培训内容在落地中有差异的问题，在工程实践中学习，跟着专家边干边学，可以快速地积累实践经验，形成适合企业自身的技术和管理标准。

（1）请谁？

请对专家才能达到专家引路的效果。专家的主要案例经历和擅长应该与项目业态及特点相适应，有的专家擅长于体育馆等大型公建，有的专家擅长于住宅等民用建筑，有的专家擅长于厂房等工业建筑；专家必须有丰富的装配式建筑管理经验，有相关案例的复盘总结，最好具备跨专业的工程业绩，例如既懂装配式的设计，又有生产或施工管理经验；必须有装配式建筑管理经验的知识成果，例如有一整套装配式建筑管理的技术和管理体系标准，有一整套装配式建筑常见质量问题的预防和处理办法，有成本控制的限额标准和措施等。

专家既可以是有装配式案例实践经验的专家个人，也可以是有经验的企业，包括咨询单位、设计单位、生产单位、施工单位，也可以直接请有经验的企业承担工程的设计或生产或施工任务，同时承担专项咨询工作。

（2）什么时间请？

装配式建筑在前端投入管理的价值回报更大，聘请专家的时间一般应在拿地后，最晚在方案设计开始前开始工作。也可以根据项目需要，按照项目的时间节点，单独聘请负责生产管理或施工管理的专家，例如为投资兴建预制构件工厂而单独聘请专家咨询。

（3）请专家做什么？

请专家的服务时间可以涵盖装配式前期策划、设计、生产、施工全过程，也可以根据甲方团队情况进行侧重性约定某一项工作范围。在具体工作事项上的工作深度，可以是协助，也可以是负责。具体包括：

1）制定企业的装配式建筑管理标准。

2）制定装配式建筑专项策划书。

3）制定限额设计标准和控制措施。

4）参与设计方案的评价与优化。

5）参与对投标单位的考察和评标。

6）审核合作单位的成果文件。

7）指导预制工厂建设和管理。

8）指导工法样板的建设。

9）参与首批预制构件验收和指导首吊，等等。

3. 列问题清单

相对于传统现浇建筑，做装配式建筑对甲方是一个挑战。应对挑战的管理策略之一是甲方在实施之前就要有一个清晰的问题清单，做到对问题心中有数。然后有针对性地拿出解决办法，避免盲目管理，既可以提高管理效率，又可以降低管理成本。

（1）谁来列？

问题清单的来源越广泛，对问题的认识就可能越全面，问题越全面，才有可能管理尽可能到位。甲方应邀请全员参与列问题清单的工作，集思广益，针对甲方决策和管理的问题，广大的基层员工可能更有切身体会。同时，客户是甲方建筑产品的最终使用者，客户所反应的问题对于甲方的产品优化更有帮助。

（2）什么时间列？

问题清单是一个动态表单，列问题清单，是一个持续性的工作。列问题清单的最大价值是指导前期策划和设计，因而甲方应在项目初期就启动列问题清单的工作，争取将可以预见的问题全部消灭在策划和设计方案之中，即使不能消灭，也应至少做好预控措施，降低问题出现的概率或减轻问题出现的后果。甲方在执行过程中，再根据实际情况进行动态调整，不能一成不变。

（3）列什么问题？

甲方应针对装配式建筑管理全过程来列问题清单，重点是后果更严重的前期决策和管理问题、一体化设计的组织协调问题、涉及装配式建筑工程质量和安全的重大问题。表 2-1 是笔者梳理的装配式建筑常见的甲方决策和管理问题清单，甲方可以结合公司管理和具体项目的特点、围绕焦点问题进行重新梳理、增减完善，然后进行针对性地解决；或者分派若干小组对关键问题以"问题树"的形式进行专题攻关（图 2-16）。

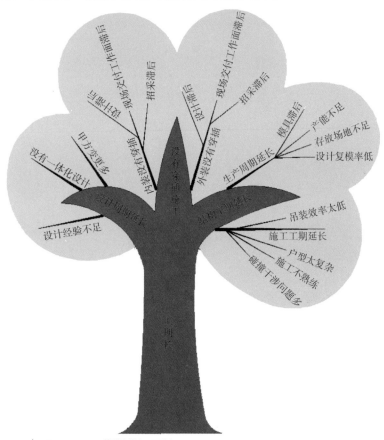

▲ 图 2-16　工期长的问题树

4. 建立问题管控流程

列问题清单是问题管控的第一步，避免出现问题以及问题一旦出现能迅速加以解决才是最终目的。建立问题管控流程有利于甲方系统性、程序性地预防问题、解决问题,实现销项式管理。建立问题管控流程应立足于通过预防来解决主要问题、重要问题、出现频次较多的问题、敏感问题等负面影响大的问题。同时,问题管控流程应有利于快速反应,应明确处理部门和处理方法,确保及时处理和应对,能将问题发生后的影响降到最低。

5. 修订部门职责和岗位标准

甲方需要结合装配式建筑的特点来调整相关职能部门的职责和岗位标准,以适应装配式项目前置管理、协同管理的需要。实施总承包管理模式的项目,甲方的岗位标准可以相对抽象,主要针对甲方决策和协调的工作内容,例如建立甲方与总承包单位之间的对接和协调部门,并负责该协调部门的正常运行,及时解决项目的重大事项和双方争议;按传统管理模式的项目,甲方需要制定相对更细致的岗位标准,例如需要针对项目安全、质量、进度、成本和招采等修订部门职责的岗位标准。

此外,对于大型项目或复杂项目,还可以通过建立 BIM 信息管理平台来提高决策的有效性和管理效率,规避甲方决策和管理的风险。

第3章
政策理解与应对问题及解决思路

本章提要

指出了目前存在的甲方对装配式混凝土建筑抵触与应付的问题，分析了原因，给出了解决思路；对甲方如何兼顾经济、社会、环境三个效益，如何用活政策与标准，如何争取政策支持及对不合理政策宜采取什么做法给出了具体建议。

3.1 甲方抵触与应付问题

1. 甲方抵触与应付问题举例

尽管装配式建筑是由房地产企业（即甲方）最早发动的，早在 20 世纪九十年代末，万科就提出了在"工厂里造房子""像造汽车那样造房子""住宅产业化"等概念，并开始尝试。一些地方政府五六年后才开始推动，2013 年国务院发布的《绿色建筑行动方案》中，最早提出了推广装配式建筑的政策要求。但除万科等少数企业外，大多数房地产企业和甲方对装配式建筑是被动接受的，是由于与拿地捆绑的相关要求不得已而为之，普遍存在抵触与应付现象。下面举几个例子：

例1 拿地时有装配式要求，但甲方通过找政府相关部门领导"沟通"，说明各种原因和困难，把装配式要求放到后期开发楼栋中。然而后期项目楼栋装配式要求也未落地实施。主管部门或由于监管和验收环节的缺位而不知情；或面对既成事实睁一只眼闭一只眼；也有少数被处罚的。

例2 上海某项目，政策要求最低预制率 40%，甲方不顾装配式设计的合理性，要求设计院常规设计后拆分达到预制率指标即可，由于没有按照装配式规律进行合理设计和拆分，造成预制构件种类繁多，10 万平方米的项目，构件种类与规格多达一千多种，模具数量很多，增加了生产制作和施工安装的难度，影响了进度，更增加了很多成本。

例3 由于甲方对装配式建筑认识不够，前期按照传统现浇设计，然后直接找预制构件工厂进行拆分设计和预制构件设计，建筑结构与装配式割裂的二次设计导致生产制作和施工安装出现很多问题，成本也大幅增加，根本没有发挥装配式建筑的任何优势。

2. 甲方抵触应付的原因

（1）不了解不懂不习惯

我国现浇混凝土建筑发展已非常成熟，可以说其优势已发挥到极致，与之相关的技术、利益、观念、体制等都极为适应。甲方对现浇混凝土建筑可谓轻车熟路、根深蒂固，对传统建造方式具有很强的路径依赖和思维惯性，不愿接受新事物、新技术、新理念。特别是传统生产方式在向工业化转型、由"工地"向"工厂"转型过程中，许多甲方缺乏工业化思维、设计组织、生产施工的协同和管理能力。

（2）成熟技术体系不多，甲方可选择性较少

目前我国装配式项目多采用装配式混凝土结构体系，其中住宅项目又以装配整体式剪力墙结构为主，与柱梁结构等国外应用较多的装配式结构体系相比适宜性较差、也不十分成熟。其他装配式结构体系由于受到抗震、防火、节能等技术要求的限制，在外围护体系、工艺工法、连接节点等方面还需要进一步探索和研究。目前阶段可供甲方选择的成熟装配式混凝土建筑技术体系较少。

（3）建造成本高

目前装配式混凝土建筑的建造成本比传统方式成本平均高 150~650 元/m² 不等，以某公租房项目为例（北京市、18 层、建筑面积 5086m²、装配率 50%），成本增量为 478 元/m²（表 3-1），政策、标准、结构体系、设计、制作、施工、税收等各个环节对装配式建筑的成本都有不同程度的影响，详见本书第 11 章。

表 3-1　某公租房小区 8#楼装配式设计与现浇设计造价对比

序号	分部工程	传统现浇设计		装配式设计		成本增量
		造价/万元	每平方米造价/（元/m²）	造价/万元	每平方米造价/（元/m²）	每平方米造价/（元/m²）
1	土建工程	720.8	1417	1003.5	1973	556
2	装饰工程	73.7	145	70.3	138	−7
3	给水排水工程	21.8	43	14.4	28	−15
4	采暖工程	19.8	39	13.5	27	−12
5	电气工程	55.3	109	48.5	95	−14
	合计	891.4	1753	1150.2	2231	478

（4）开发建设周期增加

我国目前装配式住宅项目应用最多的是装配整体式混凝土剪力墙结构，由于技术体系、产业链配套、管理能力和监管体制等因素的制约，装配式建筑在缩短工期上的优势并没有发挥出来。

设计周期延长：装配式混凝土建筑由于增加了拆分设计、连接节点设计、预制构件设计、评审论证等，再加上组织不力、协同不够，装配式建筑施工图设计周期较传统现浇施工图设计周期平均增加超过 30 天。

施工周期延长：由于受到设计水平、施工技术、预制构件生产能力、运输能力等多方面因素的制约，装配式混凝土结构与传统现浇结构相比，主体结构施工工期均有所延长，参见表 3-2。

装配式混凝土建筑总工期的优势只有采用全装修时才能体现出来，在交付毛坯房时并不具备优势。

表 3-2　目前我国装配式混凝土建筑与现浇建筑结构工期比较(以剪力墙结构体系为例)

序号	预制率	采用预制构件种类	结构工期每层延长大约天数
1	15%	楼梯、叠合楼板、阳台板、空调板	0.4~1d
2	20%	楼梯、叠合楼板、阳台板、空调板、剪力墙内墙板	0.5~2d
3	30%	楼梯、叠合楼板、剪力墙内墙板、剪力墙外墙板	1~3d
4	40%	楼梯、叠合楼板、叠合梁、剪力墙内墙板、剪力墙外墙板、飘窗等预制构件	2~4d

（5）项目建设管理体制不利于装配式建筑发展

装配式建筑的设计、生产、施工、监理等环节都相应产生移位，主体责任范围发生变化，与现行的管理体制机制不相适应，一些装配式建筑发展水平相对落后的地区，还普遍存在没有装配式建筑施工图审查、验收等监管制度，或审查、验收人员对装配式建筑缺乏了解等问题，已成为我国装配式建筑发展的瓶颈。多年来形成的总包-层级分包施工模式，用于装配式建筑施工难于做到整体把控，国外较多采用的工程总承包模式（EPC）更适合装配式建筑的工程管理，但目前在我国尚处于起步阶段，缺少成熟经验。

例如，目前我国很多具备总承包资质的企业不具备专业化管理能力，尤其是预制构件等部品部件的深化设计、生产、安装能力。少数具备能力的企业又无承包项目的资格。很多专业化公司还要挂靠有资质的企业，模糊了责任，也增加了管理成本。同时，传统建筑企业的运行管理模式根深蒂固，企业各自为战、以包代管、层层分包的管理模式严重束缚了装配式建筑的发展。

（6）装配式建筑部品部件配套能力不足

预制构件等部品部件工厂发展不均衡，有些地区存在部品部件供应能力不足的问题；灌浆料、座浆料、套筒等装配式专用材料大都需要外地采购。甲方在装配式建筑部品部件和专有材料选择方面受到一些限制。

（7）标准化、模数化和个性化方面依然存在矛盾

甲方在标准化（户型标准化、立面标准化）和个性化上难以取舍，一方面想通过标准化降低成本，另一方面想通过个性化提升产品竞争力，这种矛盾给决策和设计增加了难度。

（8）集成设计能力较差

目前阶段许多设计单位在装配式建筑的一体化设计、集成设计、设计协同方面能力较差，很多装配式项目仍采用装配式设计与常规设计分离的设计方式。设计能力差增加了甲方设计组织和管理的难度。

（9）固有的产业利益链难以打破

装配式建筑作为新的工业化生产模式，必然要打破原有的利益链，并形成新的、适应装配式建筑的利益分配机制。传统的建筑生产方式早已形成了固有的利益链，甲方想完全打破还面临许多问题。

（10）社会对于装配式建筑缺乏共识

社会对装配式建筑认知较低，缺乏广泛共识，装配式建筑的结构安全性等依然受到质疑。同时，目前装配式建筑房屋的成本及售价与传统建筑相比，也不具备优势。消费者对

装配式建筑房屋的接受度不高，甲方推进装配式建筑的阻力较大。

根据优采大数据平台，对已建设装配式建筑项目影响因素统计如图3-1所示。

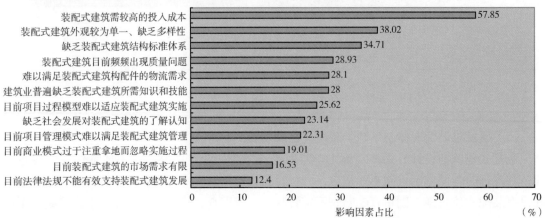

装配式建筑需较高的投入成本	57.85
装配式建筑外观较为单一、缺乏多样性	38.02
缺乏装配式建筑结构标准体系	34.71
装配式建筑目前频频出现质量问题	28.93
难以满足装配式建筑构配件的物流需求	28.1
建筑业普遍缺乏装配式建筑所需知识和技能	28
目前项目过程模型难以适应装配式建筑实施	25.62
缺乏社会发展对装配式建筑的了解认知	23.14
目前项目管理模式难以满足装配式建筑管理	22.31
目前商业模式过于注重拿地而忽略实施过程	19.01
目前装配式建筑的市场需求有限	16.53
目前法律法规不能有效支持装配式建筑发展	12.4

影响因素占比 （%）

▲ 图3-1 装配式建筑影响因素统计示意图

（11）装配式建筑存在"脆弱点"

我国现阶段的工人技术水平与产业化的要求还不匹配，产业化技术工人的短缺也导致装配式建筑优势难以发挥，特别是装配式建筑存在一些"脆弱点"，如结构灌浆套筒连接节点（图3-2），一旦出现灌浆不饱满等质量问题，将导致结构安全隐患。这些"脆弱点"不是技术上不可靠，而是需要更加有效的管理。有些甲方对装配式建筑的"脆弱点"或心有余悸，或不知道如何应对。

（12）装配式建筑的宽容度低

装配式建筑预制构件由于在工厂生产，如果预埋件、预埋物、预留孔洞等一旦遗漏或错位，在施工安装现场就很难补救，处理不当会造成质量安全隐患及构件报废（图3-3），直接影响装配式项目的质量、成本和工期，给甲方造成损失。

▲ 图3-2 剪力墙灌浆连接节点

▲ 图3-3 预埋管线位置错误

（13）对"补课"意义认识不足

装配式建筑包括结构、外围护、设备与管线、内装四大系统，缺一不可。此外规范还提出了宜管线分离、宜同层排水（图 3-4 和图 3-5），这些要求在国外都是最低标准。而我国传统的开发项目主要还是以建筑结构为主的"毛坯房"交付，所以，这些要求属于我国建筑行业提升建筑标准，予以"补课"的内容，一些甲方对此认识不足。

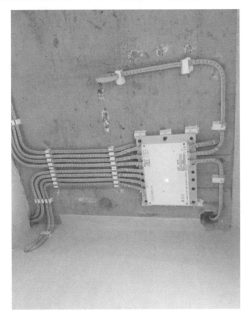

▲ 图 3-4　管线分离(吊顶部位)

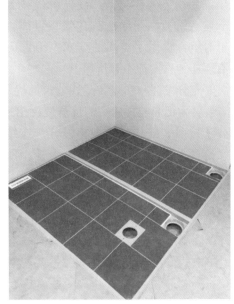

▲ 图 3-5　卫生间同层排水

总之，因政策、标准、阶段、传统等因素使很多甲方对装配式建筑无法适应，特别是一些地方政府提出的刚性强制性要求，令甲方反感，更导致抵触和应付情绪。

3. 解决思路

当前，我国正以前所未有的力度推广装配式建筑（图 3-6），许多城市在土地"招拍挂"阶段增加了装配式建筑的要求，迫使甲方不得不做。笔者认为，甲方与其抵触应付，不如做好做精，以积极的心态去迎接和面对新的建筑生产方式，从强制性命令的被动执行者转变为市场行为的主导者和推动者。

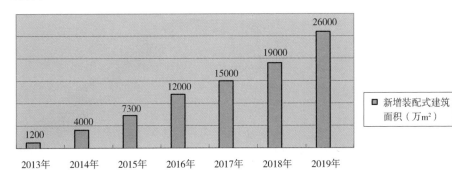

▲ 图 3-6　全国新开工装配式建筑面积

（1）甲方要深入研究和掌握装配式建筑的规律。

对装配式建筑的项目管理，甲方要本着"上游比下游重要"的原则，即甲方从项目决策和产品方案阶段开始，就要按照装配式建筑的规律，决定选择适宜的实施模式，选择有经验的设计单位、预制构件工厂和施工单位。甲方要在决策、设计阶段投入更多的精力，这一阶段的投入是装配式建筑项目能否成功的关键，这也对甲方提出了更高的要求，甲方应在装配式建筑中有所作为，发挥主导作用。

（2）要充分发挥和实现装配式建筑的优势。

甲方要努力把装配式建筑的优势发挥出来，在设计环节就要求按照装配式建筑规律设计，在结构体系选择、方案设计、初步设计、施工图设计、预制构件设计、模具设计、装修设计等环节按照装配式建筑的特性统筹把控，不能采取先按照现浇设计再拆分设计的方式。而对确实无法实现装配式优势的项目，如项目规模小、构件产能小或无产能等因素制约，甲方应积极与政府沟通，争取获得合理可行的政策支持或调整。

▲ 图 3-7   装饰砖反打外墙一体板

▲ 图 3-8   装配式建筑大跨度大空间全装修效果

（3）要不断提高住宅等建筑产品的标准。

前文提出了我国建筑行业需要"补课"，其根本原因在于我国的建筑标准与发达国家相比过低，还大量存在毛坯房的交付情况，性价比比较低。而装配式建筑为甲方提高建筑产品标准和性价比提供了巨大空间，如夹芯保温（三明治）装饰一体板、大跨度大空间、预应力预制构件、全装修、天棚吊顶、地面架空、集成卫生间、集成厨房、集成收纳、智能家居等部品和技术的使用（图 3-7~图 3-11），都将大大提升建筑的标准和产品的性价比。

▲ 图 3-9   装配式建筑上吊顶、下架空

▲ 图 3-10　集成厨房

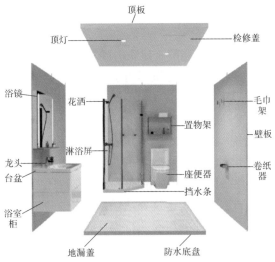

▲ 图 3-11　集成卫生间示意图

3.2　如何兼顾三个效益

装配式建筑的根本目的是提高三个效益：经济效益、社会效益和环境效益。

对甲方而言，经济效益是第一位的，没有经济效益，企业无法生存，也就谈不上其他效益了。但不能只顾经济效益，还要兼顾社会效益和环境效益。

1. 经济效益是首先需解决的问题

影响甲方推进装配式的最大瓶颈在于成本增加过多，如何降低成本，是所有甲方面临的难题。

解决思路是降低成本增量或使功能增量大于成本增量，即提升建筑产品的性价比。

（1）甲方决策环节要根据装配式建筑的特性选择适宜的结构体系，确定合理的装配方案来实现预制率、装配率，在项目策划阶段就要有装配式的意识，植入装配式的概念。

（2）充分发挥四个系统集成的优势，同步实施主体结构装配化和内装产业化、集成化，装修部品部件尽可能标准化、模数化。

（3）组织好早期协同设计，要求设计人员必须建立装配式建筑的设计思维方式，按装配式的规律和特点设计，用好标准，用活标准，尽可能地采用标准化、模数化及少规格、多组合等原则，并进行精细化、协同化设计。

（4）用好政策、用活政策，争取新的政策，力求政策带来的收益抵减成本增量，甚至带来额外收益。

降低成本，实现经济效益的更多具体措施详见本书第 11 章。

2. 甲方如何兼顾社会效益

社会效益是政府关注的重点，甲方也必须兼顾。装配式建筑带来的社会效益体现在：

（1）甲方的经济效益也是社会效益的一部分，企业的所得税、增值税提高，会带来社会税收增加。

（2）发挥装配式建筑的成本优势，降低居住成本，可以使更多的人买得起房住得上房。

（3）装配式建筑尽可能多地使用集成式部品部件（图 3-12），不仅节约资源，也有助于推动工业化和城市化发展。

（4）装配式建筑使住宅建筑标准和产品质量提高也是社会效益的重要体现：人民生活居住条件改善，生活水平随之提升。

（5）装配式建筑外墙围护系统防火安全性提高，通过采用夹芯保温（三明治）外墙板等预制外围护部品，使建筑节能保温性能更好，防火等级也得以同步提高。

（6）装配式建筑要求全装修，避免了二次装修的砸墙凿洞等破坏行为及大量装修建筑垃圾的产生。

▲ 图 3-12　集成式厨房

（7）装配式建筑提倡管线分离，便于建筑物全寿命周期内的维护、维修与更换。

（8）装配式建筑的实际使用寿命更长，由于预制构件在工厂生产，质量和精度更容易保障，有利于延长建筑物使用寿命。

3. 甲方如何兼顾环境效益

当初，我国推广商品混凝土替代工地现场搅拌时，由于成本增加，建筑界反对声一片，可随着政府的大力推动和时代的发展，商品混凝土的环境效益显而易见。同样，装配式建筑现在所面临的情况与商品混凝土推广初期一样，由预制构件替代商品混凝土，装配率越高、集成化越高，带来的环境效益就越显著（图 3-13）。

（1）节约资源环境效益。装配式建筑具有"四节一环保"的特点（图 13-14），由于其环境效益的受益者是全社会，甲方有责任和义务为消费者提供一个更加节能环保的建筑产品。

▲ 图 3-13　预制构件运输更环保

▲ 图 3-14　装配式建筑环境效益日益突出

（2）建筑物实际使用寿命延长。装配式建筑能实现更长的建筑使用寿命，改变当前我国建筑 50 年的使用寿命限制，能更充分地提高建筑使用效率，减少工程建设带来的资源浪费和环境影响。少建设，就是最大的资源节约。

（3）装配式建筑整个建造过程对环境影响更小。装配式建筑的预制构件从生产到安装都有熟练的操作人员进行，不需要大规模的现场混凝土拌和振捣等过程，产生的环境噪声较小，现场风尘飘散和废水排放的现象基本没有，施工现场废弃物减少，建筑垃圾更易于分类管理（图 3-15）。由于施工安装时间周期较短，全装修避免了砸墙凿洞的环境污染、噪声污染，对周围居民生活的影响也较小。

▲ 图 3-15　我国香港地区某工地建筑垃圾分类

3.3　如何用活政策与标准

3.3.1　如何用活政策

1. 吃透政策

甲方首先要做到对国家层面和项目所在城市相关政策的深入研究和把握。近几年，国家和许多地方政府都出台了装配式建筑的政策措施，除了要求装配率的指标外，从土地、规划、财政补贴、税收减免、金融扶持、优先审批等方面给予政策支持。这些政策的实施都能给企业降低成本、提高收益，甲方必须吃透用足。装配式相关鼓励支持政策见表 3-3。

表 3-3　装配式相关鼓励支持政策

政策类别	部分省市相关政策内容
财政补贴及奖励政策	（1）沈阳市对符合条件的建筑产业化示范工程项目，建设单位享受 100 元/m² 的补助，同一项目最高补贴 500 万元；上海市最高补贴标准为 1000 万元等 （2）北京市对于按照实施意见实施的装配率达到 70% 以上且预制率达到 50% 以上的项目，给予 180 元/m² 的奖励资金；对于自愿采用装配式建筑，装配率达到 50% 以上，且建筑高度在 60m（含）以下时预制率达到 40% 以上、建筑高度 60m 以上时预制率达到 20% 以上的项目，给予 180 元/m² 的奖励资金

（续）

政策类别	部分省市相关政策内容
容积率及面积奖励政策	上海等一些城市规定：装配式建筑外墙采用预制夹芯保温板的，给予不超过3%的容积率奖励
税费优惠政策	（1）一些城市规定经认定为高新技术企业的装配式建筑企业，减按15%的税率征收企业所得税 （2）对纳税人销售自产的列入《享受增值税即征即退政策的新型墙体材料目录》的新型墙体材料，实行增值税即征即退50%的政策
金融支持政策	（1）苏州市规定，对纳入建筑产业现代化优质诚信企业名录的企业，有关行业主管部门应通过组织银企对接会、提供企业名录等多种形式向金融机构推介，争取金融机构支持 （2）山东省规定对具有示范意义的装配式项目给予支持，享受贷款贴息等优惠政策 （3）河北和吉林等省市鼓励各类金融机构对符合条件的装配式相关企业开辟绿色通道、加大信贷支持力度，提升金融服务水平
提前办理预售许可证政策	（1）北京市规定采用装配式建筑的商品房开发项目在办理房屋预售时，可不受项目建设形象进度要求的限制 （2）上海市规定七层及以下，完成基础工程并施工至主体结构封顶；八层及以上，完成基础工程并施工至主体结构1/2，且不得少于七层即可预售 （3）宁波市规定完成±0.000标高以下工程，并已确定项目施工进度和竣工交付日期的，可申请预售登记
相关费用减免政策	沈阳等城市还出台了一些相关的费用减免政策，包括：免缴建筑垃圾排放费，墙改基金、散装水泥基金提前返还，降低安全措施费，质量保证金提前返还等

2. 要定量分析

对甲方来说，给政策就是给效益。对这些政策的实施，必须结合自身项目实际进行定量分析，为决策提供支持。甲方应重点关注土地规划方面的政策，如容积率奖励、外墙预制部分不计入建筑面积、给予差异化容积率奖励等，结合实际项目进行定量测算，在很多房地产价格较高的城市，应用这一政策能完全抵消装配式建筑带来的增量成本。此外，很多城市还出台了财政补贴、金融和税收扶持、优先审批等鼓励支持政策，甲方也应结合项目实际对这些政策措施进行定量测算分析。一些政策的定量分析测算可参见本书第4章。

3. 用足政策

甲方在对政策定量测算分析的基础上，在项目实施过程中要想方设法争取政策支持，用足政策，以减少装配式建筑的成本增量，甚至获得额外收益，而不是忽略或轻视政策。

3.3.2 如何用活标准

1. 吃透标准

近几年，国家和各省市密集出台了一系列的标准规范，甲方必须要吃透这些标准规范。《装配式建筑评价标准》（GB/T 51129—2017）规定装配率由主体结构、围护墙和内隔墙、装修和设备管线3部分评价分值相加后，百分制分母中再减去缺少项评价分值，计算百分比得出。表 3-4 是该标准中的装配式建筑评分表。

表 3-4 装配式建筑评分表

评价项		评价要求	评价分值	最低分值
主体结构（50分）Q1	竖向构件：柱、支撑、承重墙、延性墙板等	35%≤比例≤80%	20~30	20
	水平构件：梁、板、楼梯、阳台、空调板等	70%≤比例≤80%	10~20	
围护墙和内隔墙（20分）Q2	非承重围护墙非砌筑	比例≥80%	5	10
	围护墙与保温、隔热、装饰一体化	50%≤比例≤80%	2~5	
	内隔墙非砌筑	比例≥50%	5	
	内隔墙与管线、装修一体化	50%≤比例≤80%	2~5	
装修和设备管线（30分）Q3	全装修		6	6
	干式工法施工楼面、地面	比例≥70%	6	
	集成式厨房	70%≤比例≤90%	3~6	
	集成式卫生间	70%≤比例≤90%	3~6	
	管线分离	50%≤比例≤70%	4~6	

很多省市根据当地装配式建筑发展的实际情况编制了自己的预制装配指标计算细则和评价标准，一般都比国家标准宽松一些，有些省市还设定了一些加分项目。甲方通过吃透评价标准，采用最经济、最可行的实现装配率的方案，就可以减少成本增量，提升建筑功能和标准，开发建设出性价比较高的产品。

2. 用活标准

注意区分标准中黑体字表述的"应"和"宜"的区别，"应"是带有强制性的设计要求，"宜"是建议性的设计做法。甲方还应要求设计单位不要完全照搬标准图设计图，标准图是带有示范性的、通用性的图例，有些与实际情况不完全吻合，完全照搬有可能导致制作施工时无法操作或不合理。因此，甲方应当要求设计单位以有利于降低成本、提高质量、缩短工期为原则，灵活应用标准。例如，叠合板出筋和剪力墙板边缘构件现浇，给预制构件生产及现场安装带来困难，增加了大量的现场支模和现浇作业工作量，不仅影响工期，还增加了成本。因此，在结构设计时宜充分利用标准的有关规定，灵活设计，尽可能避免叠合板出筋与边缘构件现浇，以方便构件制作和施工安装、降低成本。

3. 必要时超越标准

技术标准是对建筑的最低技术要求，装配式建筑在我国还是一项新的建造方式，因此在实际工程中经常遇到需要超出规范规定或规范没有明确的情况。这时甲方应本着有利于提高质量和降低成本的原则，可采用专家论证的方式，推动相关产品和技术的应用。

3.4 如何争取政策支持

1. 应争取的支持政策

除了已出台的装配式建筑相关政策，笔者建议甲方还应争取以下政策：

（1）容积率补偿政策

按规范要求装配式建筑实施的管线分离、同层排水、全装修等要求将使层高增加，由此导致容积率损失，因此政府应给予相应的容积率补偿。同时，在确定装配式项目容积率时，适当考虑装配率的高低，对于高装配率的项目给予一定的容积率奖励或补偿。

（2）全装修的税收减免

相比于传统现浇建筑，装配式住宅项目要求全装修，增加了甲方开发建设的投入。建议减免企业装修部分税收，防止因装修导致建设成本及房屋销售价格增加过多，这既可以降低消费者购买全装修住房增加的支出，还可以激励甲方开发全装修住宅的积极性。

（3）全装修住宅降低按揭首付款

装配式建筑要求全装修，全装修增加了房屋售价，为更大程度发挥装配式建筑全装修的优势，建议降低购买全装修的商品房的按揭首付比例，不增加消费者购买商品房的首付资金，以提高消费者购买全装修商品房的积极性。

（4）延长土地和建筑使用寿命

我国目前的土地使用年限多为70年，建筑的设计使用寿命为50年，土地与建筑的使用年限不匹配。装配式建筑使用寿命更长的优势发挥不出来，建议将建筑使用年限延长至70年，甚至100年，土地使用年限也相应延长，向百年建筑方向发展，以便更好地实现三个效益。

（5）土地款及配套费可采用分期付款的方式

甲方在开发装配式建筑项目时前期的资金压力更大，建议针对拍卖地块的装配率情况，土地款及配套费采取阶段性付款的方式，以缓解甲方前期费用的支出，提高甲方做装配式建筑的积极性。

2. 争取政策的时机

甲方与政府沟通、争取政策支持应贯穿装配式项目实施的全过程，其中在拿地环节争取相关政策支持尤为重要。目前全国已有31个省、市、自治区出台装配式建筑目标及鼓励支持政策，很多城市在土地拍卖时，将装配式相关要求纳入拍卖土地使用合同中。甲方在拿地时应全盘策划项目方案，通过争取相关政策支持，统筹考虑项目综合效益，并做出相应的决策。

在项目实施的各阶段，甲方也要有针对性地争取相应的政策支持，例如：

（1）在方案设计阶段，根据地块总体规划及装配率要求，可以争取容积率或面积奖励政策。

（2）在施工图设计阶段，可争取优先报审等政策。

（3）在施工及销售阶段，可申请提前预售、优先放贷等金融政策。

（4）在竣工验收阶段，可申请财政补贴、税收优惠、验收绿色通道等政策。

（5）在运维阶段，可申请墙改基金优先返还、公示样板项目等政策。

3. 争取政策支持的方式

（1）专项报告

通过实践过程中不断地总结和全方位调研、论证后，形成专项报告，与政府有关部门进行沟通，争取相关的政策支持。

（2）协会建议

通过装配式建筑等相关协会，各甲方针对政策层面的共性问题，研讨汇总后，由协会出具建议报告提交给政府相关部门。

（3）舆论影响

通过装配式建筑的专题会议、论坛、交流、宣讲等活动，由行业专家、实践者、管理者等形成的舆论建议，也可作为争取政策支持的一种方式和渠道。

3.5　对不合理政策、标准宜采取的做法

1. 目前存在的不合理政策

（1）"一刀切"政策

有些城市的政策不考虑项目适合与否都要求做装配式。比如一些建筑由于造型复杂、楼层低、立面线条多等因素，导致预制构件种类多、模具数量多，成本增量大；再如有些地区预制构件产能明显不足，甚至根本没有预制构件工厂，推广装配式建筑缺少最基本的条件，一旦强行推广，前期部分或全部构件只能从外地采购，势必导致成本增量过大。

（2）强行规定具体的部品部件

如个别城市强制要求预制构件仅采用"三板"，即楼梯板、叠合楼板和内墙板，限制其他构件尤其是竖向承重构件的使用；还有些城市要求填充墙采用预制条板或高精度砌块才可以计算装配率。类似政策限制了装配式建筑整体优势的发挥。

（3）部分城市不是按整个项目进行装配率及预制率考核

部分城市是按单体建筑考核装配率或预制率，不是按照整个项目进行考核，同一个项目内各单体之间装配率或预制率指标不允许调剂也会导致装配式建筑项目的成本增加。

（4）"四新"技术鼓励不到位

如铝模板、结构保温一体化、保温装饰一体化等（图3-16和图3-17）"四新"技术的应用，尚没有相关的

▲ 图 3-16　铝模板结合装配式结构

鼓励政策或鼓励政策力度较小。

（5）一些城市的保护性政策

一些城市为了保护当地预制构件工厂的利益，制定了限制外来供应商准入的政策，导致竞争不充分、成本增加。

（6）个别政策落地难、效果不明显

还有个别政策，政府认为有效，但实际无法操作或效果不明显，如给予生产企业投资补贴和高新企业待遇等政策。

2. 目前存在的不合理标准条款

（1）剪力墙增大系数

《装规》[一] 8.1.1 条规定：抗震设计时，对同一层内既有现浇墙肢也有预制墙肢的装配整体式剪力墙结构，现浇墙肢的水平地震作用弯矩、剪力宜乘以不小于 1.1 的增大系数。例如某高层建筑单体装配率为 40%，每层预制剪力墙仅为 12 块，其他均为现浇墙体，按现有规范，剪力墙增大系数均为 1.1，将造成极大的浪费。

▲ 图 3-17　FS 一体板

（2）叠合板四边出筋

《装标》[二] 规定：桁架筋混凝土叠合楼板的后浇叠合层厚度不小于 100mm，且不小于预制层厚度的 1.5 倍时，叠合楼板支座处的纵筋可不伸入支座，按常规设计，均达不到

▲ 图 3-18　四边出筋的叠合板

叠合楼板不出筋的要求。目前装配式建筑行业反应比较集中的问题就是叠合板出筋问题（图 3-18），既增加了预制构件的制作难度，也造成了安装的困难。对于叠合楼板是否必须严格按现浇结构出筋，不出筋要求是否过高，需要进一步研究确认。辽宁省地方标准《装配式混凝土结构设计规程》（DB21/T 2572—2019）规定叠合楼板后浇层厚度不小于 70mm 时，叠合楼板即可以不出筋。据了解降低出筋要求的行业相关规范也正在酝酿和编制中，值得期待。

（3）湿连接过多

装配式结构是以连接为核心内容的，目前的规范和标准图均以等同现浇的连接和锚固为基础，采用与现浇结构相同的"整体性"目标的连接和构造，希望能与现浇结构达到"等同"。因此，都需要采用后浇段的湿连接及锚固实现预制构件与预制构件之间的连接，以及预制构件与现浇区段的连接。例如：剪力墙结构的剪力墙拆分后，会产生"Z""L""T""一"字等形式，形成大量的湿连接，造成钢筋绑扎、模板支撑工作量较大，加上各专业交叉

[一]《装配式混凝土结构技术规程》JGJ 1—2014 的简称，本书余同。

[二]《装配式混凝土建筑技术标准》GB/T 51231—2016 的简称，本书余同。

作业，装配式施工安装的优势大打折扣（图 3-19）。

其他详细问题参见本系列丛书中《装配式混凝土建筑—如何把成本降下来》一书的第 5 章。

3. 宜采用的做法

（1）加强沟通，争取政策和标准规范的不断完善

由于我国还处于装配式建筑发展的初级阶段，政策和标准规范出现一些不适宜属于正常情况。装配式各环节包括甲方、设计、制作、施工、监理的相关人员应将实际中遇到的政策和标准规范相关问题及时沟通、分析、汇总，并研讨出相关建议后，与政策制定部门、标准规范编制机构进行交流、沟通，以推动政策和标准规范的不断完善。甲方在这方面可发挥的优势更大。

（2）充分发挥行业协会的作用

充分发挥装配式建筑等行业协会的作用，把企业在政策和标准规范方面遇到的问题定期地汇总提

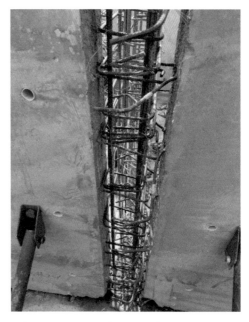

▲ 图 3-19　"T"字形现浇节点

报给协会，利用协会的影响力和沟通能力，推动政策和标准规范的不断完善。

（3）通过专家论证确定

有些超过政策或标准规范要求，或政策、标准规范没有覆盖的问题，可以通过专家论证的方式予以解决。例如建设中有别墅、独栋办公楼等低层和超高层建筑项目，有特殊工艺要求和使用功能要求的项目，可向装配式建筑主管部门提出申请，通过组织专家论证的形式确定是否采用装配式建造方式，以获得政府政策的支持。

（4）通过社会舆论呼吁完善

目前阶段装配式建筑受社会舆论的关注度较高，可以利用这一有利时机，将不适宜的装配式建筑政策和标准规范，以及完善和修订的建议通过社会舆论进行呼吁，以获得相关部门和机构的支持。

（5）给出调整政策和完善标准规范的具体建议

在提出政策或标准规范完善建议时，方式方法应妥当，指出政策或标准规范可完善的条款，并给出具体的修改建议，以减少决策的障碍。

（6）采取替代法，争取灵活的政策空间

例如在实现项目装配率方面，可以采取内部调剂、内部替代等方式，既满足了政策要求，又可以保证项目的顺利实施。以下建议，可供参考。

1）分期、分楼栋进行整合、归类，将符合装配式要求的户型、楼栋尽可能增加预制率，反之减少，满足项目整体的装配率要求。

2）先高层，后多层，楼栋越高，标准化程度越高，预制构件越容易实现"高复制"和规模效益，成本增量相对较低。

3）先商业，后住宅。商业项目，普通消费者关注度较低，敏感度较低。

4）先大户型，后小户型。大户型的部品部件数量少于小户型，应用比例更容易满足要求。

第4章
拿地环节存在的问题与预防

本章提要

对拿地环节存在的问题进行了汇总和分析，给出了一些预防和解决问题的办法，包括：拿地前政策和规范及拿地附带条件分析、拿地前定量成本增量测算问题、容积率的影响问题、预制率及装配率对成本和工期的影响、鼓励支持政策对成本和工期的影响及供给侧资源和条件对成本和工期的影响。

4.1 拿地环节存在问题概述

目前地方政府推广装配式建筑的主要方式是将装配式的相关要求与土地捆绑，甲方从参与土地招拍挂至摘牌，就意味着已经同意了政府的这些要求。有些甲方在拿地环节对装配式了解不多，重视不够，还存在一些问题。

1. 问题举例

例1 某甲方在拿地时未考虑装配式政策要求及其对成本的影响，拿地后才知道工期可能延长和成本会增加。为实现项目预期目标，该开发商一边按传统现浇方式建设，一边找关系疏通寻求政策放松，但协调未果。该开发商说服一家预制构件工厂，签订预制构件采购合同，但实际不供货，给构件厂一定的"帮忙费"，假装完成了"装配率要求"，后事情败露受到了严厉处罚。

例2 某甲方在华东某三线城市拿地后，由于项目前期未对装配式要求进行定量测算和供给侧条件调查，建设实施过程中才发现当地的预制构件生产能力满足不了市场需求，构件无法及时供货，导致工期拖延2个多月，不能按期收回投资款，财务成本增加约8%。

2. 拿地环节问题清单

甲方在装配式建筑项目拿地环节存在的常见问题有：

（1）对土地出让条件中关于装配式的要求不重视或未做定量分析。

（2）对装配式建筑的地方强制性政策和规定了解不细，未进行评估。

（3）对装配式建筑鼓励支持政策不了解或未做定量分析。

（4）对项目实施涉及的标准、规范相关条款未做研究分析。

（5）对成本增量未做定量评估，拿地上限价格模糊。

（6）对功能增量未做定量分析评估。

（7）对工期受到的影响未做定量分析评估。

（8）对项目全寿命周期的成本和效益未做定量分析评估。

（9）对供给侧资源未做调查分析。

这些问题会影响甲方对项目收益计算和土地最终举牌价的决策。

3. 拿地前与装配式有关的工作清单

（1）仔细对照土地出让条件中捆绑的装配式要求，对实现这些要求的成本与工期增减量做出初步的定量分析。

（2）仔细分析装配式的鼓励支持政策实现的代价与获得收益的对比分析。

（3）了解鼓励支持政策实际实施情况，手续办理及流程是否畅通，不能只限于纸面文件分析上。

（4）了解装配式政策要求对地块预布置方案的影响。

（5）初步确定土地出让条件要求的预制率或装配率的实现方式，测算成本与工期变化情况。

（6）了解供给侧情况，包括有经验的设计院、预制构件工厂、模具厂、施工企业及监理企业的情况与当地装配式建筑规模的供需关系。

（7）了解以往类似装配式项目的实施情况，并进行对标分析。

（8）甲方如果第一次接触装配式项目，或经验不足时，应当进行对标学习，建议聘请对装配式建筑有经验的专业咨询机构作顾问。

（9）根据装配式要求优化产品方案，避免拿地失误。

4.2　拿地前对政策、规范和附带条件的分析

1. 强制性政策

目前许多城市以出让方式供应建设项目用地时，在规划设计中明确了项目的装配率、全装修成品住房比例，将其作为强制性政策列为土地出让合同的附加条件。各地强制性政策主要包括：

（1）规定必须实现的预制率、装配率指标，多数地区以装配率指标为主要控制指标，普遍要求装配率不低于50%，有的欠发展地区可与主管部门沟通，适当调低指标要求。

（2）规定必须采用的预制构件种类及比例，例如江苏地区的装配式混凝土建筑中的"三板"，即预制楼梯板（图4-1）、预制叠

▲ 图 4-1　预制楼梯板

合楼板（图4-2）和内隔墙板（图4-3）要求。

▲ 图4-2　预制叠合楼板　　　　　　　　　▲ 图4-3　内隔墙板

（3）住宅全装修要求。

如上海市要满足建筑单体预制率不低于40%或单体装配率不低于60%的要求，楼梯、楼板、剪力墙内墙板、剪力墙外墙板、飘窗等均需要预制。

沈阳市拿地楼面价在2000元/m^2以上的开发项目要满足预制装配率30%及项目整体装配率50%的要求，按照计算细则，针对高层楼栋，楼梯、楼板、部分竖向承重构件需要预制，再加上围护结构配合高精度砌块薄砌法、全装修及加分项可以满足装配率要求。

江苏省单体建筑中强制应用的"三板"预制的总比例不得低于60%等。

2. 鼓励支持政策

目前绝大部分省市为了推动装配式建筑的发展，出台了一些鼓励支持政策，包括：财政补贴及奖励政策、不计容建筑面积奖励政策、税费优惠政策、金融支持政策、提前办理预售许可证政策和相关费用减免政策。拿地前，甲方应对当地的鼓励支持政策进行系统的梳理和分析，初步确定拟争取的鼓励支持政策清单，并测算争取到政策奖励后可以抵消的成本增量或产生的收益，以便精准决策。部分城市鼓励支持政策的一些具体内容参见本书第3章表3-5。

3. 装配式建筑高度受到的影响

装配式建筑的高度受预制内容的影响。《装规》规定，当结构中竖向构件全部为现浇且楼盖采用叠合梁板时，房屋的最大使用高度与现浇建筑相同；对于竖向构件预制的装配整体式剪力墙结构和装配整体式部分框支剪力墙结构，视预制剪力墙的情况，房屋的最大使用高度有所降低，详见表4-1。

表4-1　装配整体式结构房屋的最大使用高度　　　　　　　　　　　（单位:m）

结构类型	非抗震设计	抗震设防烈度			
		6度	7度	8度（0.2g）	8度（0.3g）
装配整体式框架结构	70	60	50	40	30
装配整体式框架-现浇剪力墙结构	150	130	120	100	80

（续）

结构类型	非抗震设计	抗震设防烈度			
		6 度	7 度	8 度 (0.2g)	8 度 (0.3g)
装配整体式剪力墙结构	140(130)	130(120)	110(100)	90(80)	70(60)
装配整体式部分框支剪力墙结构	120(110)	110(100)	90(80)	70(60)	40(30)

注：当预制剪力墙构件底部承担的总剪力大于该层总剪力的 80% 时，最大适用高度应取表中括号内的数值。

由此表可见，对于我国高层住宅普遍采用的剪力墙结构，当装配率要求较高，竖向构件也参与预制时，适用的最大高度会受到限制。特别对于抗震设防烈度为 7 度及以上地区，高度超过 100m 以上的住宅，对限制条件应格外注意。

深圳首个采用 EPC 工程总承包模式的装配式住宅项目，共有 3 栋高层，建筑高度控制在 100m 以内，最高 95.9m，采用了装配整体式剪力墙结构体系，预制构件包括：承重墙、叠合梁、叠合板、楼梯等，预制率 50% 左右，装配率 70% 左右。

华润置业开发的国内最高的装配式混凝土住宅项目，共有 6 栋超高层，建筑高度最高达到 182m。剪力墙预制受限，故采用装配式内浇外挂体系，预制构件包括非承重外墙板、阳台、楼梯等，预制率约 18%。

4.3　拿地前定量测算问题

甲方在拿地前应当对政府政策详细了解、仔细分析，对这些政策和当地装配式建筑供给侧的实际条件可能导致的工程成本、工期及财务成本的变化进行初步的测算，作为确定土地举牌价上限时的参考。

1. 装配式建筑的成本增量

国外装配式混凝土建筑没有建造成本高于现浇混凝土建筑的情况，但国内目前的现实情况是，装配式混凝土建筑成本增量较高。虽然房地产企业在拿地后通过决策、优化设计和有效管理，可能减少成本增量，甚至降低成本，但在未有具体路径和办法的情况下，拿地前宜先以市场成本增量的现状进行测算。

成本增量是指装配式建筑相对于传统建筑在建安成本上的增加值，具体表现在：专项设计咨询、规范执行和设计、部品部件预制、部品部件运输、施工安装等环节，见表 4-2。

表 4-2　装配式混凝土建筑成本增量内容表

序号	成本增量环节	成本增量具体内容	说明
1	专项设计与咨询费用	拆分设计、连接节点设计、预制构件设计、模具设计、内装设计及专项咨询	增加
2	规范执行和设计	局部加强、放大系数、结构体系不适宜、设计不合理	增加

（续）

序号	成本增量环节	成本增量具体内容	说明
3	部品部件预制	预制构件等部品部件工厂土地、厂房及设备摊销、构件存放场地及设施摊销、构件钢筋含量增加、增加了灌浆套筒、预埋件等专用材料、税费较高等	增加
4	部品部件运输	预制构件和集成部品的运输，与运输商品混凝土相比，运距一般较长、效率较低	增加
5	施工安装	增加了预制构件吊装费用、灌浆费用、安装缝处理费用和机械费用，增加了吊具等安装材料，现浇混凝土数量减少，但作业环节未减少，免脚手架、免抹灰未实现	有增有减，综合后为净增加

关于成本增量的详细分析见本书第 11 章。

2. 项目经济分析须关注的内容

甲方在拿地前进行项目经济分析须关注的内容包括容积率要求、装配率要求、全装修规定、鼓励支持政策等。容积率的影响问题将在本章 4.4 节进行详细分析，本节对其他三个方面进行分析。

（1）装配率要求

装配率是影响项目开发建设成本的重要因素。甲方在拿地前应详细了解当地政策对装配率的要求，通过方案比选来确定最经济的预制装配方案，详见第 5 章 5.4 节。

（2）全装修规定

全装修是指建筑功能空间的固定面装修和设备设施安装全部完成，达到建筑使用功能和性能基本要求的装修模式，具有节能环保、节约工期、成本可控、便于维修等优势（图 4-4）。

"毛坯房"已不符合现代社会的发展要求，《装配式建筑评价标准》（GB/T 51129—2017）已将实施全装修作为装配式建筑的必选项目。甲方在拿地环节应统筹考虑全装修的操作模式，通过一体化设计，实现建筑设计、结构设计和内装设计

▲ 图 4-4　房屋全装修效果

的有效协同，从而真正达到减少建筑垃圾、降低消耗排放、节约资源、缩短项目整体工期的目的。

相比传统毛坯房，全装修房屋增加了建设成本，房屋售价一般也随之提高。同时，由于全装修项目比毛坯房项目的开发周期延长，项目财务成本也有所增加，甲方在拿地前应综合考虑各项因素，评估全装修带来的经济性影响。

（3）鼓励支持政策

甲方在拿地前应综合进行项目的经济分析和量化评价，充分利用当地鼓励支持装配式建筑发展的政策，最大化弥补现阶段装配式建筑成本增量对项目的影响。

对于销售型项目而言，资金提前回流，偿还开发贷款，减少财务成本是非常重要的。目前，很多城市对采用装配式建造的项目制定了提前预售的政策（参见表 3-5）。

以上海为例，预售时间尤其是高层建筑提前明显，30 层的建筑，大约可提前 3 个月的时间。如上海某项目，地上计容建筑面积约 7 万 m²，建设单位融资 4 亿，融资利率 8%，每天的贷款利息大约是 8.7 万元，1 个月利息成本大约为 263 万元，3 个月的利息成本已能覆盖整个项目的所有设计费。充分利用提前预售政策，节约财务成本对降低开发项目成本非常必要。

3. 定量测算建议

甲方在拿地前应根据当地政策对该地块的装配式相关要求，定量测算采用装配式带来的成本增量，主要考虑以下几方面：

（1）地块限价要求。

（2）地块装配率、全装修的具体要求；鼓励支持政策落地的可行性。

（3）地块是否为净地、是否影响开工计划。

（4）当地预制构件等部品部件及专用材料的供给情况、价格、运距等。

（5）设计单位的设计能力和装配式建筑的设计经验等。

（6）施工单位装配式建筑的施工能力和经验等。

（7）监理单位装配式建筑的监理能力和经验等。

4.4　容积率的影响问题

1. 装配式建筑对容积率的影响

按照国家规范要求，或者说提升建筑标准的目标，应全装修、宜管线分离和同层排水，需要增加层高，最少约需要 15cm 左右（图 4-5）。日本无论现浇建筑，还是装配式建筑，都实现了全装修、管线分离和同层排水，住宅层高较中国高出 30~50cm。

如果土地出让条件给出的容积率比较高，建筑高度接近限高才能实现。当建筑密度、退界等被规划条件严格限制，装配式建筑增加的层高会导致容积率无法用足，导致实际可销售面积减少，实际楼面地价就会高于土地出让时的楼面地价。

2. 容积率奖励政策对成本的影响

目前阶段容积率奖励政策是对装配式建筑成本影响很大的一个因素，所获得的不计入容积率部分的建筑面积奖励，不需要支付土地成本，只需要付出建造成本即可获得市场价的销售回报，这对于土地价格及房屋售价较高的地区来说，溢价空间很大，甚至除能抵消掉整个项目装配式产生的成本

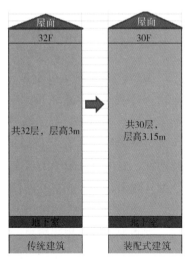

▲ 图 4-5　装配式建筑容积率影响示意图

增量外，还能产生额外收益，因此甲方在拿地前需要重点进行测算和评估。

例如，上海某大型住宅项目，其中 10 栋高层住宅地上建筑面积为 8.6 万 m^2，预制率 40%。甲方进行了两种方案的对比分析，详见表 4-3。如果不考虑申请政策奖励，则成本增量为 5160 万元；如果采用预制夹芯保温外墙板（图 4-6），按政策获得 3% 的容积率奖励，由于售价高达 6 万元/m^2，销售收入增加约 1.548 亿元，扣除原成本增量 5160 万元及夹芯保温外墙板方案的二次成本增量 1720 万元后还盈余 8600 万元（暂未考虑税务和工期影响）。甲方进行方案对比后，采用了预制夹芯保温外墙板，并获得了 3% 容积率的奖励。该项目如果采取达标即可的态度则只有成本增量，而由于利用了奖励政策，除抵消了成本增量外，还获得了盈余 8600 万元。

表 4-3　是否争取容积率奖励政策的两种方案对比分析

序号	方案	成本增量/万元	收益/万元	净收益/万元
方案一	执行最低标准，达标即可	5160	0	-5160
方案二	利用容积率奖励政策	6880	15480	+8600

争取容积率奖励的项目，还应考虑奖励的建筑面积能否在项目地块内消化用完。虽然政策规定可以获得一定比例的容积率奖励，但由于地块规划指标受到各种技术条件的约束，如：日照间距、限高等，奖励的建筑面积未必能在项目地块内消化用完，如果消化不完，就可能没有额外收益，甚至只能抵消部分成本增量。

▲ 图 4-6　预制夹芯保温外墙板

4.5　预制率、装配率对成本和工期的影响

国外装配式建筑由于是市场行为，没有政府规定指标必须完成一说，也没有虽不适合装配式而必须做装配式的情况，除了技术人员事后做分析时用预制率概念外，开发商在项目之前是不需要考虑预制率的，更没有装配率的概念，因为全装修、管线分离、同层排水等是普遍做法。而中国的装配式建筑，必须在拿地前进行定量评估预制率、装配率的影响。

1. 预制率、装配率的概念、标准

预制率一般是指建筑室外地坪以上的主体结构和围护结构中，预制构件部分的混凝土用量占对应部分混凝土总用量的体积比（适用装配式混凝土建筑）。

根据《装配式建筑评价标准》（GB/T 51129—2017），装配率是指单体建筑室外地坪以上的主体结构、围护墙和内隔墙、内装和设备管线等采用预制部品部件的综合比例。它将

《工业化建筑评价标准》中构件预制率和建筑部品装配率进行整合，将各地的预制率、预制装配率、装配化率等概念进行了统一，明确了装配率是对单体建筑装配化程度的综合评价指标。

预制率、装配率是评价装配式建筑的重要指标之一，也是政府制定装配式建筑鼓励支持政策的重要依据指标。各地政府文件中，预制率、装配率、预制装配率、整体装配率、预制化率等多种名称并用。比如深圳市按照标准层计算预制率，有预制率和装配率两个名称；上海有预制率和装配率两个考核指标，可任选其一。

2. 预制率、装配率对成本的影响

满足装配率指标要求有多种方案，方案不同混凝土预制装配的数量，即预制率就有可能不同，表 4-4 和图 4-7 是长三角地区某项目不同预制率对成本影响的对比分析。

表 4-4　长三角某项目预制率对全成本的影响　　　　　　　（单位：元/m²）

序号	预制率	全成本造价	土建结构造价	造价增量
1	0%	3600.16	2380	
2	20%	3786.32	2676	186.16
3	30%	3934.11	2778	333.95
4	40%	4058.69	2832	458.53
5	50%	4178.22	2987	578.06

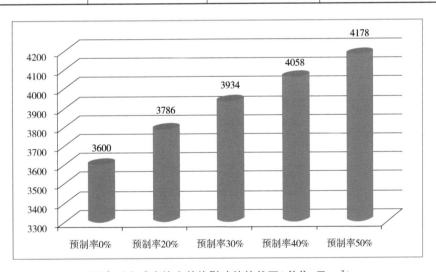

▲ 图 4-7　预制率对全成本综合单价影响的柱状图（单位：元/m²）

通过该项目分析显示，预制率升高，成本也增高。同时还可以看出，在不同预制率下，装配式混凝土建筑成本增加的主要是由土建结构即"混凝土预制构件的设计—生产—运输—安装"所导致的，因此甲方要做好装配式混凝土建筑的成本增量控制，必须要对"混凝土预制构件的设计—生产—运输—安装"进行全过程管控。

上述分析结果只供读者参考，不是定论，某些成本增量是项目具体情况、现状制约和优化不够的结果，不是装配式发展的必然情况。

我国目前阶段装配率、预制率对装配式混凝土项目成本影响较大。发达国家无论是现浇混凝土建筑还是装配式混凝土建筑都做内装修，也都进行管线分离，装配式混凝土建筑效益的实现和工期的缩短主要体现在结构系统和外围护系统预制率方面。按常规理解以及装配式建筑的规律，预制率越高，成本应该越低，这点发达国家的经验也已经证明，但目前在我国却处于相反状态，预制率越高，成本增量反而越高。随着装配式建筑的不断发展和进步，这一不正常现象会得到逐步改善。

就目前而言，地区不同、项目规模不同、项目设计不同，预制率对装配式混凝土建筑成本的影响也不尽相同。甲方应根据项目具体情况，采取相应的对策。

3. 预制率、装配率对工期的影响

我国目前阶段装配式混凝土建筑的主体结构的施工工期比现浇建筑要长，预制率、装配率越高，结构工期延长越多（参见表3-2）。全装修的装配式项目由于装修可以紧随主体结构进行施工，如果组织得好，总工期可以大大缩短。

表4-5和表4-6是沈阳某高层住宅项目传统建造方式与装配式建造方式标准层结构工期的对比分析表（预制装配率50%，预制构件包括楼梯、叠合楼板、剪力墙内墙板）。

表4-5 传统施工工期分解

工期	时间	施工工序
第1天	7:00—11:30 13:00—19:00	上午楼层平面基准放线，下午墙柱钢筋上楼面焊接、绑扎
第2天	7:00—11:30 13:00—19:00	木工搭设满堂红脚手架，墙柱模板就位，梁模板安装
第3天	7:00—11:30 13:00—19:00	木工梁、板模板拼装校正完成，墙柱模板加固，并将板面清理干净
第4天	7:00—11:30 13:00—19:00	梁钢筋绑扎，板底筋及水电管敷设，木工加固柱、墙、梁
第5天	7:00—11:30	顶板钢筋完成，模板加固完成验收，混凝土浇筑

表4-6 装配式施工工期分解

工期	时间	施工工序
第1天	7:00—11:30 13:00—19:00	测量放线，现浇区域绑扎墙柱箍筋，电渣压力焊，绑扎墙柱钢筋
第2天	7:00—11:30 13:00—19:00	吊装预制剪力墙板、接缝封堵、灌浆。预制剪力墙区域暗柱钢筋绑扎
第3天	7:00—11:30 13:00—19:00	上午预制剪力墙板部分灌浆后暂停期，下午木工搭设满堂红脚手架
第4天	7:00—11:30 13:00—19:00	墙柱模板就位，梁模板安装
第5天	7:00—11:30 13:00—19:00	墙柱梁模板加固

（续）

工期	时间	施工工序
第 6 天	7:00—11:30 13:00—19:00	吊装叠合板、梁钢筋绑扎，板底筋及水电管敷设
第 7 天	7:00—11:30 12:00—19:00	顶板钢筋完成，模板加固完成验收，混凝土浇筑

通过以上两个表格的对比分析，并结合现场实际情况，该项目对装配式工期影响较大的因素有：

（1）预制剪力墙板灌浆套筒较小，与伸出钢筋对位、顺利插入需要时间较长，影响吊装效率。

（2）预制剪力墙板灌浆后，灌浆料拌合物强度未达到 35MPa 前，灌浆部位不允许受到扰动，有 24h 停滞等待期。

（3）后浇混凝土部分较多且分散，模板支设费工费时。模板加固体系如果能做到系统化、模块化、标准化，可大大缩短工期，提高质量。

（4）叠合楼板仍采用满堂红支撑体系，没有体现装配式建筑的成本和工期优势。

4.6　鼓励支持政策对成本和工期的影响

本章 4.2 节第 2 条已经对各地出台的装配式建筑相关鼓励支持奖励政策进行了梳理，甲方在拿地前应该了解相关政策对项目成本和工期所能产生的影响，以便采取相应的对策。

1. 鼓励支持政策对成本的影响

容积率奖励政策对成本的影响已在本章 4.4 节第 2 条进行了分析，除容积率奖励政策外，其他鼓励支持政策对装配式混凝土建筑项目的成本也有一定影响。如沈阳市对符合条件的建筑产业化示范项目，建设单位享受 100 元/m² 的补贴，同一项目最高补贴 500 万元。沈阳万科 2017 年开发的某项目满足补贴要求，获得 500 万元补贴，抵消了该项目的部分成本增量。

2. 鼓励支持政策对工期的影响

对装配式混凝土建筑项目工期有积极影响的鼓励支持政策主要有以下两项：

（1）可以提前预售，如上海市实施装配式建筑的新建商品住房项目，其预售应达到的工程进度标准为：七层以下（含七层），应当完成基础工程并施工至主体结构封顶；八层以上（含八层）应当完成基础工程并施工至主体结构二分之一以上（不得少于七层）；北京、沈阳、济南等一些省市规定完成正负零即可预售。提前预售可以激发高周转的开发企业精心组织、加快建设的积极性，可以有效缩短工期。

（2）部分城市装配式建筑工程可实行分层、分阶段验收。传统的施工质量验收制度中，建设项目一般需要整体验收合格之后方可进入下一道工序施工或投入使用。该支持奖励政策有利于装配式项目各环节穿插施工、缩短施工周期、提前投入使用。

4.7 供给侧资源和条件对成本和工期的影响

发展装配式建筑是建造方式的重大变革，是推进供给侧结构性改革和新型城镇化发展的重要举措。装配式建筑涉及设计、预制构件等部品部件生产、现场施工、监理等多个环节，采用装配式建造方式，会"倒逼"供给侧各环节摆脱低效率、高消耗的粗放建造模式，走依靠技术进步、提高劳动者素质、创新管理模式、集约式发展道路，实现建筑工业化、自动化，以适应未来发展的需要。

1. 供给侧资源和条件列举

装配式建筑供给侧资源主要包括设计咨询单位、预制构件等部品部件制作单位、施工安装单位、监理单位等，这些资源应具备的条件详见表4-7。

表 4-7　装配式建筑供给侧资源和条件分类

资源分类	资源应具备的条件
设计、咨询	有经验的装配式设计机构，咨询机构
预制构件等部品部件制作	预制构件等部品部件生产企业、模具加工企业，专用设备制造企业、专用材料生产企业、预制构件运输企业
施工安装	有经验的工程总承包企业或施工企业，专业的吊装、灌浆企业
监理	有装配式建筑监理经验和驻厂监理能力及条件的企业

2. 供给侧资源对成本和工期的影响

（1）专业咨询机构

正规的专业咨询机构对装配式全产业链的政策、规范标准、管理和技术都比较了解，甲方在拿地前可以就关心的问题向专业咨询机构咨询，以便从开始阶段就让项目植入装配式的基因，保证装配式项目达到甲方的预期效益。

（2）设计单位

设计是装配式的上游环节，对装配式项目的成本和工期影响较大。如果没有装配式的设计经验和能力，没有组织设计前置、集成设计、协同设计，就会出现设计错误、设计遗漏等问题，导致装配式项目成本增加、工期延长。因此，甲方在拿地前就应该寻找有装配式设计经验的设计单位，以便拿地后尽早合作。

（3）预制构件等部品部件工厂

目前我国预制构件等部品部件工厂的建设还处于不很理性的状态，分布不均衡，导致有些地区预制构件等部品部件供大于求，有些地区供不应求。甲方在拿地前应对项目所在地部品部件的供需情况进行了解，譬如150km合理运输半径范围内是否有有经验、质量好、能满足供应的预制构件工厂（图4-8）；项目所用构件是否可由两家以上构件厂供应，以发挥各构件厂的专业化优势，同时也应规避一家供货不及时而没有补救措施，影响工期的问题；

项目所在地构件供不应求时，能否具备建立临时工厂的可能和条件，或在合理运输半径范围外地区采购构件对成本和工期的影响情况；其他预制部品部件、模具、专用材料的供货能力、质量、价格是否满足要求等。避免拿地前没有进行调查，项目实施时出现部品部件供应不及时、质差价高等影响成本和工期的情况。

（4）施工企业

选择有经验的施工企业或专业的安装队伍，对装配式建筑的施工质量、成本、工期大有益处。没有经验的施工企业，对装配式专项作业不了解，不懂预制构件进场后如何验收、不知道吊装用具如何使用（图 4-9）、不会搭设支撑体系、对灌浆的原理和流程不掌握、不善于安排流水作业和穿插施工，就会导致装配式项目窝工、损失浪费严重、质量和安全也得不到保障。因此供给侧是否有合格的施工企业也是甲方拿地前应重点关注的问题。

▲ 图 4-8　预制构件工厂　　　　　　　　▲ 图 4-9　吊具选用错误导致预制构件吊装倾斜

（5）监理企业

供给侧如果缺乏具有装配式建筑监理经验的监理企业，或者监理企业没有能力和条件派驻驻厂监理，也会导致装配式项目监理漏项、监理不及时、重要环节监理不到位等问题，从而影响装配式项目的质量、工期和成本。

第5章
决策与方案设计常见问题与预防

本章提要

　　列举了决策与方案设计阶段问题实例，给出了常见问题清单及预防办法。重点讨论了装配式对户型、业态、结构类型与体系的影响，预制率（或装配率）优化方案和四个系统的分析，成本增量与功能增量的关系分析，早期协同及 BIM 决策。

5.1　决策与方案设计阶段常见问题及影响

5.1.1　常见问题实例

　　决策与方案设计阶段是将概念设计落地的过程，是报批报建的基础，也是营销定位的基础，是房地产项目开发过程中至为关键的阶段。传统房地产项目的开发，已经有一套成熟的操作流程，加入装配式的要求后，甲方决策和管理会面对新问题，以下分享一些实际案例。

　　例1　某办公楼项目一期工程，甲方第一次接触装配式项目，没有考虑装配式的特点和规律，平面布置不规则，预制构件标准化程度低。方案阶段就不合理，施工图阶段又完全按照现浇设计。图纸完成后，才找装配式设计咨询公司进行拆分设计和预制构件设计。该装配式设计咨询公司比较有经验，提出了一些施工图设计中不适于装配式的问题，希望设计院修改（图 5-1）。但一方面设计院已出图，不愿意修改；另一方面甲方着急开工，不愿意因设计返工而影响进度，故只修改了不符合规范之处，对不合理的设计一律不改。由于很多不合理的设计未得到纠正，结果是：第一，预制构件重复率低，一个 9 万 m² 的项目预制构件类型达 1000 多种，深化图纸达 1800 多张，模具费用和加工时间明显超出正常范围；第二，很多预制与现浇连接处钢筋避让困难，给安装带来极大不便，施工时返工较多。

　　吸取了惨痛经验后，项目二期甲方要求设计院在方案阶段就引入有经验的装配式设计团队。同样类型建筑，建筑面积差不多，二期预制构件种类减少了 40%，构件的安装也顺畅便捷了许多。

　　例2　某项目启动时，甲方面对土地出让条件中有关装配式的要求，着眼点只放在了

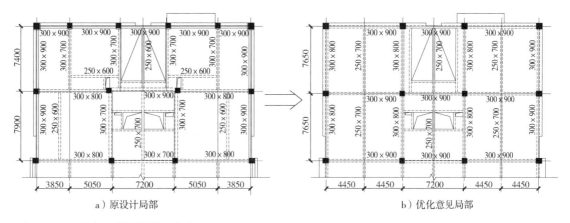

a）原设计局部   b）优化意见局部

▲ 图 5-1　某办公楼结构平面布置图

怎样节省造价和工期，并没有仔细研究当地政策。而当地刚颁布了装配式建筑的有关政策，其中规定采用夹芯保温外墙满足一定条件的有容积率奖励。经设计单位提醒，甲方进行了成本与收益的测算，采用夹芯保温外墙不仅可以消化装配式的成本增量，还能有 3000 多万元利润。测算后，甲方采用了预制夹芯保温外墙（图 5-2），并向政府主管部门提出了不计容面积奖励申请。 最后申请获得批准，项目达到了预期的收益。

××地块项目装配式建筑

预制夹芯保温外墙不计容面积

专项审查报告

▲ 图 5-2　预制夹芯保温剪力墙板("三明治"板)

例 3　上海某园区有多幢高层研发办公楼，单体预制率按政府要求不低于 40%。若按常规采用框架剪力墙结构体系，则剪力墙部分按规范要求需现浇，现场湿作业增加，不利于预制率的提高；而且刚度的增加会导致预制框架部分的构件尺寸较大，造成运输和施工安装困难。

方案初期甲方没有凭经验确定结构体系，而是委托知名设计单位进行了多方案比选，最终采用了设置黏滞阻尼器的装配整体式混凝土框架结构体系（图 5-3）。其优点在于不会给结构增加额外的刚度，且在多遇地震作用下能显著耗能，减小地震剪力和变形，增强了建筑抗震性能。经统计，黏滞阻尼器替代剪力墙之后，提高了建筑的预制装配程度（单体预制率 ≥45%），减少了结构自重（混凝土用量减少约 7%），综合成本也具有优势。

例 4　某甲方立项建造三层厂房，根据当地要求，超过一定建筑面积的厂房也需要做

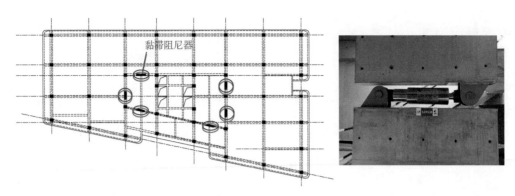

▲ 图 5-3 带黏滞阻尼器的装配整体式框架结构

装配式。甲方缺乏方案比选的意识，依照以往经验按混凝土框架结构进行设计。施工图设计完成后进行成本测算与装配式咨询，发现存在以下不利因素：

（1）相比住宅，厂房预制构件重复率低，模具成本高。

（2）框架结构节点部位钢筋较密集，为了满足安装时钢筋能够避让，不得不加大一些预制构件尺寸。

上述原因导致该厂房采用装配式建造相比传统现浇混凝土建造成本增量较大，且明显高于装配式混凝土住宅建筑的成本增量幅度。

甲方引起重视后，开始考虑钢结构方案，经过方案比较，采用钢结构建造相比装配式混凝土框架结构反而更为经济，而钢结构构件绝大部分都属于装配式预制构件，很轻松就能满足装配率要求。

5.1.2 决策和方案设计阶段考虑装配式因素的重要性及有关的工作

1. 决策和方案设计阶段考虑装配式因素的重要性

甲方作为房地产价值链的上游，占有更多社会资源，无论从行业发展，还是到某个具体项目，其能够发挥的作用都大于其他配合企业。甲方作为项目总牵头人、投资者和操盘者，视角必须是多维的，需要在各种限制条件下找出获益最大、风险最小的最优解，尤其是住宅，涉及产品的市场定位、成本与售价等，设计等其他任何参建单位都无法替代甲方进行决策。

在决策与方案设计阶段，装配式项目的特殊性主要体现在两个方面：

（1）从政策层面，与装配式相关的要求，包括装配化程度、装配率（或预制率）计算规则、报批流程、鼓励支持政策、预售条件等均有地方属性。

（2）从技术层面，装配式本身的特点会影响产品设计、结构选型、招采模式、目标成本和施工组织。

好的开始是成功的一半，如果方案阶段没有考虑恰当，出现决策错误，后续环节就很难纠正。因此，对于装配式项目，需要在开始就植入装配式的基因。

2. 决策和方案设计阶段与装配式有关的工作

项目拿地后即进入方案设计阶段，如果甲方第一次操盘装配式项目，应请有经验的设计院或装配式咨询公司或专家作顾问，花小钱，省大钱，避免出现大问题。

决策和方案设计阶段与装配式有关的工作主要包括：

（1）土地合同附加的装配式要求的最佳实现方式。做到既满足出让条件，又能做到成本和工期的效益最大化。

（2）是否有鼓励支持政策，如何利用。除了测算政策的获益能否覆盖增加的成本，也要考虑带来的产品提升和社会效益。

（3）装配式对业态的影响，力求做到合理布局。

（4）装配式对总体布置、建筑高度及层数的影响。

（5）户型设计的适宜性，遵循大开间、标准化、模数化的原则。

（6）户型组合（即楼型设计）的适宜性。

（7）建筑立面与表皮设计的适宜性。

（8）同层排水、管线分离等方式是否采用。对于产品功能定位、层高、得房率及容积率的影响。

（9）结构类型、结构体系的比较分析。

（10）外围护系统集成与保温方式。

（11）内装系统做法，内装设计介入的模式和时机。

（12）采用集成部品部件的范围。

（13）设备管线系统集成化的初步方案。

（14）早期协同。组织各部门和供方资源对方案的可行性进行研判。

（15）开发时序、总图堆场、运输路线、塔式起重机位置的初步铺排。

（16）对与装配式有关的决策和方案实现能力进行评估，对设计、预制构件制作、集成部品供应、施工、监理的资源情况进行分析。

（17）关于 BIM 的决策。

（18）关于项目实施模式的决策（详见第 6 章）。

以上内容有的甲方可以直接决策，有的需要与设计单位在方案互动中决策，有的是要求设计院进行量化分析给出结论（图 5-4）。当甲方经验不足时，可聘请有经验的咨询单位一起参与决策。随着甲方经验的不断积累，更多的决策会由依赖咨询单位转变为由甲方自己主导。

▲ 图 5-4 方案阶段的决策方式

5.1.3 常见问题清单

表 5-1 列举了装配式混凝土建筑项目决策与方案设计阶段常见的问题及可能产生的后果。

表 5-1 决策与方案设计阶段常见问题及可能产生的后果

序号	问题描述	后果	说明
1	将土地合同中关于预制率和装配率的要求交由设计院决定，未通过多方案比较寻求最佳实现方式	不能实现装配式优势，导致工期长、成本高	见 5.4 节

（续）

序号	问题描述	后果	说明
2	未定量分析研究政府的鼓励支持政策，没有利用好政策	很可能失去既能提高建筑标准又可以抵消成本增量的机会	见第3章
3	未选择适于项目业态特点的装配式技术方案；多业态时，未根据装配式建筑特点进行业态布置	可能影响业态功能，提高建造成本	见5.2节
4	总体布置时，未考虑装配式建筑限高有所降低，未考虑管线分离和同层排水需要增加层高等因素对容积率的影响，未作方案比较	损失容积率，减少可销售面积	见5.2节
5	平面布置时，未按照大开间、标准化、多组合的原则进行户型设计与户型组合	户型种类多，预制构件规格多、模具数量多，影响工期和成本	见5.2节
6	建筑立面与表皮设计对装配式的适宜性不好	导致质量、成本和工期方面的问题	见5.2节
7	未对结构类型（混凝土结构、钢结构、木结构或混合结构）进行比较分析，做出合理选择	结构类型不适宜、造价高	见5.3节
8	不分情况地沿用习惯的剪力墙结构体系，未将剪力墙结构与框架结构、框剪结构、筒体结构等进行综合比较分析，未采用最适宜的结构体系	结构体系不适合、工期长、造价高	见5.3节
9	沿用传统的外墙外保温+薄壁抹灰的保温方式。未进行外围护系统集成化的比较分析	未发挥装配式优势，使用安全、质量未得到提高	见5.5节
10	方案阶段未考虑内装修系统做法，装修设计未前置	方案设计时装修专业缺位，可能将问题带到施工图阶段，导致管线预埋遗漏、错误、返工等	见5.5节
11	未将管线分离、同层排水、内装吊顶与楼板板缝进行统一综合考虑	可能错失住宅产品升级的机会	见5.5节
12	未确定采用集成部品部件的范围	未实现集成化的要求，不利于缩短工期、降低成本	见5.5节
13	未考虑设备管线系统集成化		见5.5节
14	对以上各项未进行初步定量分析，包括对工期的影响，成本、功能、售价增量关系，财务成本与销售回款因素的影响等	对缩短工期、降低成本不利	见5.6节
15	未在方案阶段组织设计、制作、施工、装修的协同	方案设计的适宜性和可行性不好	见5.7节
16	未在方案阶段考虑装配式对开发时序、总图堆场、运输路线、塔式起重机位置的影响	设计与开发进度、与工程策划脱节，对工期不利，影响进度节点	见5.7节
17	未对与装配式有关的决策和方案的实现能力（设计、预制构件制作、集成部品供应、施工安装、装修等条件）进行调研分析	实现目标的保证率低	见5.7节
18	未对是否采用和如何运用BIM做出决策	未提升系统化、数字化和可视化管理水平，对降低出错率、干涉率和缩短工期不利	见5.8节
19	沿用习惯的工程承包模式，未采用对装配式适宜性更好的管理和运行模式	模式不适宜，影响质量、成本和工期，增加扯皮或闪空现象	见第6章

5.1.4　常见问题的管控与预防

甲方对装配式建筑项目决策与方案设计阶段常见的问题，应有充分的认识，并给予足够的重视，做到统筹分析、明确事项、落实到人，形成有效预防及管控机制。下面给出决策与方案设计阶段工作事项和管控要求（表 5-2），并附上重要事项的决策流程，见图 5-5 和图 5-6。

表 5-2　决策与方案设计阶段工作事项和管控要求

序号	工作事项	管控要求	参与方
1	土地出让条件的装配式要求	明确装配式指标（装配式覆盖率、装配率、预制率、"三板"比例要求等），预售条件等	甲方独立完成（或请咨询顾问）
2	鼓励支持政策（容积率奖励、财政补贴、税收减免等）	通过盈亏分析，确定是否申请鼓励支持政策	
3	设计标准和进度计划	任务书中明确各专业设计标准和计划	
4	内装介入模式和介入时机	明确内装前置时间和协同方式	
5	工程承包模式和招采模式	确定适应装配式的工程承包模式和招采模式	
6	如何运用 BIM	确定 BIM 应用的范围、介入时间和落实单位	
7	与装配式有关的供给侧资源调查和梳理	确定适合本项目装配式的供方范围和保障能力	
8	早期协同进度及计划	组织设计、制作、施工、装修早期协同，研判方案设计的可行性	
9	装配式对业态的影响	根据装配式特点进行业态布置	甲方与设计院互动完成
10	装配式对户型和户型组合的影响	平面排布尽量遵循标准化、少规格、多组合的原则	
11	装配式与立面及表皮材质的适应性	确定立面装修材料（涂料、铝板、面砖、石材）、评估立面效果在装配式条件下实现的可行性	
12	外围护系统的比选	确定外围护墙体类型和保温方式	
13	设备与管线系统集成化	确定水、暖、电各专业集成化方向；是否采用管线分离、同层排水	
14	内装系统方案选择	确定集成卫生间、集成厨房、集成收纳等集成部品的采用范围	
15	装配式结构类型和结构体系	比较分析，选择适合本项目的结构类型和体系	甲方要求设计院完成
16	装配率、预制率等技术方案	通过多方案比选提供最优方案	
17	容积率奖励等专项评审文本	准备满足申请条件的技术资料	

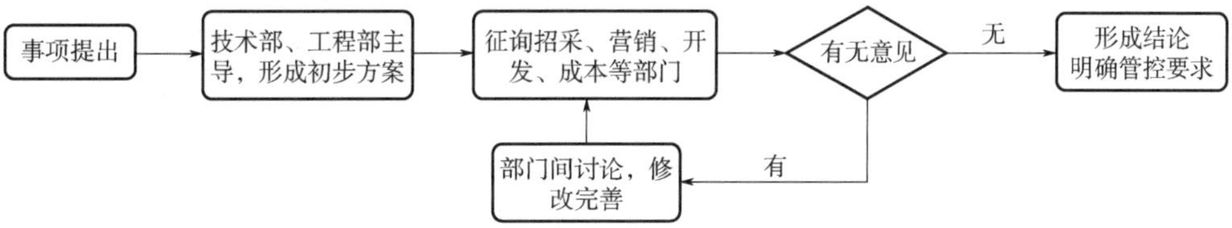

▲ 图 5-5　方案设计阶段的重要事项决策流程之一（甲方内部决策）

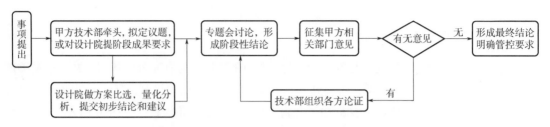

▲ 图 5-6　方案设计阶段的重要事项决策流程之二（甲方请设计院参与决策）

5.2　装配式对业态、户型、方案设计主要内容的影响

5.2.1　装配式对业态的影响

1. 国外装配式混凝土建筑业态举例

国外装配式混凝土建筑的发展源于工业革命、城市化以及建筑美学的变化，装配式建筑在二次世界大战之后得到规模化快速发展。经过半个多世纪的发展，以欧洲、美国和日本为代表的地区都走出了自己的独特道路。与中国大多装配式项目应用在住宅领域不同，国外装配式混凝土建筑应用的业态十分广泛。

以单业态为例，装配式混凝土建筑广泛应用在住宅（图 5-7、图 5-8 和图 1-29）、办公楼（图 5-9 ~ 图 5-11）、酒店（图 5-12 和图 5-13）、教学楼（图 5-14）、停车场（图 5-15）及展览馆等。

▲ 图 5-7　日本东京芝浦住宅楼

▲ 图 5-8　法国马赛公寓（勒·柯布西耶设计）

▲ 图 5-9　英国伦敦科尔曼大街 1 号商务办公楼

▲ 图 5-10　荷兰海牙市政厅办公楼

▲ 图 5-11　美国纽约泛美大厦
（格罗皮乌斯设计）

▲ 图 5-12　日本冲绳北谷希尔顿酒店

▲ 图 5-13　新加坡花园酒店

▲ 图 5-14　加拿大卡尔加里大学教学楼

▲ 图 5-15　美国哈特福德医院停车场

　　国外装配式混凝土结构也普遍用于混合业态的超高层。如著名的芝加哥马里那城（俗称"玉米大厦"，见图 5-16），是典型的住宅商业混合体。大厦包含两栋 61 层、高 179m 的建筑，底部 19 层为开放式停车场，第 20 层为洗衣房和仓库。大楼内除了住宅外，还设有购物中心、办公室、电影院和溜冰场等，俨然像一座小型的城市。在土地稀缺的日本，市中心的装配式超高层建筑也多是混合业态分布，如大阪北浜大厦，见图1-6。

▲ 图 5-16　芝加哥马里那城（即"玉米大厦"）

国外较高的装配式建筑多采用框架结构体系或框架+核心筒的结构体系。平面布局规整且跨距较大，既有利于业态布置的灵活性，同时采用同层排水和管线集中布置，又可减少不同业态楼层之间的相互影响。

2. 装配式对业态的影响和解决思路

建筑的业态由市场和产品定位确定，在国外一般是由甲方自主选择是否采用装配式以及装配化的程度。目前我国很多时候甲方是囿于政府要求，不得不做装配式，就需要考虑建筑业态与装配式建造的适应关系，做到既满足出让条件的装配式指标，又能有效控制成本增量。

由于预制构件的重复率和标准化程度是决定装配式建筑成本的关键因素，因此方案阶段业态布局应遵循的主要原则是尽量选择平面柱网规则、相同楼层较多、开间进深较大、立面元素简洁的业态单体或区域实施装配化建造。按此原则，高层住宅、高层办公楼、多层仓库及厂房适宜采用装配式；而低层别墅、多层不规则的商场、展览厅、剧院等一般不适宜采用装配式。

对于多业态混合的综合体，应结合结构特点在垂直和水平两个方向上合理布局，以下举两个例子加以说明。

例1　某底部带二层商业裙房的小高层住宅，由于上部住宅层数不多，仅将住宅楼层实施装配式难以满足当地较高的预制率要求。如裙房参与预制装配，因业态属性造成拆分标准化难度大，预制构件重复率低，成本增量大。

根据当地政策，可以将分缝形成的独立结构单元分开评价。因此，考虑设置结构缝，将裙房分隔为独立单元（图 5-17）。如此一来，裙房单元因为没有达到当地要求实施装配式的面积下限，故而可采用现浇方式，减少了成本增量。

即使当地政策不支持结构单元分开评价，造成裙房不得不预制，也应尽可能设结构缝将商业裙房与小高层住宅断开，特别对于塔楼是剪力墙或框架剪力墙的结构体系，分缝后裙房成为独立的框架单元，受力更合理。此时应遵循装配式的规律，采用规则的大开间柱网，外

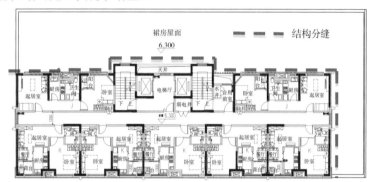

▲ 图 5-17 底层商业与小高层住宅设缝断开

墙采用一体化外挂墙板，内墙采用 ALC 条板，楼板采用桁架筋叠合板或预应力叠合板，预制柱上下截面相同，预制梁宽度尽可能相同。

例 2 某商业综合体项目地上部分由一个 5 层大型商业裙房及裙房上部 3 栋 4 层商办塔楼组成，地下两层车库（图 5-18）。根据土地出让合同要求，该建筑整体预制率不低于 25%，装配式建筑面积落实比例不低于 25%。据此，需选择地上建筑面积大于总建筑面积 25% 的一个或多个单体建筑实施装配式。

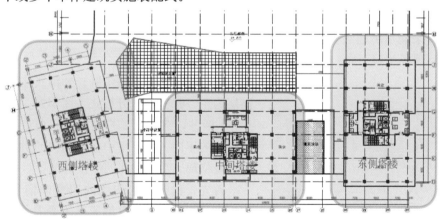

▲ 图 5-18 某综合体建筑平面图

本项目 1~5 层裙房商业外立面造型不规则，大面积流线型幕墙，不宜采用预制外墙板。而东、西塔楼相似度高且平面规整，如实施装配式则预制构件重复率高。此外，两侧塔楼临近交通主路，车辆运输及构件吊装均较为方便。因此策划时考虑以东、西塔楼及其外轮廓线向下投影到一层地面的范围内实施装配式（图 5-19）。经核算，上述建筑面积满足大于 25% 总建筑面积的要求，同时也能满足整体预制率不低于 25% 的要求。

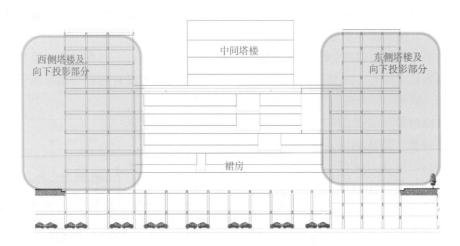

▲ 图 5-19　某综合体预制范围垂直分布

5.2.2　装配式对住宅建筑户型的影响

1. 国外装配式住宅简介

（1）国外公寓式住宅户型特点

欧美多数国家地广人稀，大多数人都在郊区的别墅居住。日本是地震多发国家，城市中心以外的住宅也多是低层房屋，面积较小。这些住宅的结构形式基本是轻钢或木结构装配方式，有不少是业主直接采购房屋建造企业的定制户型，运送到现场组装而成。

▲ 图 5-20　墨尔本皇后大道公寓（板式）

国外城市居住的集中区，公寓式住宅也多以中高层为主，常见楼型分板式（图 5-20）和点式（图 5-21）两种。各个国家户型的不同源自于理念和生活方式的不同，主要集中在对朝向的讲究、户型级配以及格局、功能房间的配置上。

首先，我国因为传统的习惯倾向于朝南的户型，满足阳光照射和自然通风的要求，所以习惯设计成开间大、进深小的板式住宅。国外很少能有国内小区那么大的楼盘可以阵列式布局，基本上一个项目就是一个可供一栋或很少几栋建筑建设用的不规整形状的地块，而朝向受地块边线和道路的影响，选择空间有限。此外，一些国外公寓设计会体现建筑师本人的设计思想，因此就有大量的台阶式花园以及一些新奇的设计手法，设计感会更为强烈

▲ 图 5-21　泰晤士河畔全景住宅（点式）

一些。国外公寓式住宅采用点式的较多，点式住宅的不足之处在于很难做到南北通透，此问题不少国家通过空调系统和采用带有通风功能的集成部品加以弥补，例如日本普遍使用带有通风装置的入户门，见图 5-22。

　　其次，生活方式的不同，在户型格局上主要体现在阳台和厨房上。国外户型的厨房基本上都是开放式设计，餐厅和厨房连为一体，显得空间比较开阔。国内的户型因为烹饪习惯不同而多采用封闭式厨房。在阳台方面，区别的原因在于晾晒功能。国外公寓多使用烘干机，较少在阳台上晾晒衣服，阳台多为景观阳台，因此往往为内嵌式。

▲ 图 5-22　日本高层公寓中带通风装置的入户门

　　最后，在功能房间的配置上，国内的户型比较有等级感，体现在有主次卧的分别。而国外户型不太注重这方面，最大的空间是客餐厅为一体的区域，卧室大小相近，见图 5-23。

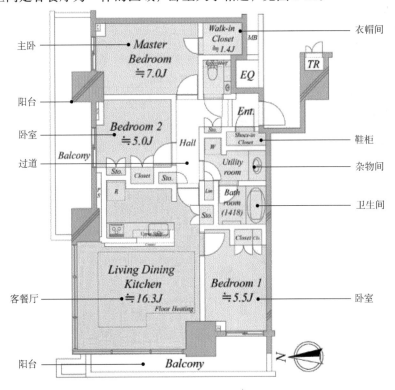

▲ 图 5-23　日本某超高层住宅户型

（2）国外装配式住宅结构类型及对户型的影响

国外多层建筑采用装配式较少，层数越多的项目实施装配式的比例越高。层数多意味着预制构件重复率高，模具周转次数多，成本分摊少，经济性好。国外装配式住宅的结构形式，板式楼型的多为框架结构，见图 5-24；点式楼型多为框筒或筒中筒结构，见图 5-25。

国内装配式高层住宅大多为剪力墙结构，虽然避免了室内露柱露梁，但受剪力墙的限制，住宅上下户型基本一致，后期格局改动严重受限。国外装配式住宅大多为跨度较大的框架结构或框筒结构，内墙为轻质隔墙，又普遍采用

▲ 图 5-24　美国框架结构装配式住宅

架空地板、同层排水、管线与结构分离系统，因此户型可以根据需要自由分隔。例如，日本大阪北浜大厦（图 1-6），合作开发商有十三家，主体结构建成后，各家根据市场调研设计户型，总共 400 多套住宅，户型却达上百种之多，满足了不同购房者的需求。

2. 户型设计的标准化、模数化

国内住宅大多采用剪力墙结构体系，装配式项目预制墙体构件数量较多，成本控制的核心是控制构件种类。户型设计要尽量采用标准化模块，将"少规格，多组合"设计原则贯穿始终。具体可以归纳为：

（1）以单元或套型进行模块化组合设计（图 5-26 和图 5-27）。可通过统一卧室、厨卫开间尺寸、门窗洞口尺寸以及对核心筒、阳台进行标准

▲ 图 5-25　日本筒体结构装配式住宅

化设计等，达到预制构件的标准化、模具的通用化，提高预制效率，进而降低成本。

▲ 图 5-26　单元模块

▲ 图 5-27　组合单元模块

（2）房间规格不宜太多，在保证基本需求的基础上，优化分隔尺寸，提高预制构件的重复使用率。

如部分预制构件难以实现模数化，可在保证主要构件模数化和标准化的前提下，穿插非模数化构件进行协调。如图 5-28，某户型通过开间的尺寸微调，叠合板的种类由 5 种优化为 2 种。户型设计时应兼顾同层排水的影响。

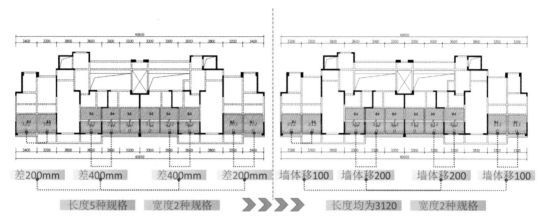

▲ 图 5-28　优化后叠合楼板类型由五种减为两种

3. 户型组合的布置要点

（1）户型单元组合时，同一楼栋相邻单元相同户型宜采用平移布置（图 5-29）。预制构件如果随户型单元平面镜像布置，因预制构件的预埋件、预埋物等位置和方向不同将会造成无法通用，此时是两种预制构件，制作时需要两套模具。

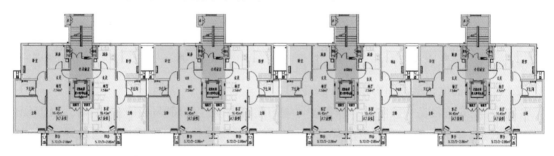

▲ 图 5-29　户型单元组合时采用平移布置

（2）总平面布置时，应尽可能采用模具通用性强的组合形式，在不改变户型数量的情况下通过调整组合来减少楼型种类，从而提高预制构件模具的使用次数，减少模具数量，见图 5-30。

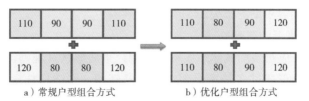

a）常规户型组合方式　　　　b）优化户型组合方式

▲ 图 5-30　调整户型组合方式减少楼型种类

5.2.3 装配式对方案设计主要内容的影响

1. 对总体布置的影响

如果项目100%单体采用装配式建造，应按照模块化、标准化的思路，控制户型、楼型种类。图5-31是某小区经过优化后的楼型布局，商品房有四种户型，通过合理组合，除中间一幢楼外，其余楼型仅为两种。

如果项目装配式覆盖率不要求100%，在满足装配式建设比例要求的前提下，应遵循以下原则选择楼栋实施装配式：

（1）优先选择同一种或尽量少的户型或楼型。

（2）优先选择层数较多的户型，不选用别墅类建筑。

（3）不宜选择示范区或首开区楼栋，以减小对开发进度的影响，见图5-32。

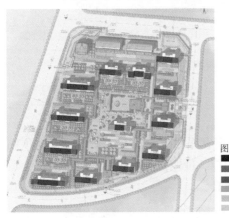

图例：
■ 92~99m²
■ 102~107m²
■ 115~119m²
■ 123~125m²
□ 保障房
□ 经济型酒店

▲ 图5-31 某小区楼型优化后的布局　　　▲ 图5-32 装配式楼栋避开别墅和示范区

（4）选取平面规整、体型系数小的楼栋。

2. 对建筑高度、层高和容积率的影响

（1）装配式项目在方案阶段，须考虑合理的建筑高度。采用竖向构件预制时，根据现行规范要求，房屋最大适用高度有所降低，切勿陷入现浇结构的思维惯性。超过规范限制高度的房屋，应进行专门研究和论证。

（2）装配式住宅适合将主体结构和设备管线分离，减少结构预埋，增加布局灵活性。当决定是否采用同层排水、架空地面、天棚吊顶等方式提升产品品质时，须考虑层高的增加是否会突破限高导致楼层数减少。在建筑密度、退界距离和楼栋间距被严格限制，无法扩大单层面积时，楼层的减少意味着容积率做不足。甲方在策划阶段须评估通过以上方式带来的产品溢价是否能抵消容积率的损失。

3. 对平面开间和进深的影响

（1）建筑平面设计应与装配式建筑体系相协调，平面形状宜规则、对称，体型系数小。户型平面凹凸过多，会形成过多长短不一的墙肢及转角，影响构件标准化布置和现场安装效率。

（2）建筑方案应协同结构专业共同设计，宜采用少梁、大板布局，以降低综合成本。装配式结构叠合楼板厚度至少需要做到 130~140mm，比传统现浇板要厚。设计充分考虑大开间、少梁、厚板布置，既可以充分利用叠合楼板较厚的特点，又能满足空间灵活性的需求。

如图 5-33 的案例，卧室进深跨度 5.0m，适宜布置 140mm 厚的叠合楼板。主卧室和次卧室之间如布置次梁，不但增加成本，也起不到减小板厚的作用。因此应取消次梁，同时这样也能满足空间改造的灵活性需求。

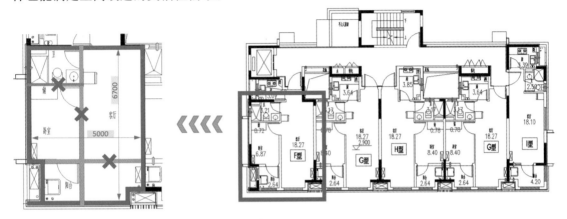

▲ 图 5-33　套内结构布置宜采用少梁、大板的方案

4. 建筑立面与表皮设计的适宜性

装配式建筑的立面与表皮设计的适宜性主要体现在：

（1）采用标准化的设计方法，通过模数协调，尽量减少立面预制构件的规格种类。

（2）利用标准化预制构件的重复、旋转、对称等多种组合方式，实现个性化和多样化的效果。

（3）通过外墙肌理及色彩的变化，展现不同造型风格，实现建筑立面既有规律性的统一，又有韵律性的变化，见图 5-34。

▲ 图 5-34　富有韵律感的装配式建筑立面

装配式建筑立面表皮主要通过预制墙板的制作工艺展现。无论是外挂墙板还是剪力墙板都可以在工厂通过模具方便地实现各种质感，包括清水混凝土质感、装饰面砖反打、石材反打、装饰混凝土的各种纹理，见图 5-35。

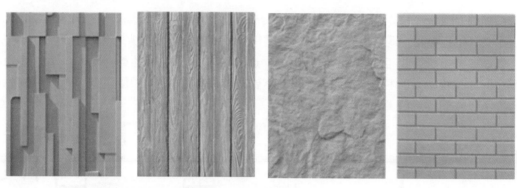

▲ 图 5-35　预制墙板可以实现的各种质感

　　装配式混凝土建筑外墙一般都有安装接缝，接缝在满足外围护结构功能要求的前提下，应考虑建筑美学的要求，做到建筑效果和结构合理性的统一。通常有以下几种处理方法：

　　（1）合理规划接缝位置，突出或削弱其在立面上的形象。

　　（2）处理好接缝与外墙材料分格缝的关系，两者相协调，必要时可设置假缝。

　　（3）利用预制构件高精度的特点，将整齐的拼缝作为建筑立面美学的一个元素，见图 5-36。

▲ 图 5-36　外墙接缝作为立面元素

5.3　结构类型与结构体系的综合比较

5.3.1　结构类型的综合比较

　　第 1 章已经简单介绍了装配式建筑包括混凝土结构、钢结构、木结构和以上结构材料混合的结构。2017 年我国颁布了有关装配式建筑的三部国家标准：《装配式混凝土建筑技术标准》《装配式钢结构建筑技术标准》和《装配式木结构建筑技术标准》，为三种基本结构类型提供了技术支撑。

尽管我国住宅建筑大多为混凝土结构，本书也主要讨论装配式混凝土建筑，但笔者在这里还是要强调，不应当受传统结构类型和单一结构类型心理定式的影响，而应当以合理性和效益为主要考量，把"装配式"要素植入决策和方案设计，经过定量的比较分析后，再决定选择什么结构类型。可以肯定的是，面对中国建筑市场之大，需求的多样性，要想用一种模式或一种技术体系来应对市场需求是不可能的。甲方在决策与方案设计阶段，不要仅局限于装配式混凝土结构。项目开发初期应充分利用设计单位和造价单位，拿出不同结构类型的初步方案进行成本和效率的比选，以选择最优的结构类型。

例如，建筑业态中常见的裙房、底商或厂房，在预制率要求较高时应考虑将钢结构或混合结构与装配式混凝土结构进行比选。在方案布置合理的情况下，钢结构的成本优于装配式混凝土结构也不是没有可能的，或是尽管绝对成本不占优，但功能提升或工期的节省使得综合效益可能优于装配式混凝土结构。

国外装配式混合结构的形式较国内丰富。图 1-9 为日本鹿岛在赤坂建设的办公楼，采用了外筒内框的装配式混合结构体系。外围由两排预制混凝土框架拼合而成，每四个柱一组形成组合抗侧力单元，同时在立面上呈现镂空的线条语言；内部由四个钢管混凝土柱和钢梁形成框架单元，与外框混凝土框架通过钢梁相连（图 5-37），形成了大空间布局。

▲ 图 5-37　日本鹿岛赤坂办公楼局部结构

第 1 章图 1-8 介绍的加拿大 UBC 大学 18 层学生公寓，主体结构大部分为木材，也混合了不同结构形式以达到经济上的最优化。包括屋顶部分采用了钢结构，一层大堂为混凝土结构，核心筒为混凝土结构，所有外墙和内隔墙采用了轻钢结构。这座建筑的外围护系统非常精彩，是胶木板的节能墙体（深颜色的墙体）。木结构节能墙在北美和欧洲应用得很成熟。

第 1 章图 1-13 美国凤凰城图书馆全装配式混凝土结构的柱、梁、楼板是预制混凝土构件，但屋顶采用了张拉弦结构。

新西兰基督城的一座钢结构建筑，楼梯间是采用预制混凝土剪力墙围合而成。

国内装配式建筑也有混合结构的成功尝试。　如：某世界著名企业在大连建的多层装配式混凝土结构厂房，柱、梁、楼板都是预制混凝土构件，但顶层为了获得大跨度无柱空间，屋面采用了大跨度钢结构桁架。

图 5-38 是国内混凝土结构与木结构混合的案例。

综上，每一种结构形式都有它的市场适应范围，只要选择适当，都有很好的市场价值，甲方应该充分考虑当地市场需求、投资能力、技术水平、未来前景等因素，进行综合评估，选择合理的技术路线和发展方向，以充分保证企业经济效益和社会效益，做到因地制宜、因企而异。

▲ 图 5-38 国内首栋采用装配式混凝土和预制木结构墙体结合的示范楼项目

5.3.2 结构体系的综合比较

第 1 章表 1-1 对装配式建筑的结构体系做了简单的介绍。

表 5-3 ~ 表 5-5 根据预制和连接方式的不同将规范所列的装配整体式混凝土结构进行了细分，并给出了特点与适用范围。

表 5-3 装配整体式剪力墙结构的特点与适用范围

类型		优缺点	技术成熟度	工业化程度	应用情况	适用范围
装配整体式剪力墙结构	竖向钢筋套筒灌浆连接	连接可靠；成本高，施工烦琐，质量检查不方便	成熟，有规范依据	一般~较高	较多	广泛
	竖向钢筋浆锚搭接连接	成本较低，不宜用于动荷载和一级抗震，加工较难，质量检查不方便	较成熟、规范依据尚不足	一般~较高	一般	当地有标准时可在内墙中使用
单面叠合剪力墙结构		节约模板，墙面利用率低，施工效率不高，预制率不高	较成熟，有规范依据	一般	一般	预制率要求不高，外装集成
双面叠合剪力墙结构		适用高度低，生产、施工效率高，成本较低，质量检查方便	较成熟，有规范依据	较高	较少	当地预制构件加工能力较成熟时
"内浇外挂"，即主体结构现浇，非受力外墙外挂		安全可靠，施工难度较低，质量检查方便	较成熟，有规范依据	一般	一般	早期采用，预制率要求较低时

表 5-4　装配整体式框架结构的特点与适用范围

类型		优缺点	技术成熟度	工业化程度	应用情况	适用范围
普通装配整体式框架结构	梁、柱预制，节点区后浇混凝土连接	设计同现浇，整体性好，后浇区施工要求高，施工速度较快	成熟，有规范依据	较高	较多	公共建筑、住宅
	梁、柱节点区预制，构件中部现浇	设计同现浇，整体性好；预制构件运输不便，安装精度要求高	成熟，制作和安装水平要求高	较高	较少	公共建筑、住宅
装配整体式框架结构结合减震、隔震技术		抗震性能提高	尚需系统研究	较高	较少	高烈度地区，或有特殊要求时

表 5-5　装配整体式框架-现浇剪力墙结构的特点与适用范围

类型	优缺点	技术成熟度	工业化程度	应用情况	适用范围
装配整体式框架-现浇剪力墙结构	适用高度大，抗震性能好；施工管理复杂	成熟，有规范依据	一般	较多	高层建筑；以公共建筑居多。由建筑功能和结构形式决定
装配整体式框架-现浇核心筒结构	适用高度大，抗震性能好，施工效率高，可用钢框架做外框	较成熟，有规范依据	一般	较多	

　　国内的住宅建筑特别是高层住宅普遍采用剪力墙结构。一方面剪力墙与填充墙厚度相等，避免了室内凸墙凸柱；另一方面剪力墙结构跨度较小，梁高易控制，从而节省了层高。因此无论是消费者还是设计与建造单位，都已习惯此种结构体系。

　　但是剪力墙结构做装配式有如下问题：第一，预制剪力墙板三边出筋与现浇部分连接，另一边是套筒，工厂生产和现场施工的效率普遍不高；第二，市场个性化需求与构件的标准化协调较难，导致预制构件种类繁多、布置零碎、成本增量较大；第三，大量设备管线在墙体中预埋，导致设计、制作和安装困难，"碰撞"引起返工签证较多，也为住户将来的改造带来了不便。

　　近年来日本 SI 体系的理念被引入国内，其核心理念是：支撑体 S 和填充体 I 的分离。支撑体就是住宅的主体结构、分户墙、外围护结构和公共部分；填充体包括室内的分隔墙、地板、厨卫及各类管线等，具有可变形的属性。通过管线和结构的分离，解决了主体结构和内装部品及管线在使用年限上的不同导致的维修更换不便及对主体结构的损伤。目前国家和地方政策都趋于鼓励大空间布局和干法装修，例如《装标》第 7.1.1 条规定：设备与管线宜与主体结构相分离。

　　在主体结构与管线分离的趋势下，应打破凡住宅必为剪力墙结构的心理定式。国外高层、超高层装配式混凝土建筑应用较多的是含有大空间柱梁体系的多种结构形式，我国规范中的装配式框架-现浇剪力墙结构和装配式框架-现浇核心筒结构也属于此类。在此类结构体系下，可将剪力墙墙体仅布置在交通核、设备管井、分户墙等有限区域，户内空间则置于预制框架范围内，业主可以用轻质隔墙进行功能空间划分和改造，见图 5-39。外围护墙体通过外挂或梁柱围合与外框架相连，因为不是承重墙体，外墙立面可以更丰富灵活。

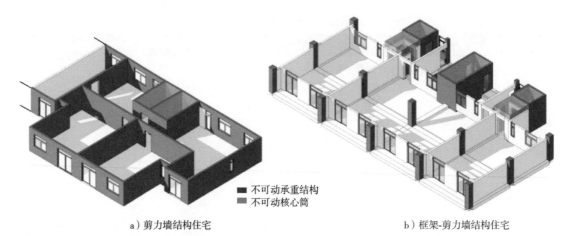

| ■ 不可动承重结构 |
| ■ 不可动核心筒 |

a）剪力墙结构住宅　　　　　　　　　　　　b）框架-剪力墙结构住宅

▲ 图 5-39　剪力墙结构与框剪结构的开放性比较

　　至于框架部分梁柱凸出的不利因素则在提倡管线分离的趋势下会得到弱化。传统剪力墙结构节省空间的前提是建立在管线预埋于受力墙体内的，如果在剪力墙结构内实施管线分离，其实还需要用龙骨和外挂装饰板材将墙体架空，这无疑增加了板厚，占用了空间。相比而言，框架结构内可采用各类轻质隔墙，将管线布置在隔墙内。不仅如此，结构梁柱也会在全装修处理下得到很好的遮蔽。

　　更为最重要的是，从装配式设计和建造出发，大开间下的梁、柱、板（跨度较大时可采用预应力板）有助于抛开户型的限制，最大限度地减小预制构件种类和模具数量，有助于提高效率、降低成本、缩短工期。

　　近年来，国内有地产公司基于 SI 理念推出了"百年宅"项目，在起到了示范作用的同时，也得到了很好的市场反馈。

　　图 5-40 为绿地集团在上海的百年宅项目，以 90m² 为例，室内无承重墙，中间只设一根柱，住户居住期间可根据家庭人口变化等情况进行空间分割和调整改造。同时室内为无梁设计，为良好的空间通透性及空间延展性创造了条件。竖向水管井与排风井合并且集中布置在结构不可动区域，增加了空间的完整性及灵活性。

▲ 图 5-40　绿地百年宅项目

图 5-41 为鲁能集团在济南的百年宅项目，采用装配整体式框架剪力墙结构。楼板采用 PK 预应力叠合楼板。户内柱网正交布置，柱子最小跨度 7.2m，每户室内仅有一根柱子。剪力墙布置在外墙和分户墙位置，减小了对户内空间的影响。户内分隔墙采用 ALC 轻质外墙板。

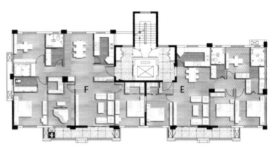

▲ 图 5-41 鲁能百年宅项目

以上案例值得甲方借鉴。作为项目决策者需要摆脱传统的思维定式，在项目初期可委托设计单位在同等条件下提供不同的结构方案，进行定量分析和比选，最后根据产品定位、技术水平、经济条件、市场因素等多方面综合选择最合适的装配式结构体系。

5.4 实现预制率或装配率的优化方案

同样是装配式建筑，国外普遍在高预制率情况下节省成本，国内则预制率越高成本越高，甲方贴着预制率（或装配率）指标的底线，唯恐做多。如何实现预制率或装配率的最优配置方案已成为甲方在决策和方案设计阶段的一项重要工作内容。

1. 实施预制率和装配率优化的总体思路

（1）如项目仅需要部分单体采用装配式建筑，应优先选择同一种户型或同一种单元模块。

（2）如装配式项目 100% 单体采用装配式建造，应控制户型种类。

（3）如单体某部分不适合装配式（如商住楼的裙房部分、住宅平面中特别不规则的户型单元），可利用规则进行合理调配。例如当地政策明确"建筑单体"满足预制率，不要求结构缝分隔出的单体都必须满足，则可通过设置结构缝，让规则的结构单体多预制，不规则的单体少预制或现浇。

（4）对于用预制率作为评价指标的单体，以预制构件单方成本为优先级考虑构件的选取，兼顾体积占比。

（5）对于用装配率作为评价指标的单体，以四个系统综合平衡的原则制定技术配置方案，分析成本增量和功能增量的关系，进行多方案比选。多用集成部品部件，少用结构预制构件。

2. 预制率指标评价下的预制构件选取建议

选取哪些构件作为预制构件主要与当地政策中的预制率要求和计算规则相关。相同条件下，成本是影响构件选择的最重要因素。一般情况下，优先选择水平构件（楼梯、叠合板、阳台板、空调板）和外挂墙板预制，再选取竖向承重构件预制。表 5-6 列出了不同预制率要求下预制构件选用的建议方案。

表 5-6　不同预制率下住宅项目预制构件选用表

预制构件	预制率			
	15%	25%	30%	40%
预制外围护墙（非结构）	√	√	√	√
预制剪力墙外墙	—	√（局部）	√	√
预制剪力墙内墙	—	—	—	√
叠合楼板	—	√（局部）	√	√
叠合梁	—	—	√（局部）	√
预制楼梯	√	√	√	√
预制阳台	√	√	√	√
预制空调板	√	√	√	√

注：1. 对 30%~40% 的预制率要求，叠合梁可视具体项目情况选用。

　　2. 须结合当地有无预制外墙占比的硬性要求。

3. 装配率指标评价下的技术配置建议

《装配式建筑评价标准》（GB/T 51129—2017）中规定了装配率根据表 3-6 中的评价项和分值进行评价。

国家评价标准明确了装配式建筑不仅仅是预制混凝土量的概念，而是向干式工法、集成和一体化的评价标准转变，以综合反映建筑的装配化程度。

国家评价标准中包括主体结构 Q1、围护墙和内隔墙 Q2、装修和设备管线 Q3 三大类。这里需注意认定评价与等级评价的区别，认定评价是仅被认定为装配式建筑，是满足认定为装配式建筑的基本条件；而等级评价需要在认定评价要求的基础上，额外满足主体竖向结构预制构件应用比例不小于 35% 的要求，才能参与等级评价，见图 5-42。

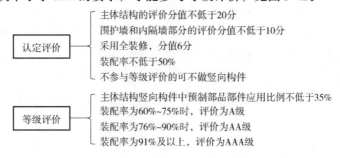

认定评价
- 主体结构的评价分值不低于20分
- 围护墙和内隔墙部分的评价分值不低于10分
- 采用全装修，分值6分
- 装配率不低于50%
- 不参与等级评价的可不做竖向构件

等级评价
- 主体结构竖向构件中预制部品部件应用比例不低于35%
- 装配率为60%~75%时，评价为A级
- 装配率为76%~90%时，评价为AA级
- 装配率为91%及以上，评价为AAA级

▲ 图 5-42　《装配式建筑评价标准》中的认定与等级评价

　　从主体结构的分值权重和竖向构件的占比要求可见，该标准仍将结构系统预制视为装配式的重要指标，笔者建议更多侧重于发挥结构系统、围护系统、设备与管线系统和内装系统四个系统集成的优势。

　　除上述国家评价标准外，各地出台的装配式建筑评价细则的评价项和计算方式都不尽相同，这里仅以国家评价标准里的评分内容为例，提供不同装配式评价等级下的技术配置建议。

　　如仅需满足装配式建筑的认定要求，即 50% 的装配率。配置方案建议如下：优先选择 Q1 中的水平构件预制，力争达到 80% 的面积比例，从而不用竖向构件预制，节省成本和安装效率。Q2 项中内外围护墙采用非砌筑较易实现，所以以为必选。Q3 项中全装修为必选；干法楼地面成本较低，建议采用。累计上述各项的得分是 42 分，建议增加 Q2 中的两个进阶项，即墙体保温、隔热、装饰一体化与墙体管线、装修一体化。就可以达到 50% 的装配率要求。

　　如项目明确有装配建筑等级评价的要求，则可根据不同等级，进行各评价项的合理配置。以下给出不同等级的对策及建议：

　　（1）当要求为 A 级，则需要考虑竖向结构构件预制，在满足装配率 50% 的基础上，再额外增加 Q1 水平预制构件 5 分和 Q2 的一个 3 分进阶项。如水平预制构件达到 80%，则无须额外增加 Q2 项。

　　（2）当要求为 AA 级，则水平预制构件要达到 80% 并提高竖向结构构件的占比；通过选择合适的一体化墙体提高 Q2 项分值；再通过实现一定程度的管线分离提高 Q3 项。

　　（3）当要求为 AAA 级，这已经是非常高的要求。需要在 AA 级的基础上增加集成厨房和集成卫生间，并且实现管线分离和内隔墙与管线、装修一体化，将 Q2 及 Q3 项的分数拿满。此外继续增加 Q1 中预制竖向构件的占比。

　　综上，在国标的评价项中，最易实现的分值为 36 分（Q1 项 20 分，Q2 项 10 分，Q3 项中全装修 6 分）。在基本分之上怎样做增量才能达到预设目标，除了成本测算，还需考虑评价项对功能的提升。对于内装系统和设备管线系统的投入可以增加产品的附加值，这些是"看得见"的销售卖点，容易实现溢价。相比较而言，结构的预制带来的成本增量无法带来产品的提升，只会挤占利润空间。因此，技术配置方案要尽可能兼顾成本与功能的关系，不是简单的"硬凑"来满足规范，而是应基于产品定位算好总账。

5.5　四个系统综合分析与决策

　　按照《装标》的定义，装配式建筑是"结构系统、外围护系统、设备与管线系统、内装系统的主要部分采用预制部品部件集成的建筑。"强调了装配式建筑不仅是结构，只有四个系统同时集成才能体现装配式建筑在质量、成本和效率方面的优势，参见图 5-43。有关结构系统在本章 5.3 节已有论述，此节重点讨论其他三个系统。

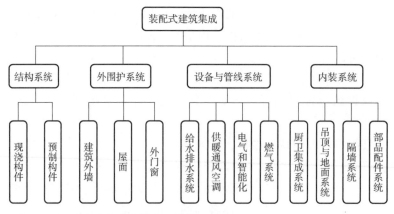

▲ 图 5-43　装配式建筑集成系统及子系统

5.5.1　外围护墙体保温和装饰方式的选择

1. 破除外墙外保温的心理定式

在外墙的保温形式上，长期习惯于外墙外保温湿贴作业，其弊端日益显现，如材料防火要求高、易脱落（图 5-44），湿贴的方式也与工业化相背离，真正外保温与墙体一体化的工艺还不成熟。

预制夹芯保温板由于成本高在国外也不常用，在国内应用的主要驱动力是地区性的不计容面积奖励政策，但应用中也出现了诸多问题。此外，外饰面采用石材也受到一定程度的制约，如石材反打在外叶板则质量过重，如采用干挂受力就须避让外叶板，从而造成施工不便和渗漏隐患。

国外以采用外墙内保温为主，施工方便，材料选择面宽。从保温节能和分户计量角度看，采用内保温更有利于形成分户单元的保温密闭空间，也有利于防火分隔，见图 5-45。从外立面装饰的角度而言，内保温的外墙便于灵活处理，可以通过各种造型和材质进行艺术表达。所以，如果抛开采用预制夹芯保温外墙的红利，采用外墙内保温的形式更具有优势。

▲ 图 5-44　外保温脱落

▲ 图 5-45　日本内保温住宅

2. 外墙与装饰、门窗一体化

外围护墙的装饰方式有涂料、干挂一体板、干挂石材、外包铝板幕墙、装饰面砖或石材反打等。决策阶段应确定立面装修的材质和实现工艺，评估立面效果在装配式条件下的实现可行性。

如采用面砖或石材作为装修材质，应尽量采用装饰一体化的产品（图 5-46），通过装饰面砖或石材的反打，使饰面材料与结构同寿命，耐久性增强，节约了维修成本；此外，将传统建筑的后期工作提前到了工厂进行，有利于加快工期、节约财务成本，节能环保。

此外，装配式外墙应采用窗框预埋或副框预埋，可有效避免传统窗框后装方式导致的渗透等质量通病。

集成式外墙对甲方的管理也提出了较高的要求。因为产品成本较高，需要研判工期的提前和运维的节省是否能平衡成本增量。

5.5.2 设备与管线系统的决策

1. 是否采用管线与结构分离

相对现浇结构，装配式结构更适合管线与结构分离，将主体结构与内装工业化有机地统一起来（图 5-47 和图 5-48）。通过管线分离，实现了干法装修，使得菜单式内装选择、室内布局及内装局部变更等成为可能，给用户带来了更多选择。甲方应在方案阶段确定是否采用。

▲ 图 5-46　面砖反打和窗框预埋的外挂墙板

采用吊顶或架空地板会减少净空高度，应尽量减小其影响。例如采用仅敷设电线的薄吊顶，高度可控制在 120mm，考虑采用吊顶后叠合楼板现浇层预埋减少，厚度可减小 20mm，两者相抵实际层高仅需增加 100mm。假如因层高增加而影响容积率，可评估是否能通过增加产品竞争力或争取政府奖励的办法得到弥补。

此外，采用吊顶可遮挡叠合楼板底部非结构裂纹，叠合楼板可采用单向板设计和分离式拼缝，避免了板侧边出筋，无须后浇带，提高了生产和安装效率，也减少了现场的湿作业。

▲ 图 5-47　天棚吊顶走管线

▲ 图 5-48　地面架空布置管线

2. 是否采用同层排水

同层排水是器具排水管和排水横支管不穿越本层结构楼板到下层空间，且与卫生器具同层敷设并接入排水立管的排水方式，见图 5-49。在发达国家已普遍采用，在我国也是高品质住宅的基本配置。同层排水摆脱了相邻楼层间的束缚，避免了由于排水横管侵占下层空间而造成的一系列麻烦和隐患，包括产权不明晰、噪声干扰、渗漏隐患、空间局限等。

决策阶段应确定是否采用同层排水，如定位较高端建议采用。如确定采用，方案设计阶段应考虑同层排水的范围、排水的集中方式（如一户一集中或两户一集中），有底商的情况下怎样优化竖向管井等。

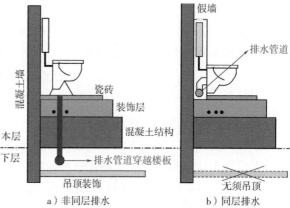

▲ 图 5-49　同层排水

3. 设备管线系统一体化、集成化

方案阶段，甲方应考虑设备与管线系统一体化设计思路，应遵循尽量减少在预制构件内预留预埋的原则。如因条件所限需要预埋时，设备与管线设计应提供准确的预埋预留洞或开槽尺寸、定位，避免后期对预制构件凿剔沟槽、孔洞等。

如采用管线与结构分离，设备管线可以在工厂内根据图纸进行模块化、标准化生产，设置不同的管线接口模块，运至施工现场后，可根据不同的组合在现场进行灵活组装。图 5-50 所示为即插水管，可通过专用连接件实现快装即插，现场安装效率非常高。

5.5.3　内装系统方案的选择

1. 内装的介入时机和模式

内装是装配式建筑的重要组成部分，全

▲ 图 5-50　即插水管

装修又是评价装配式的基本条件。相对传统现浇建筑，现阶段装配式混凝土建筑在主体结构方面还很难体现优势，但内装专业组织得好，不但能利用装配式本身免抹灰的优势在主体施工时穿插作业节省工期，而且能有效协同管线和部品的设计和安装，发挥四个系统集成的优势。在装配式项目的管控中，内装专业最能体现"前置"的意义，内装设计需要从方案设计阶段介入，参与到基本建筑平面布置和预制构件拆分布置过程中，明确内装的基本要求，将建筑和机电专业串联起来，避免到施工图阶段再做重大调整。

目前无论装修施工方还是部品供应商都不具备从设计角度统揽内装全局的能力，应由甲方内装负责人员牵头，协调内装设计单位、建筑设计单位和部品供应商之间的技术配合。

2. 确定集成部品的范围

装配式建筑的核心是"集成"，集成部品具有质量稳定、工期缩短、运维成本低等优势。装配式建筑的建造，本质上是基于部品部件进行系统集成实现建筑功能并满足用户需求的过程。站在客户的角度，对主体结构是不是装配式并不关心，但部品与日常起居紧密联系，是影响产品竞争力的重要因素。如能给客户带来实实在在的价值体验，即使有一定的成本增量，也容易被客户接受。

常见集成部品包括集成卫生间（图 5-51）、集成厨房（图 5-52）和集成收纳。方案阶段应确定集成部品的范围，选择时应考虑以下因素：

（1）功能需要。集成部品要切实满足功能需要，贴近人性化设计。日本在集成收纳系统的应用上非常成熟（图 5-53~图 5-56），值得国内借鉴。甲方在决策时不应只考虑节省成本，主要是能有效利用和节约空间，给用户带来较大的便利。

▲ 图 5-51　集成卫生间

▲ 图 5-52　集成厨房

▲ 图 5-53　进门处的收纳柜

▲ 图 5-54　厨房高处的收纳柜

▲ 图 5-55　阳台集成晒衣架

▲ 图 5-56　可以拉出的调料架

（2）客户接受度。集成部品在我国尚处于发展阶段，选用时需考虑当地客户群体的接受度。例如集成卫生间的高分子材料未必被广泛接受，可考虑用于自持或租赁类物业建筑中。

（3）部品尺寸与建筑空间的适配性。集成部品有固定产品规格，其模数需与房间尺寸相匹配，否则会造成空间不足或浪费。选择部品前应收集产品资料，

建筑平面设计时兼顾其影响，如不匹配，就应考虑是否可定制非标产品。

5.6　成本增量与功能增量的分析

5.6.1　无效成本增量和有效成本增量

从世界各国装配式建筑发展的历史和现状看，装配式建筑比现浇建筑成本高是反常的，是不合情理的。也是甲方和消费者不能承受和接受的。而中国目前装配式建筑成本高却是实际情况。

这里面的因素很复杂，涉及政策不合理，规范不合理，供给侧条件不好，甲方即使无法解决也要"发声"，呼吁和推动改变这一现状。

许多成本增量则是与甲方决策、方案设计和项目管理有关，甲方完全可以有所作为：或压缩直至消除无效成本增量；或使成本增量有效，使之有利于提升建筑功能，有助于增加客户认同感并提高性价比。

1. 无效成本增量

无效成本增量主要有如下三种情况：

（1）因装配式建筑本身特点造成的成本增加。例如预制构件费用、吊装和安装措施费等。对建筑功能和品质没有增加，不能产生产品附加值。

（2）由于政策和标准的客观原因。例如政策一刀切的指标要求、规范出于保守增加的各

项要求。

（3）因主观经验欠缺，在设计、制作和建造环节为错误和疏漏"买的单"。

2. 有效成本增量

有效成本增量主要有如下三种情况：

（1）能提高建筑质量。例如外围护墙体保温装饰一体化增加的费用；为避免建筑渗透发霉而增加的费用等。能得到购买者、使用者和运维单位的认同。

（2）能提升建筑功能。在隔声、防火、保温等性能方面相比现浇建筑有明显的优势，特别是能为购买者带来切实的体验，例如同层排水、集成收纳、智能化应用等。

（3）能缩短建设工期。在财务成本占比较大的房地产行业，缩短工期、提前预售是企业的必然诉求，如果增加有限的成本带来明显的收益，无论建设单位还是施工单位都会欣然接受。

5.6.2　成本增量与功能增量的关系

无效成本增量中有些是可以避免的，有些是可以通过管理提升和技术进步进行压缩的。对于有效成本增量不应该孤立评价优劣，在决策时应结合功能增量的维度，从项目整体效益出发决定取舍。

按成本增量与功能增量的关系，大致可分为三种情况：

（1）成本增量大于功能增量

此类成本投入性价比较低。比如叠合楼板叠合现浇层由普通的 70~80mm 提高到 100mm 以上，虽然有利于减少预埋管线的交叉碰撞，层间隔声效果也更好，但增加了自重，引起结构成本的明显增加，也增加了湿作业量。功能增量无法覆盖成本增量，管线碰撞的问题应该通过设计优化来解决，所以板厚应控制在合理范围。

（2）成本增量等于功能增量

此类成本投入和功能增量大致相当。绝对的相等是不可能的，此时需要甲方要做成本和售价的研判，做经济效益分析的同时也要考虑社会效益和环境效益。增量成本的投入是否可以申请政府的优惠政策，是否有助于产品形象的宣传，是否对行业有引领作用。

（3）成本增量小于功能增量

此类成本投入的性价比较高，功能增量较大。本章第 5.3 节提到的"百年宅"项目采用了 SI 体系和结构空间的创新，虽然增加了成本投入，但技术创新赋予了住宅全新的概念，全面提升了住宅性能和居住品质，实现了产品溢价。以绿地项目为例，当时该项目小户型销售均价是 28000~30000 元/m²，相对于周边普通新建住宅实现溢价 4000~8000 元/m²。

有时关于复杂的系统问题需要经过专业的分析和比选，例如本章开头 5.1 节列举的 例3，采用阻尼设备增加的费用需要和结构体系改变后减少的结构成本进行量化比对。

5.6.3　降本增效的总体思路

现阶段装配式高于传统现浇的情况是无法回避的现实，如何减少成本增量、提高功能增量是摆在每个甲方面前的实际问题。在决策和方案阶段应围绕以下思路开展降本增效工作：

（1）吃透政策、用活政策、争取政策。

（2）吃透规范、用活规范、敢于创新。

（3）充分整合和利用资源。经验不足时聘请有经验的顾问团队，专家引路少走弯路。

（4）选好设计团队，做好设计协同，在前期做好优化，减少后期改动。

（5）推行集成化管理，招标前置，设计前置，提升管理效能和管理精度。

（6）推广 EPC 总承包模式降低成本。

（7）打破被动应付装配式的局面，借机发展，实现产品升级。

（8）应用 BIM 技术手段降低成本。

关于装配式成本控制和解决思路详见第 11 章。

5.7　早期协同的必要性与协同方式、内容

1. 早期协同的必要性

装配式建筑与传统现浇建筑在资源组织上存在着不小的差别。传统现浇项目管理相对碎片化，甲方完全可以凭借自身的管理团队单打独斗，完成项目的开发。面对装配式项目，工业化生产方式和系统集成的建造方式使得每个参建单位都对项目结果有较大的影响。在项目的策划阶段就必须植入装配式的"基因"。

在项目方案阶段，很多单位还未定标的条件下，甲方应打通设计、采购、生产、施工诸环节，组织资源参与到早期的协同之中。早期协同越充分，决策的合理性和落地性就越强。尤其在非 EPC 模式下，甲方相当于扮演了 EPC 总承包方的角色。

2. 早期协同的方式和内容

早期协同的目的是通过对采购、生产、运输、施工条件的资源的分析，判断方案阶段设计的合理性和可行性，找出制约决策落地的因素，并加以解决，见图 5-57。

甲方由项目部牵头，组织企业各部门的沟通，汇总对外协同事项。由于项目前期大多供方还未定标，会给协同带来一定障碍。可以通过对长期合作单位的调研、向同类项目学习、向顾问专家咨询等方式获得第一手资料。

▲ 图 5-57　装配式项目的早期协同

早期协同的主要内容大致为：

（1）引进装配式咨询单位，对建筑方案进行研判，确定装配式技术体系。提出有助于成本节约的建议，指出不符合装配式规律的设计元素。如立面造型和效果是否能通过预制墙板来实现。

（2）考察预制构件工厂，看其是否具备满足项目进度的产能；是否具备生产特殊预制构件的能力，如 PK 预应力混凝土叠合板、双 T 板、转角凸窗、石材反打外墙板等。

（3）踏勘预制构件工厂至项目现场的路况，道路转弯半径、桥梁允许荷载、桥涵限高和

限宽等是否满足预制构件运输车辆的通行需要。

（4）了解总包单位是否具备吊装较大较重预制构件的能力，例如大截面框架柱、双节框架柱、大型转角凸窗等。

（5）调研可能采用的集成部品资源。了解厂家产品规格、模数与户型的匹配度、产品质量和维保方式。特别对于可能采用装配式内装的项目，需走访已实际使用厂家产品的项目，掌握第一手用户的反馈信息。

（6）分析场地施工条件。考虑预制构件运输车的长度及荷载要求，合理设计构件运输路线及转弯半径，存放场地及运输路线应尽量避开地下室范围；运输路线宜与消防车道重合。

（7）场地布置和施工管理能否满足预制构件进场后在运输车上直接吊装。

5.8　关于 BIM 的决策

1. BIM 在装配式项目中的应用价值

BIM 技术具有 3D 建模直观性、图模联动性和信息交互性的优势，可通过参数模型整合项目在全生命周期各个阶段的工程信息，在设计、建造、运行和维护过程中进行共享和传递，使工程技术人员对各种建筑信息做出正确的理解和高效应对，也为甲方组织各参与方进行协同工作提供了有效手段，见图 5-58。

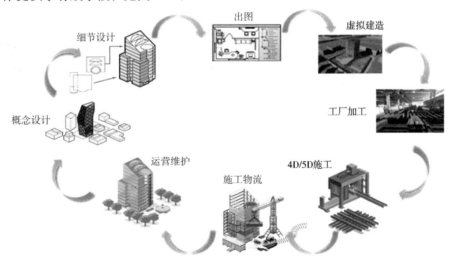

▲ 图 5-58　BIM 在建筑全生命周期中的应用

装配式建筑是采用工厂化生产的预制构件、配件、部品，采用机械化、信息化装配式技术组装的建筑整体，任何一个环节出现纰漏，都会影响工程的进度、成本，甚至建筑的质量。而 BIM 应用的优势和建筑工业化的"精密建造"特点高度契合，可以实现精细化设计和施工。

BIM 对装配式建筑的主要应用价值如下：

（1）利用三维建筑设计方式，可以直观展现建筑工程项目的全貌、各个预制构件连接、细部做法以及管线排布等，提升设计质量和效率。

（2）利用 BIM 精细化建模和碰撞检查，减少错漏碰缺引起的变更或签证。

（3）利用 BIM 技术的自动统计功能和加工图功能，实现工厂精细化生产和物料统计。

（4）通过预制构件生产可视化指导及数字化加工制造，减少生产误差，提高生产效率。

（5）利用 BIM 进行施工模拟，开展建筑虚拟建造及优化、进度模拟和资源管理优化。

（6）BIM 可用于预制构件和部品部件的信息化管理；可实现基于建筑模型的运维管理平台。

（7）利用 BIM 的模块化设计来设计出可重复利用的预制构件，建立自由组合的模块库，见图 5-59。

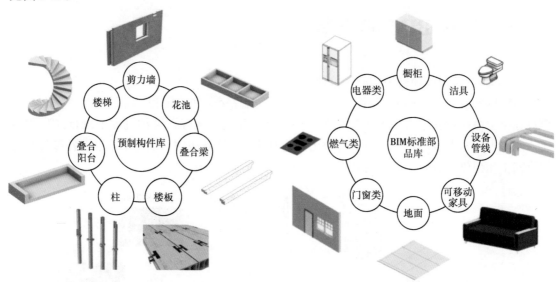

▲ 图 5-59　BIM 预制构件库

2. 装配式项目 BIM 技术应用流程与框架

甲方可以选择全生命周期使用 BIM，也可根据需要在不同工作阶段使用。图 5-60 列出了某装配式项目 BIM 技术应用流程与框架。

3. 甲方 BIM 决策要点

（1）BIM 使用不为作秀，也不是仅为了应付政策要求，要切实发挥 BIM 的作用。

（2）甲方作为资源整合方，应该牵头组织 BIM 的应用。各方宜基于一个平台共享信息，避免各自从头建模浪费资源，BIM 的费用可以各方共担。

（3）既要避免 BIM 模型的精度不够，也要防止过度建模。建模的精度应根据具体的应用确定。甲方应根据项目特点确定 BIM 应用的范围和达到的目的，建模前和 BIM 单位进行技术策划，选择适配本项目的应用策略。

（4）项目初期可以从简单开始，聚焦关键环节，解决重点难点问题。例如精装点位、设备管线、连接处钢筋之间的碰撞干涉等。

▲ 图 5-60　某装配式项目 BIM 应用流程与框架

　　总之，通过 BIM 技术和管理信息化应用，深度挖掘 BIM 技术在装配式中的应用价值，可助推装配式项目集成化、一体化的高品质发展。

第6章
实施模式问题及预防

本章提要

　　列举了装配式建筑实施模式的类型；具体分析了这些模式的利弊；给出了甲方选择设计单位、预制构件工厂、施工企业和监理企业的考量要点。

6.1　实施模式类型

　　较之现浇混凝土建筑，装配式混凝土建筑不仅多了混凝土构件和其他部品部件预制环节，多了全装修环节（《装配式建筑评价标准》GB/T 51129—2017 要求装配式建筑须全装修），还因为在设计阶段就需要设计、制作、施工、装修各个环节进行协同，在建造过程中也需要各个环节的密切协同，不合适的组织实施模式可能导致推诿扯皮、工期延长和建造成本不必要的增加。

1. 国外模式简介

　　据笔者了解，国外装配式混凝土建筑常见的实施模式有以下几种：

　　（1）完全总承包模式

　　完全总承包模式是方案设计、初步设计、施工图设计、预制构件深化设计、预制构件制作、主体结构及外围护系统施工安装（本章简称施工安装）、设备与管线系统安装、装修等都由一家企业承包，从零开始直到交钥匙。初步设计、施工图设计等设计阶段包含装配式设计内容，如拆分设计、连接节点设计、预制构件设计等（下同）。日本应用此模式的较多。

　　日本大型建筑企业有较强的设计和施工组织能力，但并不是所有环节都由本企业完成，而是采用分包模式，并且是扁平化分包模式（图6-1），把预制构件制作（或安装）、集成部品制作（或安装）等各专业、各环节施工，都分包给专业工厂和专业施工单位承担。扁平化的架构，层级关系少、责任清晰、更便于管理。

　　笔者在日本几个装配式超高层混凝土建筑项目了解到，一个工程的分包企业有的多达50 余家，大型和复杂工程甚至多达百家。其中分包企业如预制构件或部品生产企业还同时负责安装作业，比如一些工程的混凝土外挂墙板是由构件制作企业负责安装，而构件企业则把安装分包给自己常年合作的安装企业，由于安装企业拥有专业的安装人员、专业的安装设备，对所安装的产品也很熟悉，安装效率高、安全性有保障，所以无须担心安装过程会损坏

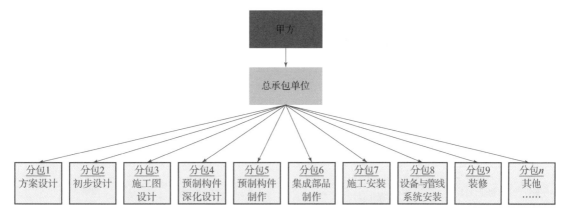

▲ 图 6-1　完全总承包模式（日本的扁平化分包方式）

产品，有些外挂墙板在工厂就已将玻璃幕墙安装完成，也不需做任何防护，见图 6-2。

　　而我国的完全总承包模式与日本不同，基本是层层转包模式，见图 6-3。

（2）初步设计后总承包模式

　　总承包企业在建筑设计方面可能不是最有优势的，因此国外一些工程项目采用初步设计后总承包模式，即甲方直接委托设计方进行方案设计和初步设计，到施工图设计阶段再委托给总承包企业，见图 6-4。

▲ 图 6-2　安装好玻璃幕墙的外挂墙板

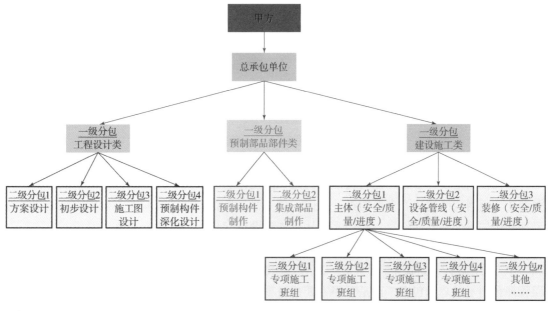

▲ 图 6-3　完全总承包模式（中国的层层分包模式）

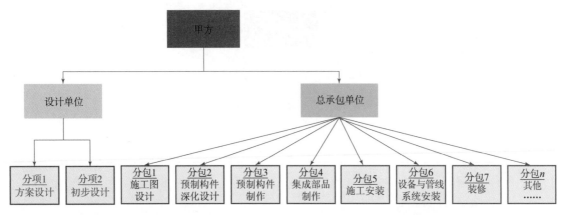

▲ 图6-4 初步设计后总承包模式

初步设计后总承包模式在日本应用也比较多，适用于施工图设计能力较强的建筑施工企业，例如日本鹿岛建设公司。虽然鹿岛公司的方案设计和初步设计能力很强，但相比一流的拥有像安藤忠雄、隈研吾等世界级设计大师的设计事务所还有一定差距。因此，鹿岛公司发挥其总承包企业的施工图设计优势，联合一些固定的合作伙伴，完成预制构件设计，再进行预制构件等部品生产和施工安装等后续环节，见图6-5。

这个模式的好处是，既发挥了设计方和总承包方各自的优势，又不会增加环节消耗。由于方案设计和初步设计在委托总承包企业之前已经完成，所以总承包费用也会算得更准确。

（3）设计、施工分别承包模式

设计、施工分别承包模式，是指甲方委托

▲ 图6-5 鹿岛建设总承包的装配式建筑项目

设计方承担全部设计工作，委托施工企业负责后续建设施工、预制构件采购和装修工作的承包模式，见图6-6。

这种模式把设计与施工划分得非常清楚，由设计承包方完成方案设计、初步设计、施工图设计、预制构件设计等全部的设计工作。施工承包方按照甲方的标准，依照图纸要求，确定预制构件等部品部件厂家，组织完成从主体到设备管线、装修的全部施工安装工作。

（4）设计完成后委托项目管理公司模式

甲方委托设计方完成全部设计后，工程实施由委托的工程管理公司进行管理，见图6-7。工程管理公司不是总承包者，而是受甲方委托对项目进行管理的企业。

由于工程管理公司专业性强、经验丰富，工程管理效果较好，所以欧美、中东的大型工程较多采用这种模式。由于工程管理公司人员专业能力强，人力成本高，项目管理费用相

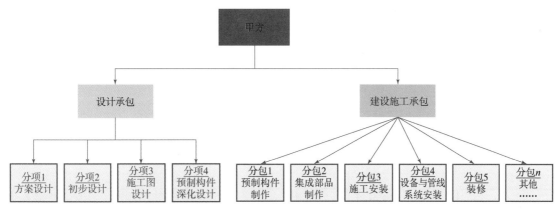

▲ 图 6-6　设计、施工分别承包模式

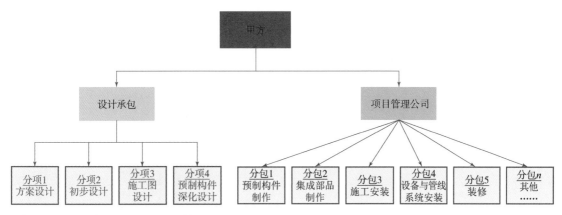

▲ 图 6-7　设计完成后委托项目管理公司模式

应较高，因此，这种模式更适用于造价较高的大型工程。这种模式在我国也有应用的项目案例，后文介绍国内模式时将进行详细分析。

在日本的一些大型项目中，也有采用从多家项目投资方中选取工程管理能力最强的企业，作为项目的代管方，代管方相当于上述的项目管理公司，这种方式更有利于降低各投资方的风险，还能节省各方联合组建临时管理团队的成本。

（5）建筑师负责模式或参与工程管理模式

这种模式在欧美较为常见。建筑师不仅全面负责项目设计，还负责主要产品和材料的选定及施工企业的选择，并进行工程管理（图 6-8）。建筑师除收取设计费外，还收取工程管理费用，对工程质量与工期进度负责。这种模式的一个变种是建筑师参与部分工程管理工作。

建筑师负责模式对建筑师团队的要求极高，既要有设计能力，还要熟悉项目所采用的产品和材料的性能；既要了解材料和部品部件的生产企业，还要能够组织协调施工管理。

通过对上述五种实施模式的分析（表 6-1），可以看出：国外装配式混凝土建筑的预制构件和其他预制部品部件，极少由甲方直接采购，而是由总承包方、施工企业或工程管理公司负责采购。国外的标准预制构件由构件厂设计，非标准预制构件由设计方设计，构件厂参与协同或提出建议。

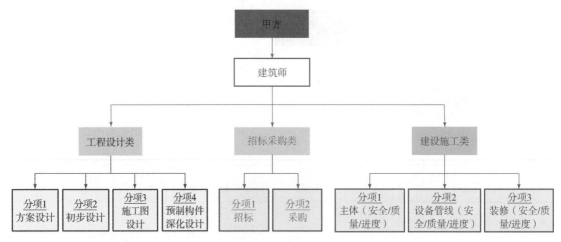

▲ 图 6-8 建筑师负责模式

表 6-1 各实施模式下作业内容负责方

序	总承包模式 负责情况 作业内容	模式一 完全总承包	模式二 初步设计后 总承包	模式三 设计、施工 分别承包	模式四 设计完成后 委托项目管理 公司	模式五 建筑师负责或 参与工程管理
1	方案设计	总承包企业	设计单位	设计单位	设计单位	建筑师
2	初步设计	总承包企业	设计单位	设计单位	设计单位	建筑师
3	施工图设计	总承包企业	总承包企业	设计单位	设计单位	建筑师
4	预制构件深化设计	总承包企业	总承包企业	设计单位	设计单位	建筑师
5	预制构件制作	总承包企业	总承包企业	施工单位	项目管理公司	建筑师
6	集成部品制作	总承包企业	总承包企业	施工单位	项目管理公司	建筑师
7	施工安装	总承包企业	总承包企业	施工单位	项目管理公司	建筑师
8	设备与管线系统安装	总承包企业	总承包企业	施工单位	项目管理公司	建筑师
9	装修	总承包企业	总承包企业	施工单位	项目管理公司	建筑师
10	其他	总承包企业	总承包企业	施工单位	项目管理公司	建筑师

2. 国内模式

国内装配式混凝土建筑的实施模式目前大致有以下几种：

（1）设计、施工（制作）、装修分别承包模式。

（2）设计、施工、预制构件制作、装修分别承包模式。

（3）设计、委托项目管理公司管理模式。

（4）总承包模式。

上述模式将在以下各节分别进行讨论。

6.2　设计、施工（制作）、装修分别承包模式的利与弊

1. 模式简介

设计、施工（制作）、装修分别承包模式，目前采用较多，与传统现浇混凝土工程的模式一样，甲方分别委托设计院、施工企业和装修企业进行设计、施工和装修。设计完成后，甲方招标选定施工企业，混凝土预制构件和其他预制部品（如集成厨房、集成卫生间）都由施工企业自行确定，见图 6-9。

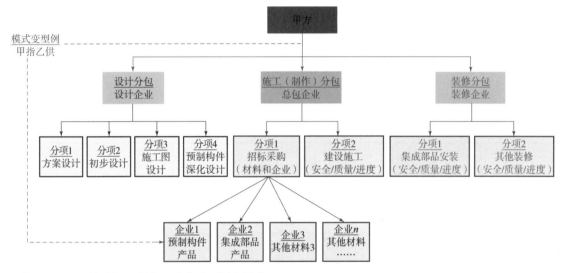

▲ 图 6-9　设计、施工(制作)、装修分别承包模式

这种模式的一个变种是预制构件等部品部件工厂的选择权在甲方，签约和管理由施工企业负责，预制构件等部品部件成为"甲指乙供"产品。

2. 优点

（1）这是一种传统模式，甲方比较习惯，轻车熟路。

（2）不增加甲方直接管理预制构件工厂的人力配置和成本。

（3）有利于预制构件制作环节与施工安装环节的协调性，避免扯皮推诿现象。

（4）责任环节少且清晰。

3. 缺点

（1）设计与制作、施工和装修环节分离，协同性差且可能滞后，对特别需要协同设计的装配式建筑非常不利。

（2）施工企业选择预制构件工厂时，往往对价格和付款条件的关注多于对质量的关注。

（3）在施工企业对预制构件制作环节不熟悉或管理不用心的情况下，构件质量可控性差。

甲方选择预制构件工厂交由施工方签约管理可以避免（2）、（3）条的缺点，但也存在预制构件制作环节出问题后，施工方有可能将责任推卸给甲方。建议甲方不直接选择构件厂，而是在施工招标时明确提出选择构件厂的具体条件，再由施工方根据条件选择构件厂。

6.3　设计、施工、制作、装修分别承包模式的利与弊

1. 模式简介

设计、施工、制作、装修分别承包模式与 6.2 节模式的区别只有一点，即甲方直接与预制构件工厂签约，预制构件成为所谓的"甲供"材料，见图 6-10。

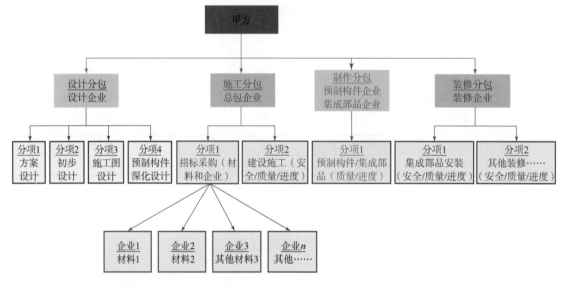

▲ 图 6-10　设计、施工、制作、装修分别承包模式

在装配式建筑发展初期，许多施工企业对预制构件不了解，也不清楚成本造价，不敢承担责任，甲方担心施工方对构件质量把控不好或加价过多，因此自己选择预制构件工厂，直接与构件厂签约。有的甚至把拆分设计、预制构件设计工作一并委托给构件厂，以节省装配式环节增加的设计费用。

2. 优点

（1）接近于传统模式，甲方比较习惯。

（2）作为新生事物，有利于管理团队掌握装配式建筑的规律和管理要点。

（3）预制构件的质量可控性增加。

（4）若预制构件制作环节出现问题，甲方可直接协调解决。

3. 缺点

（1）设计与制作、施工和装修环节的协同性差，且可能滞后，这对特别需要协同设计的装配式建筑非常不利。

（2）增加了甲方直接管理预制构件工厂的人力配置和成本。

（3）不利于预制构件制作环节与施工安装环节的协调性，可能出现扯皮推诿现象。

（4）增加了一个责任主体即预制构件工厂。

（5）有可能因制作和施工环节分别报价而增加建造成本。

一些房地产公司在最初的装配式混凝土工程中采用此种模式，笔者认为此模式也仅适用于经验积累阶段，据笔者了解，国外很少有采用这种模式的。

6.4　设计、委托项目管理公司管理模式的利与弊

1. 模式简介

与前面谈到的国外的模式（第 4 种）一样，甲方委托设计企业完成设计后，再委托专业的工程管理公司进行工程全面管理。工程管理公司不是总承包，而是受甲方委托对项目进行管理的企业。

我国有些外资项目采用这种模式，如大连某外资公司投资的大型电子精密工厂就采用了这种模式（图 6-11）。该项目由于采用装配式混凝土结构，主体结构施工湿作业很少，厂房内设备及管线安装等紧随主体结构进行施工，再加上委托的管理公司是国际著名的工程管理公司，项目工期比现浇结构节省了一年半左右，同时，施工质量、施工安全管理都非常细致到位。笔者参观该项目只用了 1 个小时，但参观前却进行了 2 个小时的安全培训，这是该管理公司在安全管理方

▲ 图 6-11　大连某大型装配式厂房工程施工现场

面的常规做法，对安全管理的高度重视也使得 6000 多人参与的施工项目，未发生一起安全事故。

2. 优点

（1）只有设计和专业管理公司两个环节，管理公司参与设计环节的协同、组织施工环节的协同，协同性很强。

（2）甲方或投资方省心放心，大大减少了管理团队的配置和成本。

（3）专业管理公司的经验多，工程质量和工期有保障。

（4）有助于降低因设计、制作和施工缺乏经验的成本增量。

3. 缺点

（1）国外的专业管理公司价格较高，大型工程因管理公司的经验和管理而降低的建造成

本可能会覆盖管理公司的费用，但规模较小的工程很难做到。

（2）国内经验丰富的工程管理公司极少。

这种模式的变种是，甲方聘请对装配式混凝土建筑有经验的技术咨询公司作为管理顾问，对设计、制作、施工和装修各个环节的合理性与协同提供意见和进行培训，既省钱又可获得较好收益，初次做装配式建筑项目的甲方可尝试采用这种模式。

6.5　总承包模式的利与弊

1. 模式简介

项目总承包，即 EPC，是设计（Engineering）、采购（Procurement）、建设（Construction）三个英文单词的首个英文字母，是国际通用的工程总承包产业的总称。设计是指从工程内容总体策划到具体的设计工作；采购是指从专业设备到建筑材料的采购；建设是指从施工、安装到技术培训的全环节、全流程。总承包模式国外采用较多。

国内总承包模式与国外基本相同，但装配式建筑项目实施总承包模式的现状是政府提倡多、业界讨论多、实践项目少。我国的甲方在投资后的管理范围和内容，更像项目总承包的角色。

2. 优点

（1）能够最大限度地发挥设计在整个工程建设过程中的先导和主导作用。有利于工程项目建设整体方案的优化，设计的合理性、经济性和实现的便利性得以提高。

（2）设计、制作、施工安装、装修等各个环节的协同性强。

（3）由总承包商一方垂直面对专业分包，能够克服各阶段相互制约和相互脱节的矛盾。有利于每段工作的合理衔接，有利于实现建设项目的进度、成本和质量控制，保证投资效益。

（4）责任清晰单一，杜绝了推诿扯皮现象。

（5）甲方省事省心，可大幅度缩减项目管理团队。

3. 缺点

（1）国内具有总承包资质的企业较少，目前尚难以形成竞争局面。

（2）总承包企业需要两强，即设计和施工管理都要强。而目前国内有资质的总承包企业或设计强、施工弱；或施工强、设计弱。具有全面履约能力的总承包企业很少，总承包模式的优势难以实现。

（3）由于资质管理的现状，总承包模式的变种是松散联合体的总承包，即设计、施工、制作、装修企业临时联合承包工程，或挂靠性质的总承包，导致质量、成本和工期反而缺少保障。

（4）各环节专业化队伍较少，扁平化的分包模式尚未形成，见图 6-1。

（5）对装配式建筑熟悉的总承包企业更少。

推进装配式建筑、形成适宜装配式的总承包模式需要一个尝试、积累、推敲、总结的过程，不能一蹴而就。

6.6　设计单位的选择要点

1. 关于装配式混凝土建筑设计的错误认识和做法

由于目前我国装配式建筑尚处于推进发展的不成熟阶段，很多甲方误认为装配式设计就是按传统设计完成后再进行拆分设计和预制构件设计，是建筑、结构、水电暖通设计后续的附加环节，因此项目的方案设计、初步设计、施工图设计仍然按照传统设计进行，装配式设计包括拆分设计、连接节点设计等没有参与其中，施工图设计完成后再委托其他设计单位进行拆分设计、预制构件设计，这是一个具有普遍性的比较严重的错误认知和做法。装配式设计应贯穿方案设计、初步设计、施工图设计、预制构件设计等整个项目设计的全过程，是每个设计环节的一项重要设计内容。设计环节是装配式建筑项目成败的关键环节，设计单位的选择一定要慎之又慎。

2. 设计单位选择要点

（1）务必选择对装配式项目有充分、透彻理解和了解的设计单位。如果设计单位不具备这个条件，必须要求设计单位与有经验的设计单位合作，或聘请专业的咨询公司指导。

（2）务必要求设计单位从方案设计阶段就植入装配式的概念和约束条件。将装配式设计、内装设计前置到方案设计阶段统筹考虑，实现装配式的可靠性、可行性和经济性。

（3）务必将设计方面的责任集于设计单位一体。不能将方案设计、初步设计、施工图设计、拆分设计、预制构件设计分开，避免产生不可控的高造价、高成本等问题。如果设计单位不具备全阶段的设计能力，可以要求主体设计单位与专业的装配式设计单位合作，或分包给专业的设计单位，并在整个设计过程中做好协同配合。甲方一定不能将各环节的设计工作进行分包。

（4）发挥装配式专项一体化设计的优势，坚决避免以给项目机会为条件，要求预制构件工厂低价甚至免费进行预制构件设计。构件厂的专业能力在生产制作，而不是设计，对于建筑设计、结构设计、水电暖通设计等专业的把控能力非常有限。同时，构件厂既做设计者又做生产者，责任不清，容易产生推诿扯皮现象。

（5）甲方应适当提高设计费。装配式建筑设计环节增加的设计工作量与建筑结构、装配率、建筑造型复杂程度等因素有关，大约在 20%～45% 之间，而这部分工作增量，如果委托专门的装配式设计单位参与设计，还会产生额外的专项技术服务取费。由于目前装配式建筑尚处于发展初期，业界还没有将装配式设计的增量费用视为常规的设计费用，甲方应该从设计质量及综合成本的角度考虑，适当提高装配式建筑项目的设计费。

6.7 预制构件工厂的选择要点

国外装配式建筑项目很少有甲方直接选择预制构件工厂的。目前国内装配式建筑项目，不仅预制构件"甲供"时构件厂由甲方选定，施工企业与构件厂签约时，也常常"甲指乙供"，决定权还是在甲方。

甲方选择预制构件工厂或许是发展初期的特殊措施。笔者认为，即使完全交由总承包企业或施工企业自主选择构件厂，甲方也应在合同中约定选择构件厂的条件，毕竟预制构件制作是装配式混凝土建筑的重要环节之一，并且就协调资源的能力来讲，甲方是最有力的。

1. 甲方选择预制构件工厂容易存在的问题

（1）缺乏参与意见。由于一些甲方人员在装配式建筑方面的专业程度有限，缺乏提出有力度意见的能力，此外，一些甲方在做装配式建筑项目时，工作流程中没有设定相应的工作环节，没有相应的岗位职责要求，工作人员只做流于形式的"走过场"的工作内容。

（2）缺少选择标准。由于装配式推进发展过程中，各工作环节的学习资源还很有限。预制构件工厂作为下游企业，缺少向甲方主动展示技术和培训交流的机会，所以甲方工作人员对构件厂的工艺、设备、管理、产品质量等没有深入了解的机会和平台，在选择构件厂方面很难提出清晰准确、专业到位的标准。

（3）一味强调一站式。装配式建筑预制构件种类较多，生产板、梁、柱、楼梯等不同预制构件的工艺标准、技术特点不尽相同，每家工厂都会有其最擅长的构件产品。甲方在选择预制构件工厂时，不懂得分散风险，不筛选比对各家构件厂某一种或某几种构件生产的专业化优势，往往一个项目的构件全部选择由一家构件厂生产。一站式方式在保证构件质量和交付的及时性方面都存在一定的风险。

（4）一味强调生产线。预制构件生产工艺有全自动生产工艺、流水线生产工艺、固定模台生产工艺、独立模具生产工艺等。预制构件质量的好坏主要取决于预制构件工厂是否有健全的质量管理保证体系、是否有专业的管理人才和专业的产业工人，生产工艺对构件质量的影响不大；理论上讲，生产工艺对生产效率影响较大，但由于目前我国标准、采用的结构体系等原因，最适合生产线生产的板式预制构件，包括叠合楼板、剪力墙板等出筋较多，生产线生产的效率不高。日本绝大部分构件厂都采用固定模台和独立模具生产工艺。一味强调是否有生产线既不科学，也不符合现实情况。

（5）一味强调低价格。预制构件的价格由多种因素决定，包括项目当地构件的供给能力、预制构件工厂的投资规模、原材料价格、模具成本、人工费用、运输半径等等，很多城市的行业协会每月都会发布构件的指导价信息，构件价格是相对透明的。如果一味追求低价格，并采取低价中标的策略，势必会导致恶意竞争、相互压价的不良现象，而往往低价格的代价就是构件质量得不到保障、构件交付不及时，最后受损失的还是甲方。

2. 预制构件生产的主要特点

（1）预制构件一般是在工厂制作；也有由于建筑工地距离工厂太远，或者通往工地的道路无法通行运送构件的大型车辆时，在工地搭建临时工厂进行现场制作的。

（2）预制构件制作工艺一般有固定式和流动式两种（图6-12）。固定式是模具位置固定不动，通过作业人员的流动来完成各工序的作业。流动方式是模具在流水线上移动，作业人员相对不动，模具移动到作业人员所在工位时作业人员进行本工序的作业。

（3）预制构件在高精度的模具内浇筑成型，外形尺寸精度高；采用蒸汽养护，可以充分保证构件的生产效率和质量。

3. 选择要点

（1）优先考虑有经验、有业绩、有团队、有规程、产品质量好的预制构件工厂。

（2）如果是新预制构件工厂，要求对方必须与有经验的构件厂或咨询公司合作，尽量规避选择新构件厂可能产生的试错成本。

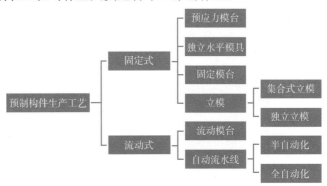

▲ 图 6-12　预制构件常用的制作工艺

（3）如果是异地项目，甲方项目不在预制构件工厂所在城市，可以采取甲方与构件厂签约，并要求构件厂在项目所在地生产，或要求构件厂与项目所在地的其他企业合作生产等变通的解决办法。

6.8　施工企业的选择要点

目前真正可以供总包单位选择或者得到甲方认可的装配式建筑专业施工企业并不多。受管理人员专业知识和工人素质所限，施工企业面临着技术难度加大和人员素质需提升的矛盾，培育、培训、培养装配式施工管理技术人员和产业工人，已经是装配式建筑施工企业的核心需求之一。

1. 甲方选择施工企业容易存在的问题

（1）不考虑装配式因素，选用原来的合作企业。一些甲方选择施工企业时，多数还是选用原来合作过的施工企业，即便进行招标投标，也不考虑装配式建筑相关的影响因素，不修订招标投标的相关条件。

（2）不能制定选择标准。一些甲方对装配式建筑有一定认知，但因为没有项目实践经历、经验，无从总结提炼形成并提出明确的标准，比如对结构构件连接所采用的套筒灌浆质量采用什么样的规范标准等。

（3）不能提出具体要求。甲方由于缺乏实践经验，无法结合自身利益和合约内容对施工进度和作业方式提出具体要求。例如：为保证资金回笼，是否要求务必在什么时间前完成预售所需条件的楼层施工；如何要求每层工期的进度时间和施工顺序（图6-13）；是否要求预制构件在运输车上直接吊装等。

第1天 ①放线

第1天 ②搭设叠合板安装支撑架

第2天 ③吊装叠合板

第2天 ④吊装叠合梁

第3天 ⑤绑扎楼板钢筋

第4天 ⑥吊装柱子

第5天 ⑦绑扎梁接点区钢筋

第5天 ⑧浇筑混凝土

▲ 图6-13 日本某柱梁结构体系项目单层施工时间安排

2. 装配式混凝土工程施工的主要特点

（1）与传统现浇作业相比，现场减少了模板系统支设、钢筋绑扎和现浇混凝土作业。

（2）与传统现浇作业相比增加了吊装、构件连接、临时支撑、安装缝打胶等作业环节。

（3）还增加了灌浆作业环节，这是装配式混凝土建筑施工最核心的环节，需要监理旁站，并进行视频拍摄。

（4）对塔式起重机的起重量、起重精度等性能要求更高。

3. 选择要点

（1）选择"四有一好"的施工企业，即选择有经验、有业绩、有团队、有规程、质量好的企业。

（2）选择有做过装配式项目的管理与技术人员的项目团队。

（3）如果只能选择没有经验的施工企业，应要求其聘请专业咨询公司给予指导，或在装配式施工专项环节如吊装、灌浆等与有经验的施工单位合作。

（4）在预制构件吊装、临时支撑搭设、灌浆作业等关键环节的施工人员（图 6-14）必须有相关经验，或经专业培训合格后方可上岗作业。

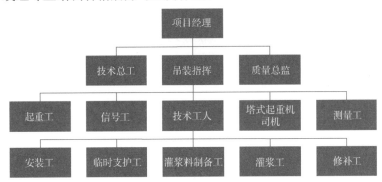

▲ 图 6-14 装配式建筑施工关键技术工人岗位组织架构图

6.9 监理企业的选择要点

1. 甲方选择监理企业容易存在的问题

（1）忽视装配式因素，直接委托长期合作的监理单位。

（2）不能制定清晰的选择标准。

（3）不能提出具体的要求。

2. 装配式混凝土建筑监理工作的主要特点

（1）监理范围扩大。从施工工地外延至预制构件等部品部件工厂和一些专用材料的供应商。

（2）依据的标准规范有所增加。除了依据现浇混凝土建筑所有规范外，还要依据国家及地方制定的关于装配式混凝土建筑的相关标准。

（3）安全监理增项。在安全监理方面，增加了预制构件制作、倒运、存放过程的工厂安全监理，构件从工厂到施工现场的运输安全监理，构件在施工现场卸车、翻转、吊装、连接、支撑的现场的安全监理。

（4）质量监理增项。增加了工厂原材料和外加工部件、模具制作、钢筋加工，套筒灌浆抗拉试验、拉结件锚固试验验证、浆锚灌浆内模成孔试验验证，钢筋、套筒、金属波纹管、拉结件、预埋件入模或锚固，预制构件隐蔽工程验收、工厂混凝土质量、施工现场安装质量和钢筋连接环节质量、叠合构件和后浇混凝土的浇筑质量等质量方面的监理内容。

（5）旁站的监理方式增加。装配式建筑的结构安全有"脆弱"点，装配式建筑在施工过程中一旦出现问题，能采取的补救措施很少，灌浆作业等需要旁站监理。

3. 选择要点

（1）务必选择有类似项目经验和相关业绩的监理单位。

（2）务必选择有装配式的监理制度和工作流程的单位。

（3）务必选择具备装配式知识、熟悉相关标准规范的团队。

（4）务必选择具备驻厂监理经验的监理。

（5）务必选择具备灌浆作业旁站监理经验的现场监理人员。如果没有，务必要求其以外聘或合作的形式达到人员能力标准要求，不能使用仅仅培训过就摸索着上岗的监理人员。

第7章
设计环节管理常见问题与预防

本章提要

　　列举了装配式建筑设计常见问题，甲方对设计管理的常见问题，重点讨论了装配式介入时机晚、常规设计与装配式设计脱节和设计协同组织不好的影响，提出了甲方对设计环节管理的要点。

7.1　设计常见问题与危害

　　设计管理是房地产开发的重点环节，是将项目初期开发构思、投资目标进行可预见、可量化的分析和实现的技术管理过程。装配式项目相对传统项目，设计要求不同，甲方管理的控制项增加，难度也相应增加。虽然甲方不直接设计，却要承担设计不合理的后果。所以，甲方应当了解设计常见问题，作为设计环节管理的主要关注点。

　　方案设计常见问题已经在第5章中讨论过，本章主要讨论施工图设计和装配式专项设计管理的问题。

　　1. 装配式混凝土建筑施工图设计与现浇建筑的不同

　　装配式混凝土建筑的设计内容、设计环节、协同方式、设计流程与现浇混凝土建筑有所不同。

　　（1）设计内容与环节

　　设计内容的范围变广、设计环节增多，主要体现在：

　　1）增加了符合装配式特点的思考维度，如模数化、标准化。

　　2）增加了实现预制率和装配率的技术策划环节。

　　3）增加了预制构件的拆分设计。

　　4）增加了预制构件的深化设计。

　　5）增加了预制构件的各工况下设计，包括满足脱模、存放、运输、安装等环节下的构件自身验算和预埋件设计。

　　6）增加了预埋物的设计，包括幕墙、窗框、栏杆等预埋物、机电专业所需的套管线盒等预埋物、水暖专业预留孔洞位置等需要在构件中表示。

　　7）增加了集成部品部件设计，如保温装饰一体化外挂墙板、集成卫生间、集成厨房、集成收纳等。

8）内装设计需要前置。

（2）协同设计

装配式协同设计非常重要，主要体现在：

1）建筑结构水电暖通等各个专业协同设计，不能遗漏，不能拥堵，不能错位。

2）内装设计参与协同设计，并主导机电专业向预制构件深化设计提资。甲方组织内装设计单位和主体设计单位对接。

3）预制构件工厂、其他部品部件工厂、施工企业参与协同设计，甲方予以组织。

（3）设计流程

装配式混凝土建筑的设计内容与环节的变化，以及协同设计要求的提高，决定了包含设计流程在内的建设流程有别于现浇混凝土建筑，现浇混凝土建筑和装配式混凝土建筑的建设流程分别见图7-1和图7-2。

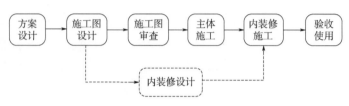

▲ 图 7-1 现浇混凝土建筑建造流程

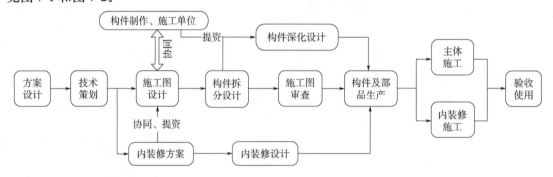

▲ 图 7-2 装配式混凝土建筑建造流程

2. 设计问题举例

传统现浇建筑在设计上的错漏很多是在现场发现并可以及时改正的，而装配式混凝土建筑由于预制构件在工厂生产，一旦设计错漏到现场才发现，处理起来难度很大，甚至无法补救。因此，装配式建筑设计的容错度很低，对甲方在设计方面管理的精细程度要求很高，一点微小的错误都可能用巨大的代价为其买单。以下举例说明。

例1　某项目预制墙板安装时就位困难，原因是墙板灌浆套筒与下部现浇层伸出钢筋错位（图7-3）。经查实，设计人员未提供现浇层的伸出钢筋定位图；施工单位在现浇层施工时，未考虑与上部灌浆套筒的对位问题，也没有采用与实际套筒位置一致的伸出钢筋定位模板（图7-4），导致现场不得不返工，凿除部分现浇墙体，重新调整钢筋位置。

本案例导致施工返工的原因是设计资料的缺失。由传统现浇变为预制装配，施工工艺改变导致设计图纸不仅需要预制构件制作图，而且应绘制必要的"组装图"，甲方管理者一定要将"构件"意识转变为"零件"意识。本案例有预制承重墙板，需要核查图纸是否包含现浇转换层墙体的伸出钢筋布置及连接图，见图7-5。

▲ 图 7-3　灌浆套筒与伸出钢筋错位

▲ 图 7-4　钢筋定位模板

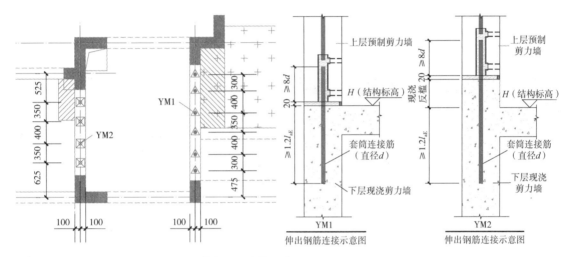

▲ 图 7-5　现浇转换层墙体伸出钢筋布置及连接示意图

例 2　装配式建筑采用预制外围护墙板时，窗框通常采用预埋整框或副框的方式。某项目采用预埋副框的方式，设计时考虑外保温水平段的厚度和防渗需要，外侧留了企口。但由于预制构件深化设计人员对窗的构造缺乏了解，将副框埋置与下企口齐平，导致窗框安装后被保温水平段遮挡，影响窗扇的开启，俗称"咬框"。图纸又没有经过制窗厂确认就直接发至预制构件工厂，结果导致返工，损失近十万元。后续图纸将副框预埋高度进行了调整，保证了窗的开启不再受保温层的影响，见图 7-6。

例 3　夹芯保温墙板的内叶板和外叶板主要靠拉结件连接见图 7-7 和图 7-8。我国目前尚缺乏相应的设计依据和产品标准，有些厂家在夹芯保温墙板制作时操作不规范，容易出现拉结件在混凝土中锚固不足或失效的问题，导致外叶板存在脱落的安全隐患。一旦外叶板坠落，后果不堪设想。因此，在拉结件的设计管理中应注意以下几点：

（1）设计师应在图纸中给出夹芯保温墙板制作及试验要求。

（2）如果拉结件的布置及作业工艺设计由拉结件厂家完成，厂家必须将计算书提交给结构设计单位审核。

（3）应有防止外叶板脱落的第二道安全防线设计。

（4）拉结件厂家应在夹芯保温墙板制作前派人进行技术交底，并在制作初期给予作业指导。

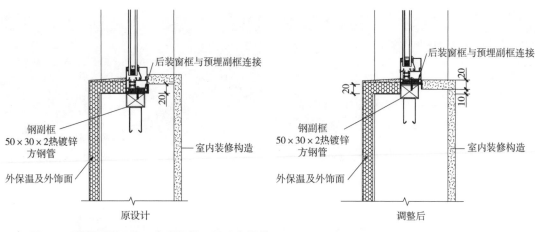

▲ 图 7-6　预埋副框及企口高度根据面层厚度调整

▲ 图 7-7　金属类拉结件

▲ 图 7-8　FRP 类拉结件

（5）驻厂监理应将拉结件及与其有关的作业作为重点监理内容，确保操作工人作业规范。

例 4　装配式项目时常出现预制墙板预埋管线遗漏的情况，现场不得不凿沟开槽，钢筋被凿断现象时有发生，见图 7-9。凿断钢筋对结构的影响是不可忽视的，尤其在墙板底部灌浆套筒以上 300mm 范围内，该范围为钢筋加密区（图 7-10），是确保预制墙板抗震性能的关键措施，若不恢复连接处理到位，会留下结构安全隐患。

▲ 图 7-9　剪力墙后开槽切断钢筋

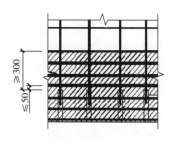

▲ 图 7-10　钢筋套筒灌浆部位水平分布筋加密

　　为预防此类问题,首先应在源头上加以规避,在设计阶段需做好预制构件深化设计与各专业的协同,以避免产生类似的设计遗漏问题。

　　例5　预制构件中的各类预埋件,如果设计考虑不细或协同不够,很容易造成碰撞干涉,导致无法安装。如钢筋避让不当,还会造成间距不足而影响钢筋的搭接和锚固,背离"强节点、弱构件"的设计原则。图 7-11 中预埋管线和灌浆套筒挤占同一空间;图 7-12 中剪力墙板上部预埋 PVC 线管伸出时,与叠合板伸出的钢筋干涉,钢筋需弯折避让。为避免出现此类现象,预制构件深化设计单位应在前期和机电设备专业定好相互间的避让原则,并进行各专业的有效协同,必要时引入 BIM 技术进行碰撞检查。

▲ 图 7-11　预埋管线和灌浆套筒干涉　　　　　▲ 图 7-12　预埋 PVC 管线与钢筋干涉

　　例6　预制受力构件一般需与现浇段连接,而现浇段通常是梁柱节点、剪力墙暗柱等受力集中区,钢筋密集。如设计不当,会造成现浇区段没有足够的作业空间。

　　某装配式项目在设计连梁时钢筋过密,没有预留机械套筒连接的操作空间,造成连梁钢筋无法连接(图 7-13);另一个项目剪力墙的现浇边缘构件墙肢长度预留过短,导致与预制墙板连接时暗柱箍筋放置困难,工人擅自将钢筋弯折或剪断(图 7-14),造成了安全隐患。

▲ 图 7-13　没有预留钢筋连接作业空间　　　　▲ 图 7-14　现场连接节点钢筋随意弯折

　　为预防此类设计问题,设计时应充分考虑施工工序和作业空间,并应遵循以下原则:

　　(1)尽量选择大直径、根数少的布筋方式。

（2）充分了解锚固、搭接所需的长度要求，选取便于施工的连接形式，如墙体侧边水平外伸钢筋宜采用开口形式。

（3）设计人员对施工人员进行技术交底，特别是节点钢筋的放置顺序，必要时进行施工模拟。

例 7　在预制剪力墙板中，如设备管线敷设过于集中（图 7-15），会影响混凝土浇筑及振捣，造成该部位混凝土密实性差，削弱了钢筋混凝土的有效截面，不能满足结构设计承载力要求。又如叠合板叠合层水平预埋管线在电箱位置过于密集（图 7-16），有时上下交错达到三层，导致叠合层后浇混凝土都无法覆盖。

▲ 图 7-15　剪力墙板中管线与线盒敷　　　▲ 图 7-16　叠合楼板叠合层管线交叉过多
　　　设过于集中

为避免出现此类问题，设计时应考虑以下几点：

（1）电气专业应进行优化设计，减少管线预埋数量，确需预埋时，管线布置不要过密。

（2）电箱等管线集中设备，尽可能避开预制墙体部位，设置在砌体墙部位。

（3）楼板管线减少交叉，避免多层叠加，如无法避免，应考虑加大叠合板叠合层厚度或改为现浇板。

例 8　由于装配式混凝土建筑预制竖向构件的钢筋不能保证完全连通，无法利用钢筋作防雷引下线，须在预制构件中单独埋设防雷引下线，构件安装后焊接连接（图 7-17）。由于防雷对于建筑安全性至关重要，国外标准中对防雷引下线的要求非常细致。甲方应从长远考虑，要求设计单位在设计图纸中明确防雷引下线的焊接操作、镀锌厚度，特别是防锈蚀的详细要求，主要应包含以下内容：

（1）镀锌扁钢防锈蚀年限应当按照建筑物使用寿命设计，且热镀锌厚度不宜小于 70 微米（μm），沿海地区不宜小于 100 微米（μm）。

▲ 图 7-17　防雷引下线与预制构件连接

（2）焊接处形成的应力集中区是防锈蚀的薄弱环节，焊接处必须按照建筑物使用寿命给出详细要求：包括防锈漆种类（富锌类）、涂刷范围和涂刷层数。

例 9 非承重的预制混凝土外挂墙板与主体结构连接时，外挂墙板连接节点不仅要保证与主体结构可靠连接，还要避免主体结构位移受到墙板约束，在水平力作用下生成相互之间的附加作用力。应通过柔性连接释放外挂墙板对主体结构的约束刚度，以保证主体结构的计算假定与实际相符。

甲方技术人员要具备基本概念，当采用外挂墙板时须提醒设计人员注意规范要求，并检查图纸中的节点做法。无论是四点支承连接还是线支承连接，外挂墙板与主体结构连接节点应当具有相对可"移动"性，能够自由地平动和转动，见图 7-18。

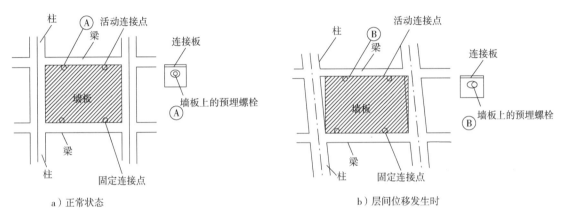

▲ 图 7-18 外挂墙板与主体结构位移的关系

例 10 装配式住宅外墙的传统砌筑方式已逐渐被预制混凝土填充墙替代。和外挂墙板一样，内嵌的预制填充墙和窗下墙也是非结构受力构件，若连接和构造不合理，此部分混凝土的刚度会引起结构整体刚度增加，从而导致地震力加大，造成实际受力与计算不符。特别是窗下墙，刚性连接会导致窗间墙体形成"短墙"，地震作用下易发生脆性破坏。

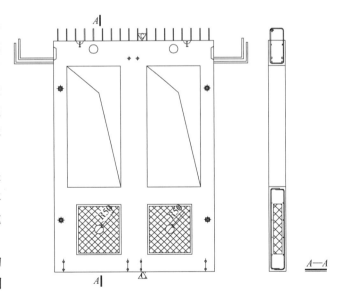

▲ 图 7-19 带窗预制填充墙采用聚苯板填充减轻刚度影响

预制填充墙或窗下墙与剪力墙的相接处不可采用强连接，需要采取相应的构造措施来削弱此部分的刚度影响，通常采用以下构造措施：

（1）在墙体内填充聚苯板块等轻质材料来削弱预制墙本身的刚度，见图 7-19。

（2）与结构构件之间采用弱连接，并采用拉缝构造，可用 PVC 或泡沫板等填充材料将主体受力结构与预制填充墙隔开，见图 7-20。

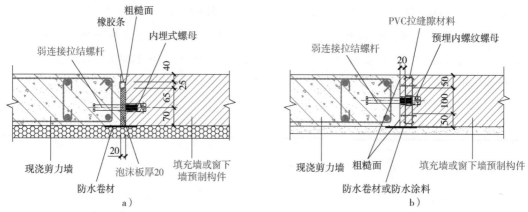

▲ 图 7-20 连接处采用拉缝材料构造减轻刚度影响

3. 甲方须关注的设计问题清单

装配式混凝土建筑设计暴露出的问题比传统现浇建筑多且复杂，究其原因，既有设计经验的不足，也有组织协同不到位的原因。方案设计阶段甲方须关注的常见问题见第 5 章表 5-1。表 7-1 为施工图设计和预制构件深化设计阶段甲方须关注的设计问题。

表 7-1 施工图设计和预制构件深化设计阶段甲方须关注的设计问题

设计阶段	结构体系	常见问题	原因分析
施工图设计阶段	剪力墙结构	未考虑选择不同预制外围护体系对墙厚变化、给计容建筑面积和得房率带来的影响	建筑未考虑装配式带来的影响和变化，影响经济指标和产品定位
		未组织协同考虑厨房、卫生间、收纳系统集成设计和选型	
		预制外墙拼缝位置与建筑立面线条不符，影响立面效果	
		剪力墙布置方式导致边缘构件过多、异型过多，不利于拆分	结构师未考虑装配式规律，和预制构件深化设计不交圈，对成本不利
		剪力墙尺寸未进行统一和优化，导致标准化程度不足	
		内隔墙下均设次梁时，未发挥叠合板厚优势，不经济	
		后浇带仍按现浇结构平面长度进行控制，影响构件拆分布置	
		预制外围护墙板未对后期施工所需的脚手架、塔式起重机扶墙支撑预埋件、人货梯侧向拉结预埋件等进行预埋预留	拆分设计未协同考虑后续制作、运输、施工安装需求，影响生产和施工
		预制构件拆分方案外形尺寸控制未考虑生产和运输等约束条件，导致后期生产和运输出现问题	
		对有埋设强弱电箱的剪力墙进行了拆分预制	机电设备专业未协同考虑装配式的特点，影响安全和质量
		预制墙板管线预埋遗漏，导致后期开凿沟槽，钢筋被切断	
		预制阳台、空调板等集成未统筹考虑地漏、雨水管等，导致预埋止水节重叠干涉，立管距墙面过近无法安装等问题	
		预制拆分范围未对预制构件供货进度、施工进度、销售进度统筹考虑，导致供货条件满足不了项目的进度要求	甲方未组织厂家与设计方协同，影响进度

（续）

设计阶段	结构体系	常见问题	原因分析
施工图设计阶段	框架结构	未协同考虑柱网及跨度规则化布置	结构工程师、建筑师未协同考虑装配式带来的影响和变化，设计未交圈闭环，对成本和工期不利
		预制框架梁柱采用了一边齐平布置，导致后续深化设计中梁纵筋弯折干涉避让困难	
		垂直相交的预制梁未进行梁底高差控制，导致两个方向的梁底纵筋在节点域重叠干涉	
		采用圆柱截面预制方案，导致后期预制制作较为困难	
		叠合板采用单向密拼方案时，密拼缝未进行倒角处理，板拼缝处有效厚度不满足耐火极限要求，导致无法通过消防验收	
	共性问题	预制构件吨位算错或标错，误导塔式起重机型号选择和其平面布置，有可能超出塔式起重机承载能力，导致安全事故	甲方未组织设计方与施工方协同，影响安全和进度
		预制构件范围布置在了塔式起重机中心安全防护距离之内，预制构件无法吊装就位	
预制构件深化设计阶段	剪力墙结构	外围护填充墙预制构件侧面与主体结构采用了强连接，构造方式与计算假定不符合	深化设计未考虑非结构构件的连接；未和机电专业、施工单位等进行协同，影响结构安全
		预制剪力墙套筒连接区与机电管线接线手孔、悬挑脚手架留洞等未进行协调避让，导致套筒连接区结构承载力受到影响	
		预制夹芯保温板未设置防止外叶板脱落的第二道安全防线	
		门窗洞口角部斜向加强筋设置遗漏，导致洞口角部因应力集中开裂	深化设计时未考虑防水、防裂的构造，影响质量
		预制外墙板拼缝未进行防水构造设计，或防水构造设计不合理，导致外墙拼缝渗漏	
		缺现浇层伸出钢筋定位图，首层预制构件下部伸出钢筋错位，造成安装困难	深化设计时未考虑施工，影响安装
		预制剪力墙水平筋在边缘构件内锚固均采用封闭环形筋方式等，导致现浇边缘构件箍筋无法套入，与纵筋插筋干涉	
		预制楼板和墙板机电点位线盒跨接缝布置，导致制作时预埋线盒困难	深化设计未与机电协同，影响构件制作
	框架结构	梁柱节点域现浇区内钢筋干涉未做碰撞干涉检查，导致施工困难，引发断筋、缺筋、缺锚固配件等问题，影响结构安全	深化设计未进行碰撞检查；未考虑非结构构件的连接，影响结构安全
		采用外挂墙板时，墙板与梁柱四周采用强连接，不符合外挂墙板的受力机理	
		预制框架柱上下层有变截面及钢筋变化时，未考虑柱纵筋上下连接关系，导致无法安装，构件报废	深化设计未考虑施工因素，影响质量和工期
		预制框架梁在梁柱节点域弯锚时，未考虑钢筋交错避让和钢筋净距控制，导致节点安装困难	
		预制柱底键槽内未设排气孔	
		预制框架梁采用全灌浆套筒在梁柱节点域连接时，未考虑钢筋净距控制，导致套筒间净距不足	

（续）

设计阶段	结构体系	常见问题	原因分析
预制构件深化设计阶段	共性问题	预制构件，尤其是竖向构件混凝土强度变化时，深化图设计时未区分，导致混凝土强度错误，影响结构安全	深化设计与主体结构设计脱节
		带窗洞预制外墙构件，窗洞口四周未考虑防水构造设计	深化设计未考虑集成化、一体化，影响产品质量和施工工期
		滴水线、防滑条等细部构造未考虑在预制构件一次预制成型	
		楼梯预制未针对是否贴装饰面砖和清水混凝土等不同的装修标准，采用不同的预制方案	
		预制楼梯休息平台水平段栏杆立柱预埋件位置未复核，埋设位置错误，侵占休息平台宽度，导致不满足消防疏散宽度要求	
		预制桁架钢筋叠合楼板中的机电预留线盒未明确线盒高度，导致预埋线盒出线孔未完全露出	
		外墙金属门窗、栏杆、屋面等防雷接地线遗漏；设计未明确防雷引下线的焊接操作、镀锌厚度和防锈要求	
		剪刀梯等大吨位预制构件未考虑吊装能力或未做优化，导致需要安排大吨位起重机，租赁成本大幅上升	深化设计未考虑各种施工因素，影响成本和工期
		未考虑钢筋与连接、锚固配件之间的净距，导致安装空间不足，配件无法安装到位	
		特殊节点和部位缺少装配顺序图，无法指导施工安装	

7.2 甲方对设计管理的常见问题

装配式建筑既是生产方式的改变，更是管理方式的大变革。表 7-1 列出的装配式混凝土建筑设计问题，看似都是设计单位的疏漏，是"技术"问题，但背后却映射着管理的问题。作为甲方的设计管理者，要突破问题的表象寻找引发问题的内在逻辑，力求通过管理手段避免问题的重复发生。以下列举装配式建筑设计管理中的常见问题与应对思路。

1. 装配式介入设计晚

美国 HOK 设计公司首席执行官 Patrick MacLeamy 提出前置项目曲线（图 7-21），强调了项目早期进行方案变更对于项目的成本和功能影响是最大的；而在项目后期进行方案优化对于成本和功能影响会逐渐减弱，与此相对的费用和成本则会增加。此曲线更能反映装配式建筑的建设规律。

如果装配式项目采用"两阶段"设计，按现浇进行施工图设计后，再进行装配式设计，只是把现浇构件拆分成预制构件，则严重背离了装配式的特点和规律。如 HOK 曲线所示，后期成本急剧上升，建筑功能随之减弱，具体表现为：

（1）设计与后期制作、安装、装修环节脱节，将导致出现大量的"碰撞"问题和遗漏问题，引起砸墙凿洞的返工，甚至造成重大损失。

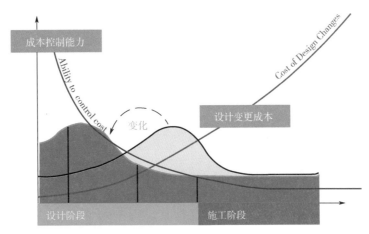

▲ 图 7-21　前置项目曲线

（2）经济指标受到影响，容积率和得房率等指标无法达到最初设定目标。

（3）方案设计的意图受到制约，效果打折；也无法发挥装配式建筑集成化、一体化的优势。

（4）营销定位产生偏差，内装和集成化部品对销售的影响被掩盖。

（5）采购、生产等各个环节流程被延误。

（6）工程策划中缺乏必要条件的输入，不利于进度安排。

因此，装配式设计前置是装配式项目的必选项，必须遵循装配式的规律，早期介入，同步设计。

2. 未按照装配式的规律提出要求

刚接触装配式项目的甲方往往未按照装配式的规律向设计单位提出相关要求，仍沿用传统现浇项目粗放型的管理方式，造成常规设计与装配式设计的脱节。

相对传统设计，装配式建筑设计不仅设计内容和环节不一样，设计流程和协同方式也不一样。作为甲方，应针对装配式建筑的差异性在企业管理层面制定相应的管控标准和制度，向设计团队提出具体要求。

（1）方案设计阶段，要求设计单位进行结构类型和结构体系的比选；做好满足装配率和预制率的技术策划；按照装配式的规律优化房型和楼型；论证建筑立面设计与装配式的适宜性；对"四个系统"的决策提出建议。

（2）施工图和预制构件深化设计阶段，规定设计单位各专业（包括内装设计）的介入时机、提资要求和反馈时间。预制构件深化设计单位向甲方列出需要沟通的事项清单。

（3）预制构件深化图初稿完成后提交相关单位进行图纸意见征询，修改错漏碰缺。

（4）预制构件生产前做好技术交底。

（5）建立设计变更台账和信息传递机制。

（6）如预制构件深化设计和主体设计不是由一家设计单位完成的，就要明确提资要求和责任范围。深化设计成果应由主体设计单位审核确认。

3. 未组织设计协同

装配式建筑相对于传统的建设模式和生产方式已发生了深刻的变革，影响装配式建筑实施的因素有技术水平、生产工艺、管理水平、生产能力、运输条件、建设周期等方面。

装配式导致甲方管理的点增多、面变宽，增加了组织工作的难度。很多组织工作需要提前进行，而项目设计初期很多单位还没有定标，不能介入，只有甲方才能组织起各方资源参与到设计协同之中。除了早期的组织协调，设计协同伴随着设计全过程，包括定期协调、专题协调等。这些工作也只有甲方才能做，别的单位无法取代。

未组织设计协同或设计协同滞后，该解决的问题没有及时解决，设计问题就会在预制构件生产、运输、安装环节一一暴露出来，导致成本增加，工期延长。

4. 对重点问题没有把控

作为甲方的设计管理者，应自觉提高工作标准和管理水平。如果采用传统项目的管理模式，不仅发挥不了装配式的优势，还会放大装配式的局限。为此，甲方在项目初期就要厘清重点问题，加强过程把控。

（1）选择有装配式经验的设计单位。

（2）选择适宜的建筑风格。

（3）选择适宜的户型数量和单元组合方式。

（4）选择更适宜装配式的结构体系。

（5）选择有利于建筑功能和品质提升的技术方案。

（6）选择有利于实现预制构件标准化的结构设计方案。

（7）将免支撑、免抹灰、免外架的优势尽量落实到设计要求中。

（8）加强关键环节的设计质量管控，特别是涉及结构安全的环节，如灌浆套筒连接、夹芯保温板拉结件锚固等。

5. 建筑负责人对装配式认识不足

目前不少甲方的认知还停留在装配式应由结构专业人员主导的传统思路里，但结构人员由于专业局限，很难全面牵头。比较而言，建筑负责人更适合作为设计总协调人，主要有以下几点原因：

（1）装配式建筑的基因在建筑方案设计阶段就决定了。

（2）建筑师的龙头地位和专业广度不可替代。四个系统的集成以及为提升建筑功能与品质而采用的新工艺，应当由建筑师领衔。

（3）建筑师在统筹协调上发挥的协同作用不可替代。

如果建筑负责人对装配式认知不足或协调不力，一旦出现盲区或冲突，会造成难以补救的损失。故此，甲方建筑负责人应提高对装配式的认知水平和业务能力。

6. 招采进度滞后影响设计提资

地产项目正常运作的前提是招采进度要满足各项工作的开展。装配式管理注重工作前置，但经常出现招采相对装配式设计滞后的现象，例如：前期策划阶段装配式咨询单位未确定；施工图开始时内装设计单位未确定；预制构件拆分设计阶段总包未确定；预制构件深化设计阶段门窗单位未确定等。

为解决上述矛盾，首先，应制定满足装配式项目设计进度的招采计划，尽早落实相关单位参与设计协同。其次，如确有困难，可从以下几个方面着手弥补：

（1）借助长期合作的单位前期介入。

（2）根据对标项目和以往经验确定一般性原则。

（3）尽量选择容错性强的技术方案。

7.3　装配式介入晚的不利影响

装配式技术策划应在方案设计阶段介入，以确保建筑方案具备"装配式基因"。其作用在 7.2 节已阐述，图 7-22 给出了前期技术策划的主要框架。

进入施工图设计环节，装配式早期的介入更不可或缺。但许多项目，施工图设计都完成了，与装配式有关的设计才开始。装配式介入较晚产生的不利影响主要体现在以下几个方面：

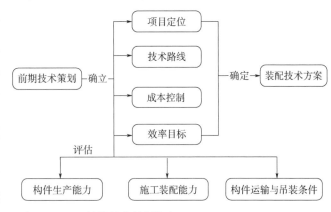

▲ 图 7-22　前期技术策划框架

1. 不符合装配式的特点和规范要求

按传统的"两阶段设计"，前期的方案和施工图设计不熟悉装配式的特点和规范要求，会造成项目的先天不足。

（1）不符合装配式规范要求，审图都不能通过。如竖向构件预制的装配式建筑高度限值比现浇结构要低 10~20m；现浇竖向构件的地震作用力要放大等。

（2）按照现浇设计之后再进行拆分，僵化地照搬标准图或规范节点图，没有用活规范，用好规范，没有在优化设计、降低成本、适宜制作和安装、缩短工期方面下足功夫，设计环节就成了制约装配式建筑优势实现的短板。

2. 审图完成后修改困难

房地产项目实施中，获取审图证是里程碑节点，也是获得建设规划许可证和施工许可证的前提。高周转模式下，早一天通过审图就意味着能早一天预售，可以减少财务成本的压力。一旦审图通过，多数审图机构不允许图纸再做明显的修改。如果装配式介入晚，很多不合理的因素错过最佳的改正时机，必将在后续的某个环节暴露出来，影响质量、工期和成本。只有装配式早介入，保证施工图设计符合装配式建筑的规律，才能避免上述问题。

3. 影响方案落地

装配式建筑不可避免会受到工艺的制约，平面布置和立面造型不如现浇结构灵活。例如，当立面效果为横向长窗或是凸出感很强的造型线条时，不利于装配式的建造方式（图 7-23 和图 7-24）。通过非常规工艺实现预期效果往往需要技术攻关，免不了成本和工期的增加。是坚持效果还是选择优化？只有装配式前期介入论证，才能为甲方提供决策的依据。如等到施工图完成才暴露技术缺陷，再对建筑效果进行颠覆性改动，则会对产品造成巨大的伤害。

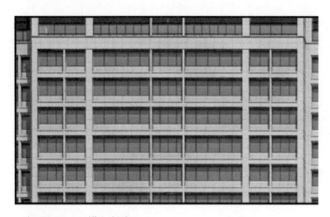

▲ 图 7-23　横向长窗

▲ 图 7-24　竖向造型柱

4. 影响经济指标

除了产品的外观和功能，甲方的最大诉求是把经济指标做到最优和利益最大化。当条件限制较多时，建筑物的间距、面积等指标的调整会牵一发动全身。

装配式的建造特点在一定条件下会对经济指标产生影响。例如，装配式框架结构外挂墙板常位于框架柱外侧拼接，有别于传统砌体外墙与柱外边平齐的做法（图 7-25）。再比如，装配整体式剪力墙结构采用预制夹芯保温外墙板时，外墙厚度需达到 300～360mm，比常规墙体要厚，外轮廓的变化会影响总平面图中单体的间距及退界。而夹芯保温墙平面布置范围和起算楼层位置都会影响面积的统计。

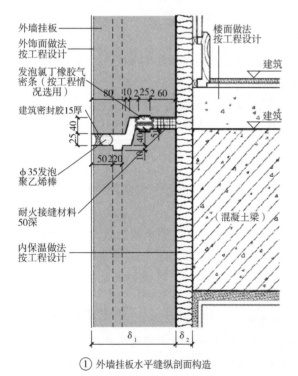

① 外墙挂板水平缝纵剖面构造

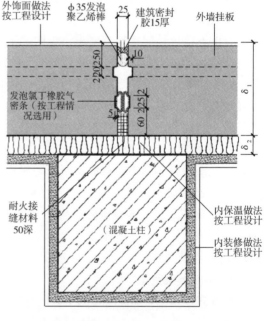

② 外墙挂板垂直缝横剖面构造

▲ 图 7-25　框架结构外墙挂板构造

对于采用夹芯保温外墙申请面积不计容的项目，需要在规划审批前完成专项评审。申请单体不仅要完成预制构件拆分布置，每幢单体每层的面积数据必须完整且精确。经济指标的差错可能会造成可售面积的损失，影响项目的运营目标。装配式介入晚有可能会影响项目的经济指标。

5. 影响成本测算

装配式介入晚，对成本的影响主要体现在：

（1）在户型布置和组合时没有装配式介入，就错过了优化的最佳时机。设计缺乏标准化、模数化思维，会导致预制构件种类过多，模具成本偏高。

（2）采用装配式建造有可能改变传统的结构体系，因此需要装配式前期就介入结构选型，将比选方案交由成本评估。

（3）用装配式的建造方式实现特殊造型或功能需要技术论证，对成本的影响必须在前期加以研判。

（4）对于按"装配率"或"预制装配率"评价的项目，如果前期装配方案不确定，成本测算时就缺乏适配的依据。

6. 影响营销定位

装配式建筑的概念已不单是结构构件的预制，而是将干式工法装修、集成部品等纳入评价体系（图 7-26）。而内装和集成部品是客户的敏感点，用得好能带来溢价，用得不好将会成为败笔。满足装配指标的要求已不再仅是技术或成本层面的问题，还要以客户接受度作为评价维度。因此配置方案一定要由营销人员参与，共同评估成本增量和价值增量的关系。

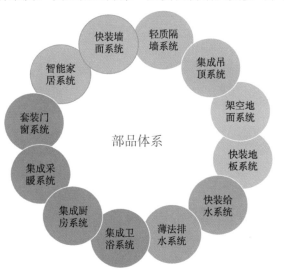

▲ 图 7-26　装配式内装部品体系

7. 影响招采进度

装配式设计应与合约招采协同。一方面设计须提供满足计价条件所需的工程招标图，包含整套建筑图、装配式结构预制构件布置图、预制构件详图、装配式专项说明等。另一方面招采须确定门窗、幕墙、栏杆等部品厂家，在预制构件深化设计阶段提供预埋条件。对于按"装配率"或"预制装配率"评价的项目，非常规的集成部品可能不在甲方供方库内，须提前调研市场和询价。

8. 影响工程策划

装配式建筑在工程策划时需要明确以下和装配式有关的问题：

（1）预制楼栋覆盖范围，以便规划预制构件运输路线和构件存放场地（图 7-27）。

（2）需要明确最重预制构件的重量及位置，以便合理布置塔式起重机的位置（7-28）。

（3）需要明确预制构件起始楼层，以便设计脚手架方案和制定进度计划。

以上问题在总包招标时通常也会在投标答疑文件中列明。如果装配式介入较晚，在信息缺失或暂定的情况下完成定标，日后难免会产生扯皮，不利于甲方对工程的管理。

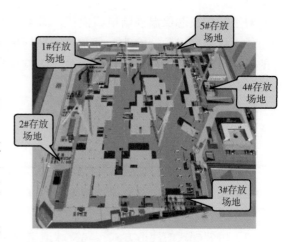

▲ 图 7-27　预制构件存放场地布置

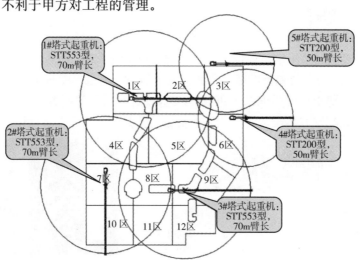

▲ 图 7-28　塔式起重机布置

7.4　常规设计与装配式设计脱节的影响

装配式建筑在常规设计流程的每个阶段都伴随着装配式专项设计，见图 7-29。后者不是前者完成后的下一道"工序"，而是紧密配合与相互影响的同步"耦合"关系。与传统现浇结构建筑的设计相比，装配式建筑设计表现出五个方面的特征：

（1）流程精细化。

（2）设计模数化。

（3）配合一体化。

（4）成本精准化。

（5）技术信息化。

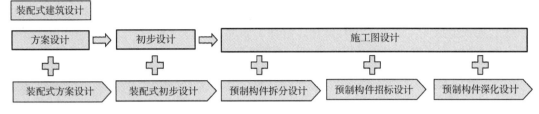

▲ 图 7-29　装配式设计与常规设计同步

常规设计与装配式设计脱节，意味"一条腿"走路。图纸不仅要满足传统的功能需求，也必须适应装配式的建造方式，满足生产需求和施工需求。装配式设计如不能反映生产和施工需求，也会制约功能需求，最后不仅带来成本的浪费、工期的延长，也会影响建筑的使用功能。

在常规设计开始前，甲方应特别注意防止设计脱节。须定期组织沟通会议，形成会议纪要，做到有章可依、有据可查。常规设计单位要充分考虑构件预制和连接的方便，预制构件深化设计单位要给常规设计各专业提出符合装配式特点的布置原则和构造要求。双方还要就预制范围、连接方式，甚至是构件安装顺序进行沟通。

表 7-1 中所列问题中相当多就是源于设计脱节，以下选取典型实例加以说明。

例 1　现浇混凝土结构的钢筋保护层厚度应当从受力钢筋的箍筋算起，装配式混凝土结构连接部位的钢筋保护层厚度应当从套筒的箍筋算起。套筒直径比受力钢筋直径大 30mm 左右，故而套筒区域与钢筋区域的保护层厚度相差约 15mm，见图 7-30。

预制构件设计人员为保证套管箍筋的保护层厚度，一般会将纵向受力钢筋"内移"。在常规设计阶段，如果结构设计师没有考虑保护层增加的因素，仍按传统现浇构件的保护层厚度进行计算，则会导致构件在受弯作用下截面有效高度减小，承载力降低。

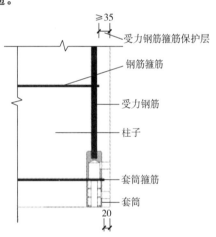

▲ 图 7-30　受力钢筋与套筒保护层厚度不同

例 2　常规设计人员不了解预制构件连接和安装的特点，仍按照现浇思维，将结构次梁采用"井"字、"十"字形布置，形成次梁间的相互交叉，不仅导致构造复杂，且会给安装带来一定难度。设计应基于装配式结构的特点，尽量按单向次梁布置，次梁端部采用铰接形式，见图 7-31。

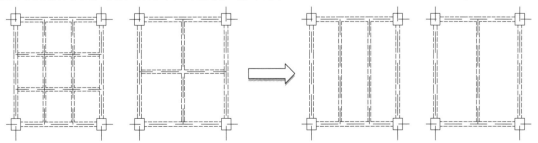

▲ 图 7-31　"井"字、"十"字形次梁布置优化为单向次梁布置

例3　常规结构设计未考虑预制叠合板规格的标准化，仍在每处填充墙下布置次梁，导致叠合板板型过多，增加了模具费用，降低了装配效率。应尽量在主梁区格内归并楼板类型，因叠合楼板较普通现浇楼板厚度厚，内隔墙下并非都需布置次梁，可在预制板底中附加加强筋，以减少模具数量，节省模具成本，见图7-32。

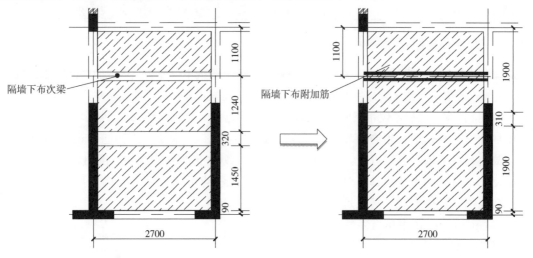

隔墙下布次梁

隔墙下布附加筋

▲ 图 7-32　叠合楼板布置优化

例4　常规建筑进行立面设计时，装饰线条划分比较自由，施工时通过涂料颜色加以区分即可。装配式建筑预制外墙板间无现浇带时（如夹芯保温外墙板的外叶板交接处），一般会出现外露的接缝。接缝虽可外刷与墙同色的涂料，但接缝胶体日久会变色和老化开裂。 所以立面方案需结合预制构件接缝考虑，让接缝成为立面设计中的一部分。

施工图阶段，装配式设计须兼顾立面竖向线条进行预制外墙的拆分布置，建筑设计也应遵循装配式的建造规律。 如出现矛盾，建筑设计与装配式设计应协调解决。 如果发生脱节，会出现拼接缝的位置穿越立面造型，造成建筑外观不协调，见图7-33。

外立面采用装饰面砖反打预制构件时，制作工艺对外立面的影响更加凸显。装配式设计应给出精细化的排砖图，并与层高协调（图7-34）；立面设计时应考虑排砖大小、排布规律和分缝位置的相互关系，发挥装配式建筑外墙结构装饰一体化的优势。

▲ 图 7-33　拼缝与外立面线条不协调

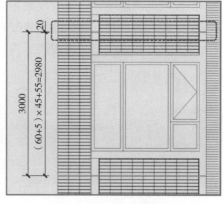

▲ 图 7-34　面砖反打排布示意

7.5　设计协同组织不好的影响

1. 设计各阶段协同关系

装配式建筑设计应打破现在传统建筑设计与部品生产、施工割裂的方式，设计阶段除应进行建筑、结构、机电设备、室内装修一体化设计协同外，设计单位还应与预制构件工厂、部品生产单位、施工单位等做好协同设计。协同应贯穿设计全过程，见图 7-35。

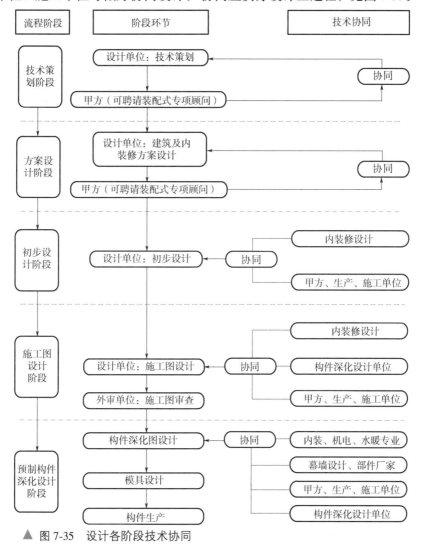

▲ 图 7-35　设计各阶段技术协同

设计协同的关键在于明确各专业和单位的提资内容和提资时间。提资不到位或不及时，后期任何一个专业的设计变更都可能导致大量修改，从而影响项目工期和成本。甲方应通过沟通会、交底会等形式逐项落实，以会议纪要的形式落实各方责任。

甲方部门间以及与外部供方间的早期协同已在第 5 章 5.7 节有所论述。表 7-2 给出的是施工图和预制构件深化设计阶段协同设计的具体内容。

表 7-2　施工图及预制构件深化阶段协同设计内容

阶段	协同单位	装配式设计所需提资	装配式设计提供内容
施工图设计	设计院	（1）建筑结构全套图纸 （2）机电、水暖、智能化点位布置	（1）装配式预制构件拆分图、典型预制构件详图和典型连接详图 （2）装配式指标计算 （3）预制构件材料表（用于意向招标）
	内装设计单位	精装方案平面图、用于点位提资	
	幕墙/部品部件供应商	明确预制构件上相关部件的预埋要求	（1）装配式施工相关建议（塔式起重机、吊具、模板、幕墙、外饰面、栏杆、门窗等） （2）铝模、幕墙、机电点位、门窗等深化相关提资要求 （3）预制构件工厂招标所需数据 （4）施工单位招标所需装配式资料
	总包单位	明确支模、脚手架、塔架等施工方案及措施	
	预制构件工厂	（1）预制构件工厂明确产能、生产时间及交货时间 （2）确认预制构件的生产工艺和质量	
预制构件深化设计	总包单位、铝膜厂家	脚手架提资、支模提资、定位放线孔、对拉螺栓孔等预留孔洞提资	全套预制构件深化设计图
	幕墙单位	幕墙预埋提资	
	门窗厂家	门窗连接要求提资	
	内装设计/设计院	机电点位及防雷接地等提资	
	预制构件工厂	（1）图纸模具工艺建议 （2）生产组织预案	
	工程部、总包单位	（1）场地和塔式起重机布置提资 （2）车辆荷载及施工临时加固措施	（1）图纸会审和技术交底 （2）预制构件生产要求 （3）运输、存放、安装要求

2. 内装设计与设备专业协同不好的影响

传统设计停留于设计院内部各专业的协同，而在装配式建筑中，内装设计的早期介入与协同尤为重要。因为内装设计应将点位信息提交给设备专业，并把管线、预埋线盒、预留孔洞、箱体、插座的具体位置准确提资给预制构件深化设计专业。如内装设计与设备专业协同不好，将导致预制构件深化图预埋错误，要么构件报废，要么现场开槽带来结构隐患。所以内装设计必须前置，与主体设计同步进行。

内装与设备专业协同时应注意：由于室内专业是按户型出图，同一户型在建筑平面图中位置不同，导致同一户型的预制墙板位置亦不同。如果机电专业设计时未将室内布置的点位反映在整个建筑平面图中，就会导致点位遗漏或错误。

例如：某项目精装图中 C 户型在起居室分户墙上仅需要一个电箱（图 7-36），但放置在整个建筑平面图中会发现临近 B 户型也在同样位置布置的电箱（图 7-37），此时则须错开布置，这在户型镜像布置时尤为常见，应引起注意。

建议甲方组织设计单位将所有机电点位按户型布置在建筑平面图上，形成户型综合点位图。直观地表达不仅为本项目复盘，也为下一个项目类似户型提供借鉴。

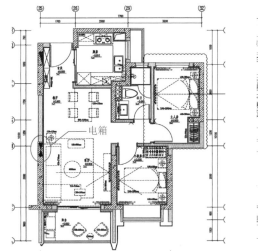

▲ 图 7-36　精装户型平面布置图

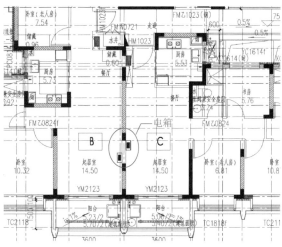

▲ 图 7-37　建筑平面图

3. 设备专业与预制构件深化设计协同不好的影响

预制构件深化设计专业在构件上预留点位和洞口时应特别注意与现浇结构的差异，如图 7-38 将地插线盒布置在了现浇和预制墙体的接缝上。设备专业应及时发现，并与精装专业协商，将线盒尽量移至现浇段。

传统的建筑机电布线方式是无规则的，往往两点一线布置。但叠合楼板内，可供线管排布的后浇混凝土叠合层厚度较普通现浇板薄，需尽可能对线管错位布置，以减少线管二层叠加，避免出现三层叠加的情况。图 7-39 中布置线管时由于缺乏优化意识，出现三层叠加，造成了预埋线管外露。

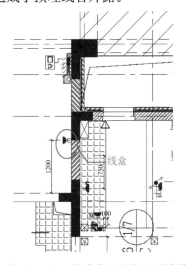

▲ 图 7-38　线盒位于预制和现浇接缝处

▲ 图 7-39　管线交叉过多

建议机电专业设计师向预制构件深化设计专业提资时，将各类强弱电点位汇总布置在预制构件拆分平面图上，并标注类别、管径、平面定位及离地高度，整合成电气综合提资图。虽然看似庞杂，但信息集中，有助于发现干涉碰撞问题，便于进行及时调整。

7.6 甲方对设计环节管理要点

1. 装配式设计计算管理流程指引

图 7-40 给出了装配式设计管理全流程的指引，列出了各阶段须明确的内容。甲方可对照此图划分责任界面，检查设计成果，做到"无缝交圈"。

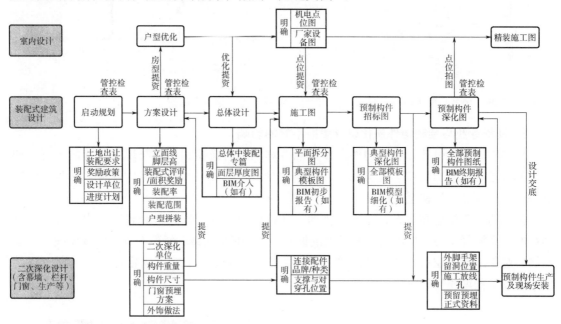

▲ 图 7-40　装配式建筑设计管理流程指引

2. 各阶段甲方对设计环节管理要点

装配式专项设计衔接多专业、多单位、图纸量大，环节复杂。作为甲方设计管理者，不可能也没必要进行逐张图纸校核，应抓住关键要点，运用管理手段，明确各方责任。表 7-3 给出了施工图和预制构件深化设计阶段甲方设计管理检查事项表，可配合图 7-40 使用，以在相应阶段逐项落实。

表 7-3　施工图和预制构件深化设计阶段甲方设计管理检查表

设计阶段	管理内容	管理标准
施工图设计阶段	设计总说明	供审图，明确各楼栋预制范围、预制率（装配率）、预制构件图号及命名方式、基本连接方式、构件生产、运输、存放、验收要求

（续）

设计阶段	管理内容	管理标准
施工图设计阶段	各层预制构件拆分平面图	供审图，供成本初步测算。明确拆分构件部位和体积，按照综合造价由低到高优选预制构件
	典型预制构件模板图	供审图，明确典型构件尺寸
	预制墙与现浇水平和竖向连接节点做法	供审图，明确典型预制构件与现浇部位连接做法，是否符合规范
	精确的预制率或装配率计算书	供审图，明确预制率是否满足要求，是否预制过多
	最大重量尺寸	明确单块预制构件最大重量和部位，用于总包场地布置和塔式起重机的选用
	预制构件脱模、吊装、翻转等工况计算书	进行不同工况下的验算，确保满足从生产到安装的强度要求
	归并预制构件种类，减少模具数量	控制预制构件种类、提高构件重复率、优化布置
	机电点位图及厂家设备图正式提资。给预制构件深化设计专业的提资，须标注每个点位的出线管方向、管材及管径，定位	给预制构件深化需要的预留预埋提供资料，注意碰撞检查，满足制作和安装的要求
	预制构件防雷接地做法	避免遗漏，明确做法，保证接地通路
	提供 BIM 初步报告（如有）	通过 BIM 检查初步解决碰撞问题
	各单位资料的整理收集	收集总包单位、幕墙（如有）单位、门窗等部件厂商提供连接和预埋条件
	明确连接配件品牌/种类	明确灌浆套筒、夹芯保温拉结件等配件参数
预制构件深化设计阶段	全部预制构件深化详图文件	检查图纸和计算文件的完备性
	全部拆分图、插筋及斜撑预埋件布置图	检查详图在平面拆分图中的对应关系是否明确，插筋和斜撑预埋是否遗漏
	预制装配立面	立面图是否与平面对应，接缝处是否与建筑立面划分一致
	模板尺寸、预留孔洞及预埋件位置尺寸是否明确，侧立面是否有表示预埋线管、线盒	检查尺寸标注、预埋表达是否到位清晰
	配筋图应表示：纵剖面是否表示钢筋形式、直径及定位，横剖面注明断面尺寸钢筋规格、定位	检查配筋是否满足精度要求
	复核点位及预留洞，避免设在了预制构件边缘	检查点位和留洞位置不违反基本原则
	点位图反向提资精装修复核	图纸正式交付预制构件工厂生产前，再与精装修专业复核点位
	BIM 出具终期报告，避免钢筋碰撞	如有 BIM，应使用其全面检查机电、施工、部件各类预埋是否有碰撞

（续）

设计阶段	管理内容	管理标准
预制构件深化设计阶段	总包单位，预制构件工厂及幕墙、门窗等二次深化厂家提供正式预留预埋资料并反馈意见	图纸正式定稿前，总包单位、预制构件工厂、部品单位对图纸提出反馈意见，组织答疑交底会，对明确事项形成会议纪要，以便于责任划分
	吊装翻转薄弱位置加固	对非四边围合、局部凸出或三维受力不均的部位考虑加固
	斜撑碰撞检查、复核对穿孔是否处于同一高度	督促设计单位自校
	校对图纸，避免预埋物遗漏，避免预留孔洞过大影响结构安全	督促设计单位自校

第8章
预制构件制作环节管理问题及预防

本章提要

本章列出了预制构件常见质量问题和构件交付常见问题，列出了甲方对预制构件工厂管理中存在的问题，给出了甲方对构件厂管理的要点和构件出厂验收要点。

8.1 预制构件常见的质量问题

作为甲方，必须了解预制构件常见质量问题，并采取有效的管理措施避免存在质量问题的预制构件用于工程中，影响结构安全和建筑功能，使企业利益遭受损失。尽管在装配式建筑建造过程中，甲方较少甚至不会与预制构件制作企业发生直接联系，但无论哪个环节出现问题，责任与损失最终都是由甲方承担的，预制构件的质量又是装配式建筑质量的基础和保障，所以绝不能掉以轻心，甚至放弃管理。

装配式建筑发展初期，推广速度较快，许多预制构件工厂是新建的，专业技术与管理人才匮乏，培训没有及时跟上，预制构件环节出现了许多问题。比这些问题还严重的问题是许多管理和技术人员没有意识到问题的存在；一些人知道有问题，却认为是新事物发展初期的必然现象，没有马上解决问题的紧迫感；还有人意识不到问题的严重性与危害；更多的人不知道如何避免和解决问题。在这种情况下，甲方更应当对预制构件生产环节格外关注，并进行有效管理。

预制构件主要质量问题包括：未做灌浆套筒抗拉强度试验；灌浆套筒埋设不规范；构件外观尺寸及伸出钢筋误差过大；构件表面裂缝；混凝土质量问题；构件破损与被污染；预埋件、预埋物遗漏、误差大和锚固问题；拉结件锚固问题等。下面予以具体介绍：

1. 未做灌浆套筒抗拉强度试验

灌浆套筒抗拉强度试验是《装规》中唯一的一条强制性条文，目的是验证套筒质量和套筒与钢筋连接的可靠性，是保证采用灌浆套筒连接的结构构件连接安全的最重要的环节。

出于对成本或其他方面的考虑，灌浆套筒抗拉强度试验容易被预制构件厂家忽略掉。

而未做灌浆套筒抗拉强度试验的后果可能非常严重，所以作为甲方，应特别注意检查这一方面的内容。

规范原文及条文说明如下：

预制结构构件采用钢筋套筒灌浆连接时，应在构件生产前进行钢筋套筒灌浆连接接头的抗拉强度试验，每种规格的连接接头试件数量不应少于 3 个。(11.1.4)

条文说明：此条为强制性条文。预制构件的连接技术是本规程关键技术。其中，钢筋套筒灌浆连接接头技术是本规程推荐采用的主要钢筋接头连接技术，也是保证各种装配整体式混凝土结构整体性的基础。必须制定质量控制措施，通过设计、产品选用、构件制作、施工验收等环节加强质量管理，确保其连接质量可靠。

预制构件生产前，要求对钢筋套筒进行检验，检验内容除了外观质量、尺寸偏差、出厂提供的材质报告、接头型式检验报告等，还应按要求制作钢筋套筒灌浆连接接头试件进行验证性试验。钢筋套筒验证性试验可按随机抽样方法抽取工程使用的同牌号、同规格钢筋，并采用工程使用的灌浆料制作 3 个钢筋套筒灌浆连接接头试件，如采用半灌浆套筒连接方式则应制作成钢筋机械连接和套筒灌浆连接组合接头试件，标准养

▲ 图 8-1　灌浆套筒抗拉强度试验

护 28d 后进行抗拉强度试验，试验合格后方可使用，见图 8-1。

2. 灌浆套筒埋设不规范

灌浆套筒埋设不规范影响结构安全，包括：位置误差大或角度误差大；与钢筋连接不符合要求（钢筋伸入长度未到位或螺旋钢筋未旋拧到位）；预制柱灌浆孔、出浆孔集中在一面等，如表 8-1 所示。

表 8-1　套筒埋设问题一览表

序号	问题描述	问题照片	原因分析及预防办法
1	位置误差大或角度误差大		（1）原因：灌浆套筒因受到混凝土浇筑振捣的高频振动等原因，连接钢筋、灌浆套筒、灌浆导管、出浆导管受到外力扰动而偏位、歪斜，甚至脱落，导致一系列的问题发生 （2）预防办法：灌浆套筒应垂直于模板安装，套筒与模板的连接采用专用固定组件，必须紧密、牢固；灌浆导管、出浆导管连接应可靠牢固

（续）

序号	问题描述	问题照片	原因分析及预防办法
2	与钢筋连接不符合要求	钢筋 钢筋套丝 钢筋长度未到位或螺旋钢筋未旋紧导致此处留有很大空隙 套筒	（1）原因：作业人员未将钢筋伸入到套筒限位装置（全灌浆套筒）或螺旋钢筋未旋拧到位（半灌浆套筒） （2）预防措施：作业人员应按设计要求将钢筋伸入或旋拧到位，质检人员应重点检查此作业质量
3	预制柱灌浆孔、出浆孔集中在一面		（1）原因：设计人员设计失误；或者工厂为了作业方便而自行将预制柱灌浆孔、出浆孔集中到一个面上 （2）预防措施：设计人员设计时应将灌浆孔、出浆孔在预制柱就近面引出；作业人员应严格按设计要求进行作业

3. 预制构件外观尺寸及伸出钢筋误差过大

预制构件外观尺寸及伸出钢筋误差过大问题详见表 8-2。

表 8-2　预制构件外观尺寸及伸出钢筋误差过大问题一览表

序号	误差类别	容易出现误差的问题	问题	危害
1	外观尺寸误差过大	长、宽、高、对角线、平整度（见图 8-2）	模具本身尺寸误差大、模具变形、组装模具时没有量尺、模具连接螺栓没拧紧、模具安装错误、混凝土浇筑时涨模	安装不上、对结构有影响
2	伸出钢筋位置及长度误差过大	伸出钢筋位置错误、伸出钢筋长度不足、浇筑振捣时钢筋受扰动移位	模具的钢筋孔不准、钢筋绑扎错误、伸出钢筋过长或过短、伸出钢筋没有固定	伸出钢筋位置错误，会导致无法连接；伸出钢筋长度不足，会导致锚固长度不够，有重大结构安全隐患

　　一般而言，导致预制构件误差过大的最主要原因就是模具管理不到位。甲方在考察预制构件工厂时可重点关注该厂是否有完善的模具管理程序，比如模具检验方法、首件检验制度等。

4. 预制构件表面裂缝

　　预制构件如果在制作、存放、运输和吊装环节作业不当，就有可能出现各种裂缝，会影响构件的承载力、耐久性、抗渗性、抗冻性、钢筋防锈和建筑美观。

图 8-3~图 8-10 展示了几种常见的裂缝实例。

▲ 图 8-2　模具强度不够导致
　　构件尺寸变形

▲ 图 8-3　预制构件边缘裂缝

▲ 图 8-4　从阴角展开的裂缝

▲ 图 8-5　浇筑面裂缝

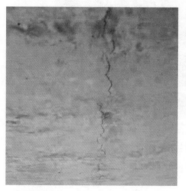

▲ 图 8-6　垂直于纵向受力钢
　　筋的裂缝

▲ 图 8-7　板底裂缝

▲ 图 8-8　斜裂缝

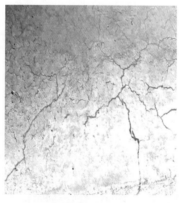

▲ 图 8-9　龟裂

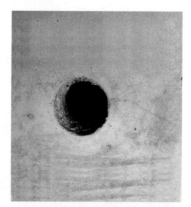

▲ 图 8-10　预留洞口或预埋
　　件处裂缝

　　混凝土预制构件的裂缝是一个非常普遍的质量缺陷，多数情况的裂缝通过修补处理后可正常使用，少数严重影响结构安全的裂缝则应根据检测结果确定是否可处理。

表 8-3 给出了以上常见裂缝形态的原因及处理意见。

表 8-3　常见裂缝形态原因及处理意见一览表

裂缝形态	原因					处理			备注
	材质	构造	温度	荷载	存放	可处理	不可处理	不用处理	
图 8-3 构件边缘裂缝		△		△	△	△			
图 8-4 从阴角展开的裂缝		△	△			△			
图 8-5 浇筑面裂缝	△		△	△		△			
图 8-6 垂直于纵向受力钢筋的裂缝		△	△	△	△	△	△		根据检测结果确定是否可处理
图 8-7 板底裂缝		△	△				△		
图 8-8 斜裂缝			△	△	△	△	△		根据检测结果确定是否可处理
图 8-9 龟裂	△		△			△	△		根据检测结果确定是否可处理
图 8-10 预留洞口或预埋件处裂缝		△	△			△		△	要根据孔洞和预埋件的类型或裂缝深度来确定

注: 1. 材质原因包括混凝土配合比、和易性、浇筑振捣、养护等原因。

　　 2. 构造原因包括钢筋保护层厚度、钢筋间距等原因。

　　 3. 温度原因包括养护前静停、升温降温坡度、温度控制、养护后环境温度变化等原因。

　　 4. 荷载原因包括脱模、翻转、吊运等环节的原因。

　　 5. 存放原因包括支垫方式、支垫位置、构件存放层数等原因。

5. 混凝土质量问题

混凝土因材质原因导致的裂缝问题已经在上一节中讨论过了，本节讨论除裂缝外之外的其他混凝土质量问题，见表 8-4。

表 8-4　常见混凝土质量问题一览表

序号	质量问题	原因	危害
1	混凝土强度不足（图 8-11）	（1）搅拌混凝土时配合比出现错误或原材料使用错误 （2）水泥过期 （3）骨料强度不足 （4）水灰比过大 （5）混凝土离析	形成结构安全隐患

（续）

序号	质量问题	原因	危害
2	混凝土表面蜂窝、孔洞（图 8-12）	（1）振捣不实或漏振 （2）振捣时不分层或分层过厚 （3）模板接缝处不严、漏浆 （4）模板表面污染未及时清除	预制构件耐久性差，影响结构使用寿命
3	混凝土表面疏松（图 8-13）	漏振或振捣不实	预制构件耐久性差，影响结构使用寿命
4	混凝土表面起灰（图 8-14）	搅拌混凝土时水灰比过大，养护不足	预制构件抗冻性差，影响结构稳定性
5	混凝土表面色差严重（图 8-15）	脱模剂涂刷不均	严重影响外观质量

▲ 图 8-11　混凝土强度不足

▲ 图 8-12　混凝土表面蜂窝、孔洞

▲ 图 8-13　混凝土表面疏松

▲ 图 8-14　混凝土表面起灰

▲ 图 8-15　混凝土表面色差严重

6. 预制构件破损与被污染

预制构件的破损可分为混凝土破损和附着物破损两种。混凝土破损的主要原因有混凝土强度不足；脱模时粘连模具掉边掉角；构件起吊、倒运、存放、装车时发生磕碰产生破损（图 8-16）。附着物破损主要是指对附着在混凝土上的饰面材、保温材料、门窗等保护不到位而造成的破损（图 8-17）。

▲ 图 8-16　脱模时粘连模具导致叠合板边角损坏　　　▲ 图 8-17　脱模后饰面砖大面积损坏

预制构件表面被污染包括油剂污染、泥水污染、垫方处污染、脱模剂喷涂不均污染（图 8-18）和包装污染等。

7. 预埋件或预埋物遗漏、错误、误差大和锚固问题

（1）预埋件或预埋物遗漏

装配式混凝土建筑宽容度比较低，预制构件一旦出错，或者预埋件预埋物没有埋设以及埋设错误，将很难处理，或处理代价大，或造成结构隐患，问题严重的构件不得不报废。图 8-19 所示的案例是预制构件安装后才发现忘记预埋管线，只得在现场凿出沟槽埋设，但凿槽作业凿断了水平钢筋，削弱了抗剪性能，造成了结构的安全隐患。

▲ 图 8-18　脱模剂喷涂不均造成污染　　　▲ 图 8-19　预埋物埋设遗漏导致工地现场砸墙凿洞

为避免预埋件或预埋物遗漏，表 8-5 汇总了混凝土预制构件有可能埋设的预埋件和预埋

物的类型和名称。

表 8-5 预埋件、预埋物一览表

预埋件类型	预埋件名称
金属类	吊装埋件/吊环/吊钉
	脱模埋件/吊环
	幕墙埋件
	塔式起重机附墙埋件
	脚手架加固埋件
	栏杆埋件
	斜支撑埋件
	调标高埋件
	模板连接器/通孔
夹芯保温体系	承重部位,保温拉结件
结构钢筋纵向连接	灌浆套筒
	钢筋锚固板
	浆锚搭接锚固金属波纹管
构造钢筋连接	拉结筋(构件与后浇混凝土之间)
	拉结筋一级螺纹接头
机电点位预埋	线盒、灯盒
	穿线管
	预埋套管(止水节)
	设备套管
	避雷引线和连接钢板
	接线手孔
	成品地漏
	成品电箱
门窗预埋	成品门
	成品窗
	门窗副框
	木砖
局部构件分割、隔断弱化	XPS,用于构件与后浇混凝土之间

（2）集中埋设管线

1）预制柱灌浆导管、出浆导管集中埋设。

有些预制构件，特别是预制柱灌浆套筒所在部位，需要埋设的管线较多，通常应把管线均匀地从几个侧面分别引伸出来。但仍有将灌浆导管、出浆导管集中在一面引出的错误做法，见图 8-20。

这种集中埋设管线的做法使得导浆管与钢筋、导浆管之间空隙太小，极可能影响结构安

▲ 图 8-20　灌浆导管、出浆导管集中到一侧的预制柱

全，容易出现以下问题：

①导浆管使套筒实际间距达不到国家标准规定的最小净距 25mm。

②混凝土骨料与浆料容易分离或离析，导致混凝土抗压强度降低。

③混凝土对钢筋的握裹力削弱，影响两者的结合。

④混凝土无法形成对导浆管的握裹，受力状况复杂，局部抗压强度降低。

⑤该部位混凝土很难振捣密实，抗压强度降低。

如果每层楼所有柱子在同一高度同一部位都出现混凝土不密实、强度降低或握裹力被削弱的情况，在地震作用下，就可能出现多米诺骨牌式的整体倒塌。

因此，必须禁止把灌浆孔、出浆孔集中布置在柱子一侧的做法。

集中布置灌（出）浆孔一般不会是结构设计师设计的，有可能是预制构件设计人员应预制构件工厂要求而为；也有可能是工厂自作主张。如果柱子外侧不能设置灌（出）浆孔，可将外侧灌（出）浆孔均匀分配到其他三侧，绝不能集中到一侧。

把灌（出）浆孔集中到柱子一侧，看似小事，但安全隐患很大，应当引起装配式混凝土建筑各个有关环节的重视。甲方、总包、施工方和工地监理在验收进场构件时，发现集中布置灌（出）浆孔的柱子，应拒绝收货。

2）预制剪力墙板线管集中埋设。

图 8-21 是预制剪力墙板管线埋设集中的实例。在预制剪力墙板中，设备管线埋设过于集中，会影响混凝土浇筑及振捣，容易造成该部位混凝土密实性差，削弱钢筋混凝土的有效截面，导致实际轴压比大于设计的轴压比，无法满足结构设计要求，存在结构安全隐患。

▲ 图 8-21　剪力墙板中线管埋设过于集中

（3）预埋件或预留孔位置和预留孔角度误差过大

预制构件制作过程中，如果出现预埋件或预留孔与构件模具连接没有紧固、模具定位孔不准、套筒安装位置错误、混凝土振捣时扰动产生位移等情况，容易造成预埋件或预留孔位置和预留孔角度误差过大，见图 8-22 和图 8-23。

▲ 图 8-22　预埋件偏位

▲ 图 8-23　预埋件倾斜

对于误差精度要求较高的预制构件，可以设置预埋件吊架，把预埋件安装在吊架上，同时吊架再与模具进行连接，可以有效防止振捣时预埋件移位，见图 8-24。

（4）预埋件或预埋物锚固不牢固

预埋件或预埋物锚固不牢固可能造成很大的安全隐患，特别是预埋脱模吊点或吊装吊点，有可能导致预制构件在脱模或吊装的过程中掉落，见图 8-25。

▲ 图 8-24　预埋件通过吊架进行固定以避免位置误差过大

▲ 图 8-25　混凝土强度不够导致预埋吊点锚固不牢脱落造成破坏

预埋件或预埋物锚固不牢固的原因可能是设计问题，如锚固构造不对；也有可能是制作问题，如漏加了加强钢筋或者锚固部位混凝土不密实、混凝土强度不够等。

8. 夹芯保温板拉结件锚固问题

夹芯保温板是两层混凝土预制板（内叶板和外叶板）中间夹着保温层，也叫"三明治板"。外叶板和内叶板通过拉结件（图 8-26）连接。如果拉结件锚固不牢靠，有可能导致外叶板脱落，造成重大安全事故。

（1）生产工艺对锚固质量的影响

目前夹芯保温外墙板生产工艺有一次作业法和两次作业法两种方式。一次作业法对拉结件锚固和混凝土强度影响较大。下面具体说明：

1）一次作业法。

一次作业法是指外叶板与内叶板一

▲ 图 8-26 金属拉结件和树脂(FRP)拉结件

次制作的工艺：浇筑外叶板——铺保温层——浇筑内叶板——蒸汽养护。

树脂拉结件

在外叶板浇筑后，随即铺设预先钻好孔（拉结件孔）的保温板，插入树脂（FRP）拉结件后，放置内叶板钢筋骨架、预埋件，进行隐蔽工程检查，赶在外叶板混凝土初凝前浇筑内叶板混凝土。此种做法一气呵成效率较高，但容易对树脂（FRP）拉结件形成扰动，特别是内叶板安装钢筋骨架、预埋件、隐蔽工程验收等环节需要较长时间，如果外叶板混凝土开始初凝后才开始浇筑和振捣内叶板混凝土，将对树脂（FRP）拉结件及周边握裹混凝土造成扰动，严重影响树脂（FRP）拉结件的锚固，形成质量和安全隐患。被扰动的外叶板的混凝土质量也会受到较大影响。

金属拉结件

金属拉结件一般与外叶板钢筋网相连，一次制作法对其锚固性的不利影响要小一些，但如果外叶板开始初凝后内叶板才浇筑振捣，也会对外叶板混凝土质量形成不利影响。

2）两次作业法。

外叶板浇筑后，在混凝土初凝前铺设保温板，并将树脂（FRP）拉结件插入外叶板混凝土中，经过养护待外叶板混凝土完全凝固并达到一定强度后，再安装内叶板钢筋骨架、预埋件，浇筑内叶板混凝土，内叶板的相关环节作业一般是在第二天进行。

综上所述，一次作业法存在较大的质量和安全隐患，所以笔者建议尽可能不采用一次作业法。日本、欧洲的夹芯保温外墙板生产都是采用两次作业法。

（2）影响拉结件锚固质量的其他原因和预防措施

除了生产工艺之外，影响拉结件锚固强度的还有其他两个原因：一是预埋式拉结件（金属拉结件）预埋深度不足，加强筋绑扎方法不符合技术要求；二是插入式拉结件（树脂（FRP）拉结件）直接隔着没有开孔的保温板插入，影响锚固质量。

根据经验，可采取以下措施来预防拉结件锚固出现问题：

1）金属拉结件宜采用预埋式工艺。

采用预埋式工艺时，应该在外叶板混凝土浇筑之前安装金属拉结件，并与外叶板钢筋骨架绑扎牢固，且浇筑好混凝土后严禁扰动拉结件，如图8-27所示。

2）树脂（FRP）拉结件宜采用插入式工艺。

插入式工艺是指在浇筑完外叶板混凝土之后，在混凝土初凝前插入树脂（FRP）拉结件。且应事先在保温板上相应位置钻孔，在钻孔位置插入树脂（FRP）拉结件。严禁隔着保温板直接插入树脂（FRP）拉结件，这样的插入方式会把保温板破碎的颗粒挤到混凝土中，破碎颗粒与混凝土共同包裹拉结件会削弱拉结件的锚固力，非常不安全，如图8-28所示。

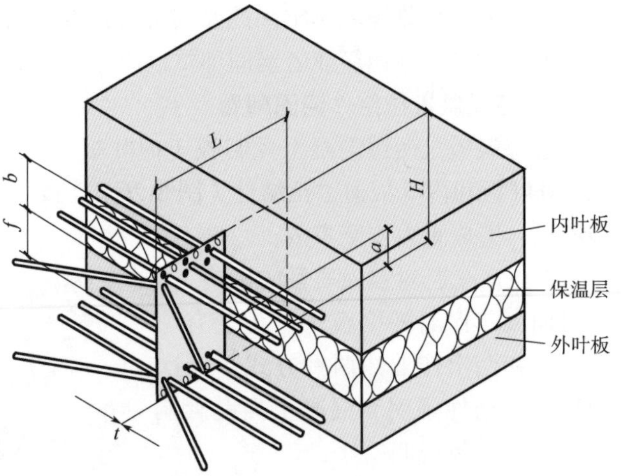

3）控制好拉结件的锚固长度。

拉结件锚入外叶板的长度要求应由设计人员提供；设计人员未能提供的，由拉结件生产商出具专项方案，并由设计人员验算、复核和确认。

在通常外叶板厚度只有50~60mm的情况下，若锚固长度不足，预制构件就会存在极大的安全和质量风险。

一般来说，无论采用哪种拉结件，其锚入外叶板的长度至少应超过外叶板截面的中心位置，如图8-29所示。

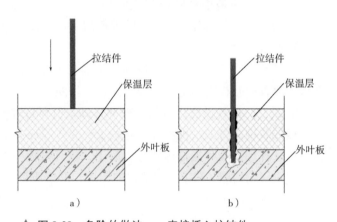

▲ 图8-27　金属类拉结件安装状态示意图

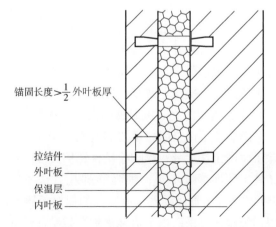

▲ 图8-28　危险的做法——直接插入拉结件

8.2　预制构件交付的常见问题

预制构件交付常见问题主要包括质量不合格品交付、不及时交付、未按照安装要求进行交付、档案资料交付错误等。这些问题对装配式建筑的质量、工期、甲方成本（财务成本）和竣工验收等都有一定影响，甲方应

▲ 图8-29　树脂（FRP）拉结件安装状态及锚固长度示意图

予以高度重视。

1. 质量不合格品交付

质量不合格品交付，主要是指预制构件工厂的质量控制体系出现了问题，将质量不合格的预制构件（特别是本章 8.1 节中所介绍的质量问题）运送到了施工现场。

2. 交付不及时

交付不及时是指未按照合同约定期限将预制构件运至施工现场，影响安装工期和工程整体进度。

预制构件交付不及时主要有以下原因：

（1）预制构件工厂原因，如工厂排产问题、产能问题、质量问题、运输问题等都可能造成交付不及时。

（2）施工企业原因，如施工企业的施工进度调整未及时通知预制构件工厂，或者施工企业未按合同约定及时付款，导致构件厂无法正常组织生产或不愿发货等。

（3）其他原因，如政府环保限产、交通运输管制或其他突发事件（如 2020 年初因新型冠状病毒疫情导致的全国性停产）。

3. 未按照安装要求进行交付

未按照安装要求进行交付是指虽然预制构件生产的数量不少，但却只有有限几个品种，未能涵盖整层楼的全部构件种类，导致工地因缺一个或几个构件而无法完成整层安装，最终影响工程进度。

另外，大多数的施工单位还未能实现从运输车上直接吊装，而是需要在工地进行临时存放。常会因为工地的存放场地有限、存放条件差、存放倒运工人不专业等导致预制构件破损等，影响工程进度。

4. 档案资料交付错误

现浇混凝土建筑工程档案是由施工企业建档交付的。装配式建筑有一部分作业是在预制构件工厂完成的，那么相应的档案也应该在构件制作过程中形成，并及时归档交付。

由于一些预制构件工厂对工程档案不熟悉或不重视，导致出现一些问题，包括：不知道建档、归档内容，档案缺项；应现场形成的档案，事后补做；档案不符合交付要求，如缺少监理签字等；未执行规定的交付流程等。作为甲方，可以通过考察以下几个方面来评价该构件厂是否对这些问题进行了有效控制：

（1）是否建立了建档、存档的文件清单

为了避免建档、存档遗漏，预制构件工厂应该对每个工程都编制一个建档、存档的文件清单，且该清单中的资料应与构件生产同步形成、收集和整理。

一般来说，可以参考《装标》的规定（见表 8-8）以及工程所在地的地方标准中关于建档交付的要求，建立建档、存档文件清单。

（2）不能遗漏的试验项目

为了确保预制构件的生产质量，按照规范要求，预制构件工厂应确保以下试验项目均按照要求完成，不能遗漏。

1）混凝土抗压强度试验（图 8-30）。

2）灌浆套筒抗拉强度试验（图8-1）。

3）浆锚搭接成孔方式可靠性的验证试验（图8-31）。

4）夹芯保温板拉结件性能验证试验（图8-26）。

5）预制构件结构性能检验（图8-32和图8-33）。

▲ 图8-30　混凝土抗压强度试验机

▲ 图8-31　采用预埋金属波纹管的成孔方式

▲ 图8-32　叠合楼板结构性能检验

▲ 图8-33　预制楼梯结构性能检验

（3）宜使用影像档案辅助隐蔽工程验收

隐蔽工程验收是一个极其重要的验收环节，影像档案是确保这一环节的最重要的辅助手段之一。

在隐蔽工程验收或者其他重要工序需要保存照片、视频档案时，常见的问题与预防措施如下：

1）隐蔽工程检验合格后在浇筑混凝土前要进行拍照，拍照时要在模具上摆放产品标识牌，内容包括：项目名称、安装部位、混凝土强度等级、预制构件编号、生产日期、生产厂家等，见图8-34。

2）在混凝土浇筑过程中需要对其进行视频拍摄，并存档。

3）夹芯保温外墙板的内外叶板之间的拉结件安放完后要进行拍照记录。

4）照片和视频都要存放在预制构件档案中，构件出现问题时方便及时查找。

▲ 图 8-34　浇筑前隐蔽工程检查拍照

8.3　甲方对预制构件工厂管理的常见问题

甲方对预制构件工厂管理的常见问题有以下几种：

1. 甲方不过问

这样的甲方把预制构件工厂视作不存在一样，全权甩给总包去选择和管理，自己根本不过问。

2. 过问但不管理

有的甲方在总包方选定预制构件工厂后，会象征地去构件厂考察一番，根本起不到任何管理的作用。

3. 有管理但管理不当

有的甲方在确定总包方之前就会选择 3~5 家预制构件工厂作为入围名单，要求总包方在这个入围名单中选择，这已经算有管理了，但个别甲方在选择构件厂时，却给出了"非流水线不可"的荒唐限制条件，这种盲目追求不适用的高大上的"管理"，对于构件厂甚至整个装配式建筑行业都是错误的导向。

4. 为省深化设计费而选择不当

有的甲方为了节省深化设计费，要求预制构件工厂免费深化设计，或草率选择了设计单位推荐的预制构件厂。这样选择的问题有两点：第一，深化设计和预制构件生产属于两个不同的领域，选择设计单位应该考虑对方有没有深化设计能力，能不能承担设计责任，而不能跟构件厂挂钩；第二，不专业或对整体结构设计不了解的深化设计可能导致设计错误、成本增加、无法发挥装配式建筑优势等问题。

5. 选择时间侵占了履约时间

有的甲方在选择预制构件工厂的时候决策缓慢，程序复杂，时间冗长，经常因为某经理或者某老总忙碌、出差等各种原因拖延时间，等到最终确定构件厂时，已经占用了正常的履约时间，导致构件厂缺乏充裕的模具制作时间或预制构件养护时间等，最终造成成本增加、质量不佳或不能在基础工程完成后及时供货的问题。

6. 事实上的转包

有的甲方出于一些特殊考虑，将预制构件采购承包给没有实体工厂的贸易公司，再由这家贸易公司去寻找预制构件工厂，形成事实上的转包；也有的甲方明知某构件厂生产能力已经无法满足供货要求，仍然选择该构件厂，然后默许该构件厂进行低价转包。这样就会导致甲方对构件厂的管理失控，并可能带来质量问题或安全隐患。

7. 低价中标

有的甲方单纯出于成本考虑，把预制构件单价作为首要考虑因素，谁家的价格低谁中标，而不去考察预制构件工厂是否有履约能力，是否有好的业绩，是否有质量保证体系和有经验的管理团队，构件质量是否能得到保证。

2018 年，沈阳某预制构件工厂就因低价中标承揽了大批订单，但后来因为没有履约能力而影响了多个工地的工程进度，后被多个开发商和总包方投诉并列入了黑名单。

8. 以付款条件为主导要素选择预制构件工厂

有的甲方出于资金周转上的考虑，把能否垫资作为主导因素选择预制构件工厂，这类构件厂一旦出现资金周转困难，将直接导致无法履约。而且，靠这种方式承揽业务的构件厂，因为资金成本较高，通常都要在生产制作环节上进行找补，这就可能造成质量问题或安全隐患。

9. 不邀请预制构件工厂参与早期设计协同

很多甲方没有邀请预制构件工厂参与早期设计协同的意识和安排。构件厂的早期介入大多数的情况下都能为甲方省钱，且能在制作和安装环节上省时省力。

10. 没有要求监理公司到预制构件工厂驻厂监理

装配式建筑与现浇建筑的一个重要差别就是施工工地大量现场混凝土浇筑变为在工厂预制，增加了预制构件制作这一重要环节。构件制作的质量直接影响建筑的结构安全和质量。为此，监理单位作为工程质量控制的监管方必须派驻驻厂监理，主要有以下原因：

（1）《混凝土结构工程施工质量验收规范》（GB 50204—2015）对装配式混凝土结构用预制构件的验收规定了三种方式：结构性能检测、驻厂监造和实体检验。结构性能检测和实体检验是针对已制造出来的产品进行检验，属于事后控制措施。如果预制构件不合格，重新生产势必影响工程进度，而派驻驻厂监理正是为了避免上述问题而采取的必要措施。

（2）装配式建筑部分主体结构从原来的在施工现场现浇转移到工厂构件预制，因此监理工作内容中对于结构隐蔽工程验收的部分工作就转换成在工厂对预制构件的隐蔽工程验收工作。隐蔽工程直接影响整体结构安全，预制构件的隐蔽工程验收工作是装配式建筑监理工作最重要的工作内容之一，因此必须派驻驻厂监理。

8.4 甲方对预制构件工厂的管理要点

甲方对预制构件工厂的管理要点主要体现在四个方面：选择预制构件工厂、关于预制构件制作的合同要点、甲方对生产过程的管理和预制构件验收与档案交付管理，详见表8-6。

表 8-6　甲方对预制构件工厂管理要点一览表

阶段	要点			说明
	序号	事项	具体内容	
选择预制构件工厂	1	优先选择"四有一优"工厂	有经验、有业绩、有履约能力、有质量保证体系；构件质量优良	总包或施工企业选厂，甲方也应给出指导意见
	2	如果选用新工厂，工厂管理团队必须有经验	或聘用了有经验的管理与技术团队；或与有经验的制作企业合作；或请有经验的企业派出管理与技术人员指导履约	
	3	如果项目较大，可选两家工厂供货	如果关注质量和效率，可以按照构件类别选不同的专业厂家供货，各取其所长；如果想规避供货风险，可以把相同楼型的构件同时分给两家构件厂生产，当某一家构件厂出现问题时，另外一家构件厂可以临时补货	
关于预制构件制作的合同要点	1	对构件厂品牌的入围要求	可以通过前期考察选定三家或更多构件厂品牌作为合格供应商名录	不直接与构件厂签约，关于构件质量和交付要求也要在与总包或施工方的合同中约定
	2	主要结构材料和连接材料的品牌或质量要求	包括水泥、钢筋、套筒、连接件、拉结件、预埋件等	
	3	套筒质量要求和抗拉强度试验要求	国标、行业标准有关条款	
	4	构件误差标准	国标、行业标准有关条款	
	5	混凝土质量要求	国标、行业标准有关条款	
	6	有裂缝构件不得出厂	构件出现裂缝须报监理、设计和施工方会诊判断，或报废；或修补后使用。修补方案须符合规范要求，并经设计、监理和施工方同意，报甲方批准	
	7	夹芯保温板拉结件锚固	外叶板和内叶板应采用二次浇筑工艺	
	8	避免预埋件、预埋物、预留孔洞遗漏的协同设计要求	要求构件厂参与构件制作图会审，提出避免遗漏的清单	
	9	构件制作环节隐蔽工程验收要求	隐蔽工程验收的影像记录	
	10	构件制作技术档案形成和交付要求	随着生产过程的各个时间点而逐渐形成，不能补做	
	11	按照安装进度要求的详细的构件交付计划	交付计划应具体到"每一天"和"每一件"	
	12	构件厂视频档案的要求	对关键工序的视频记录	
	13	构件电子标识要求	预埋芯片或粘贴二维码标签	

（续）

阶段	要点				说明
	序号	事项	具体内容		
甲方对生产过程的管理	1	委托监理企业驻厂监理，检查驻厂监理情况	驻厂监理企业的选择与监督		生产过程的管理关键在于是否派驻了驻厂监理
	2	参与套筒抗拉强度试验	不能遗漏的重要试验项目		
	3	抽查质量和履约进度	可通过微信群等手段监控或抽查		
	4	组织质量问题处理	组织设计、技术、生产和质量人员会诊		
	5	抽查技术档案形成	技术档案应随产生随搜集		
预制构件验收与档案交付	1	参与每种构件的首件验收	应有首件验收记录		构件档案资料应与构件验收同步进行
	2	参与首层全部构件的进入施工现场验收	与施工单位一起进行		
	3	构件出厂合格证验收	出厂合格证应包含构件主要质量参数		
	4	检查构件制作环节的档案	工厂形成的档案和第三方检测的档案都要齐全		

8.5　预制构件出厂验收要点

1. 主控项目和一般项目

预制构件检验项目分为主控项目验收和一般项目验收。对安全、节能、环境保护和主要使用功能起决定性作用的检验项目为主控项目。除主控项目以外的检验项目为一般项目。

预制构件验收的主控项目和一般项目的检验内容和标准见表 8-7。

表 8-7　预制构件验收的主控项目和一般项目检验一览表

序号	类别	项目	检验内容	依据	性质	数量	检验方法
1	套筒	位置误差	型号、位置、灌浆孔和出浆孔是否堵塞	制作图纸	主控项目	全数	插入模拟的伸出钢筋检验模板
2	伸出钢筋	位置、直径、种类、伸出长度	型号、位置、长度	制作图纸	主控项目	全数	尺量

（续）

序号	类别	项目	检验内容	依据	性质	数量	检验方法
3	保护层厚度	保护层厚度	检验保护层厚度是否达到图纸要求	制作图纸	主控项目	抽查	保护层厚度检测仪
4	严重缺陷	纵向受力钢筋有露筋、主要受力部位有蜂窝、孔洞、夹渣、疏松、裂缝	检验构件外观	制作图纸	主控项目	全数	目测
5	一般缺陷	有少量漏筋、蜂窝、孔洞、夹渣、疏松、裂缝	检验构件外观	制作图纸	一般项目	全数	目测
6	尺寸偏差	构件外形尺寸	检验构件尺寸是否与图纸要求一致	制作图纸	一般项目	全数	用尺测量
7	受弯构件结构性能	承载力、挠度、裂缝	承载力、挠度、裂缝宽度	《混凝土结构工程施工质量验收规范》GB 50204	主控项目	1000件不超过3个月的同类型产品为一批	构件整体受力试验
8	粗糙面	粗糙度	预制板粗糙面凹凸深度不应小于4mm，预制梁端，预制柱端，预制墙端粗糙面凹凸深度不应小于6mm，粗糙面的面积不宜小于结合面的80%	《混凝土结构设计规范》GB 50010	一般项目	全数	目测及尺量
9	键槽	尺寸误差	位置、尺寸、深度	图纸与《装标》《装规》	一般项目	抽查	目测及尺量
10	预制外墙板淋水	渗漏	淋水试验应满足下列要求：淋水流量不应小于5L/（m·min），淋水试验时间不应少于2h，检测区域不应有遗漏部位。淋水试验结束后，检查背水面有无渗漏	—	一般项目	抽查	淋水检验
11	构件标识	构件标识	标识上应注明构件编号、生产日期、使用部位、混凝土强度，生产厂家等	按照构件编号、生产日期等	一般项目	全数	逐一对标识进行检查

2. 见证检验项目

见证检验是在监理或建设单位见证下，按照有关规定从制作现场随机取样，送至具备相应资质的第三方检测机构进行检验。见证检验也叫第三方检验。预制构件见证检验项目包括：

（1）混凝土强度试块取样检验。

（2）钢筋取样检验。

（3）钢筋套筒取样检验。

（4）拉结件取样检验。

（5）预埋件取样检验。

（6）保温材料取样检验。

3. 预制构件制作档案目录

根据《装标》的规定，预制构件的资料应与产品生产同步形成、收集和整理，归档资料宜包括表 8-8 中的内容。

表 8-8　预制构件制作档案目录

序号	内容	分类
1	构件采购合同	归档资料
2	构件制作图纸、设计文件、设计洽商、变更或交底文件	
3	生产方案和质量计划等文件	
4	原材料质量证明文件、复试试验记录和试验报告	
5	混凝土试配资料	
6	混凝土配合比通知单	
7	混凝土开盘鉴定报告	
8	混凝土强度报告	
9	钢筋检验资料、钢筋接头的试验报告	
10	模具检验资料	
11	预应力施工记录	
12	混凝土浇筑记录	
13	混凝土养护记录	
14	构件检验记录	
15	构件性能检测报告	
16	构件出厂合格证	
17	质量事故分析和处理资料	
18	其他与构件生产和质量有关的重要文件资料	
19	构件出厂合格证, 见表 8-9	产品质量证明文件
20	混凝土强度检验报告	
21	钢筋套筒等其他构件钢筋连接类型的工艺检验报告	
22	合同要求的其他质量证明文件	

除此之外，还应参考工程所在地的地方标准中关于建档交付的要求，将其一并纳入预制构件制作档案目录。

表 8-9　预制构件出厂合格证（范本）

预制混凝土构件出厂合格证				资料编号		
工程名称及使用部位				合格证编号		
构件名称		型号规格			供应数量	
制造厂家				企业等级证		
标准图号或设计图纸号				混凝土设计强度等级		
混凝土浇筑日期		至		构件出厂日期		
性能检验评定结果	混凝土抗压强度			主筋		
	试验编号	达到设计强度(%)	试验编号	力学性能		工艺性能
	外观			面层装饰材料		
	质量状况	规格尺寸	试验编号			试验结论
	保温材料			保温连接件		
	试验编号	试验结论	试验编号			试验结论
	钢筋连接套筒			结构性能		
	试验编号	试验结论	试验编号			试验结论
备注					结论：	
供应单位技术负责人			填表人		供应单位名称（盖章）	
填表日期：						

第9章
工程施工环节管理问题及预防

本章提要

对工程施工环节常见问题进行分析并提出了预防办法，包括：施工各环节常见的质量与安全问题与危害及预防措施、工期延误问题的主要原因及预防措施、甲方对施工环节管理的常见问题及管理要点、出现质量隐患或事故的处理程序与要点。

9.1 施工环节常见质量与安全问题

施工环节出现质量和安全问题，最大的受害者是甲方，不仅要为问题造成的后果埋单，企业声誉还会受到影响。某某工地出现重大质量或安全事故，新闻不会说哪个施工企业出了什么问题，而是说哪个甲方的哪个项目出了什么问题。

甲方必须对装配式建筑常见质量和安全问题有所了解，制定避免这些问题发生的措施，在与总承包或施工企业的合同中有所约定，对监理有所要求，并在施工过程中进行管控或委托工程咨询机构进行管控。

1. 施工环节质量与安全问题举例

例1　预制构件在制作过程中，由于拆分设计、预制构件设计存在错误、钢筋和预埋线盒冲突等原因，导致线盒、管线预埋遗漏、偏位等现象，后期现场安装困难，施工单位未经监理、设计和甲方同意，自行剔凿，凿断钢筋，见图9-1。

例2　某项目叠合楼板在运输及施工现场存放过程中，未按设计要求进行摆放，垫块支垫位置错误，且各层相同位置垫块不在同一垂直线上（图9-2），导致叠合板裂缝，

▲ 图9-1　预埋管线严重偏位

增加修补费用、影响项目工期，如裂缝严重，叠合楼板只能做报废处理。如果安装前未对预制构件仔细检查，将裂缝构件安装上去，就会形成安全隐患。

例3　某项目在剪力墙板套筒灌浆过程中，由于技术人员对作业人员交底不到位、接缝封堵不严密造成漏浆，导致灌浆不饱满，又没有立即用高压水枪将灌浆料拌合物冲洗干净后重新堵缝、重新灌浆，结果形成了严重的结构安全隐患。更有甚者，灌浆不饱满时，作业人员在出浆口填充浆料掩盖灌浆不饱满的事实。

例4　某项目在搭设叠合楼板的水平支撑体系时，由于水平杆、剪刀撑局部缺失、扫地杆全部未设，导致支撑体系坍塌，叠合板随之坍塌滑落（图9-3），造成很大损失。

▲ 图9-2　叠合板存放垫块放置错误　　　　▲ 图9-3　叠合楼板水平支撑坍塌

例5　隔层灌浆施工在国外不存在，在我国有的工程剪力墙隔层灌浆，甚至隔多层灌浆施工时有发生，由于墙板偏心受压，使钢筋在套筒内位置发生偏移，导致灌浆料拌合物无法对套筒内钢筋形成有效握裹，上下层之间的受力钢筋得不到有效的连接，严重影响了结构安全。同时，由于剪力墙板没有灌浆固定，如果上部荷载过大，还存在坍塌等风险。

例6　由于设计问题，柱梁结构体系连接节点区域钢筋密集（图9-4），造成现场钢筋作业难度大，混凝土浇筑、振捣困难，浇筑不密实，存在严重的结构隐患。

例7　预制剪力墙板吊装就位时底部未放置垫块或未进行标高调整，预制剪力墙板与现浇混凝土结合面接缝宽度过小，灌浆时灌浆料拌合物无法正常流动，导致灌浆作业无法正常进行，见图9-5。

▲ 图9-4　两个方向预制框架梁高相同导致柱底　　▲ 图9-5　预制剪力墙板底部接缝宽度过小
　　　　纵筋在节点区域干涉严重

2. 甲方须了解的施工安装常见质量和安全问题

目前，许多装配式混凝土建筑的施工管理还不十分规范、质量管理体系也有待进一步完善，施工安装环节时常出现一些质量和安全问题，表 9-1 按施工环节列出了装配式混凝土建筑施工中常见质量和安全问题及产生的原因，供读者参考。

表 9-1　装配式混凝土建筑施工安装常见质量和安全问题及产生原因

环节	问题	原因
协同环节	预制构件上预埋件、预埋物、预留孔洞遗漏或错位	与设计单位没有进行早期协同或协同不够
	预制构件进场不及时或发货错误或进场构件存在质量问题	与预制构件工厂协同不够
施工准备环节	塔式起重机无法将预制构件吊至安装位置	塔式起重机选型过小或布置不合理
	塔式起重机成本过高	塔式起重机选型过大或布置过多
	施工楼层没有水源、电源	考虑不周导致遗漏
	运输车无法进场或不能到达指定位置	没有考虑预制构件运输车辆情况，道路设置不合理
	吊装用具缺失	没有根据预制构件种类和特点准备好吊具、吊索和索具
	工具材料缺失	考虑不周导致遗漏
预制构件进场环节	资料不完整，缺少合格证等关键资料	与预制构件工厂协同不够，或构件厂管理不规范
	构件存在质量问题没有被发现	检查验收不规范，缺少检查人员或工器具，或对检查项目及标准不了解
	构件卸车时车辆失衡	从一侧卸车，没有考虑车辆配载平衡
	构件卸车时损坏	卸车组织和作业不规范
预制构件存放环节	构件存放期间损坏	存放场地不满足要求，或支垫错误，或叠放层数过多，或防护不够
	构件吊装时需要二次倒运	存放位置或顺序错误
	构件存放量过大	与预制构件工厂协同不够，或工期拖延
支撑体系搭设环节	过度支撑	叠合楼板还习惯采用满堂红支撑，或预制墙板采用三点斜支撑
	斜支撑失效，预制墙板倒塌	固定竖向构件斜支撑的地脚预埋方式错误
	水平支撑错误，叠合楼板坍塌	支撑不规范、或层高加高时对支撑没有加密加固
	支撑部件有变形、锈蚀、开裂等质量问题	管理不善、更新不及时
现浇混凝土环节	伸出钢筋位置误差过大	钢筋绑扎错误，没有采用钢筋定位模板
	伸出钢筋过长或过短	钢筋下料错误
	混凝土强度等级过高或过低	放线错误或施工误差过大
	混凝土强度不足	混凝土材料存在问题或振捣不密实、不进行养护或养护不规范

（续）

环节	问题	原因
预制构件吊装环节	没有采取直接吊装的方式	施工组织不合理，与预制构件工厂协同不够
	构件平面位置或标高错误	未进行测量放线或放线错误
	与下层构件出现错台现象	
	吊装造成构件损坏	由于存放集中、作业范围小、作业失误等导致吊装时构件磕碰
	软带吊装小构件作业不当，导致构件损坏	软带吊装没有设计位置，吊装时软带捆绑位置随意
	水平构件平整度超过允许偏差	支撑体系搭设水平度不够，或吊装后没有进行二次调整
	竖向构件垂直度超过允许偏差	吊装后没有进行垂直度调整，或后浇混凝土等作业对已就位的构件造成扰动
	叠合板方向安装错误	没有进行方向标记，或作业失误
	阳台钢筋锚固不牢靠	钢筋焊接质量存在问题，或钢筋错位
	梁挠度过大	构件强度不够，或存放不当，或支撑体系不合理、不牢固
	外挂墙板连接安装不规范	安装缝过小，或没有根据固定支座和活动支座的设计要求确定螺栓的紧固力矩
	外挂墙板安装节点金属连接件及其焊缝锈蚀	金属连接件的镀锌处理未达到使用期限要求，或焊接时破坏了镀锌层，后续对连接件及焊缝未进行防锈蚀处理
灌浆环节	灌浆孔、出浆孔堵塞	制作、运输、存放等环节没有封闭好灌浆孔、出浆孔导管外露口
	部分出浆孔未出浆	没有分仓或分仓过大、或出浆孔被连接钢筋挡住、或灌浆机压力不够
	接缝封堵漏浆或爆开	封堵材料、作业等不满足要求，或封堵时间短
	灌浆不饱满	灌浆料加水过多、或灌浆压力不够或灌浆机停机过早、或接缝封堵不严密、或分仓过大
	夹芯保温剪力墙板保温层处封堵不严导致漏浆	封堵用橡塑海绵胶条厚度不够或接缝尺寸过大
	灌浆料拌合物流动性不好	灌浆料加水少或搅拌不规范
	接缝缝隙过小无法进行灌浆作业	结合面混凝土标高过高或预制构件就位时没有放置垫块
	连接钢筋保护层过小	封堵用橡塑海绵胶条过宽或封堵作业不规范
	预制柱接缝封堵削减了受剪承载力	用座浆料封堵预制柱接缝时，采用了座浆法
	雨天套筒及接缝处灌进雨水	灌浆孔出浆孔没有封堵或接缝封堵不严实
	灌浆部位受到扰动	临时支撑拆除过早或灌浆料没有达到一定强度时就进行其他工序施工，对灌浆部位造成扰动
	灌浆不及时导致安全隐患	隔层灌浆，甚至隔多层灌浆会导致安全隐患

（续）

环节	问题	原因
后浇混凝土环节	现浇暗柱纵筋位置偏差过大	没有采取钢筋移位的防护措施
	与预制构件钢筋连接困难	后浇混凝土钢筋绑扎不规范
	模板支设困难	预制构件上模板支设的锁模孔或预埋件遗漏或施工空间过小
	后浇混凝土质量差	模板支设不规范，或混凝土质量存在问题，或浇筑振捣养护不规范
	混凝土强度等级错误	忽略同一后浇段内存在混凝土强度等级不同的问题
	夹芯保温板翼板断裂	没有加强翼板配筋构造或加密模板对拉螺杆设置，在现浇混凝土侧压力作用下导致翼板断裂
安装缝封堵美化环节	墙板安装缝不平齐	预制构件尺寸误差大，或安装作业不规范
	安装缝封堵不严实	密封胶及防水胶条质量不满足要求或打胶作业不规范
其他作业环节	管线穿越预制构件错误	预留孔多，作业人员不精心
	防雷引下线不连续、防锈蚀达不到设计要求	设计遗漏或作业不规范
	预制构件表面受到污染	施工组织及作业不规范
	预制构件没有进行保护，或保护过度	构件安装后应进行有效保护，但不应过度保护
	装饰混凝土或清水混凝土饰面修补存在色差	没有按照要求进行修补料配置，或修补办法不当
	修补后混凝土质量达不到要求	修补混凝土质量存在问题，或修补后没有进行有效养护
检查验收环节	检查验收不及时影响工程进度	与监理协同不够或组织不当
	检查验收项目遗漏造成隐患	组织不得当或责任心不强
	检查验收资料归档不完善	

9.2 预制构件安装常见问题及危害与预防措施

1. 现浇转换层伸出钢筋位置偏差过大

（1）危害

现浇转换层钢筋定位错误或浇筑混凝土时造成钢筋移位（图9-6），导致伸出钢筋位置偏差过大，上层预制构件无法正常安装，严重影响吊装作业质量和进度。

（2）预防措施

现浇转换层施工时，应在水平模板铺设完成后进行测量放线工作，将所有预制构件的边线全部弹出，再根据墙体边线布置连接钢筋，并使用具有一定刚度的定位钢板对钢筋进行固定（图9-7），防止钢筋在混凝土浇筑振捣时移位。

▲ 图 9-6　伸出钢筋位置偏差过大

▲ 图 9-7　转换层伸出钢筋定位钢板

2. 现浇层伸出钢筋锚固长度不足

（1）危害

某项目墙板的纵向钢筋是 $\phi14$ 的，按规定锚入套筒的长度应为 $8d$ 即 112mm，加上 20mm 的结合面接缝宽度，现浇转换层伸出钢筋的长度应为 132mm，现场实测长度仅为 85mm（图 9-8）。由于现浇转换层钢筋下料未考虑套筒锚固长度要求或者混凝土浇筑过程中钢筋下沉等原因，造成伸出钢筋锚固长度不符合规范要求。如果没有发现并进行处理，竖向预制构件一旦安装，将导致钢筋没有形成有效连接，存在较大的结构安全隐患。

▲ 图 9-8　伸出钢筋锚固长度不满足要求

（2）预防措施

1）设计人员在进行伸出钢筋长度设计时除考虑钢筋在套筒里的锚固长度外，还须考虑接缝宽度。

2）钢筋加工人员应严格按照设计图纸下料、绑扎。

3）模板支设、混凝土浇筑振捣应精心作业，防止伸出钢筋下沉。

3. 预制构件吊具选用不当

（1）危害

某项目在吊装叠合楼板时，由于吊具选用错误，吊索与叠合楼板水平夹角过小，造成内力过大，导致叠合楼板折断（图 9-9）。

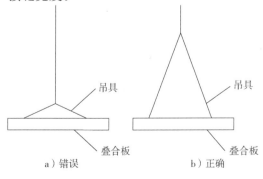

a）错误　　　　　　　b）正确

▲ 图 9-9　叠合板吊具选用示意图

（2）预防措施

应根据项目采用的预制构件种类、尺寸、形状等选用相匹配的吊具。尺寸较大的叠合楼板、异型及复合预制构件宜采用平面架式吊具；预制梁、预制墙板宜采用梁式吊具，见图9-10。

▲ 图9-10 预制构件专用吊具

4. 水平预制构件支撑体系搭设

（1）存在的问题

1）叠合楼板等预制水平构件本身具有一定强度，独立支撑体系可满足施工荷载要求，板底部不需要额外铺设模板，仅需在拼接处、现浇节点处支模，但有些项目仍然采用满堂红支撑体系（图9-11），不仅增加了支撑租赁费用和支撑的安拆时间，还因占据空间影响了同楼层其他环节譬如灌浆环节的作业，导致成本增加。个别项目在采用满堂红支撑体系的同时还在叠合楼板安装部位满铺了木板，造成了很大的浪费，参见图11-21。

2）独立支撑搭设时，立杆间距和位置随意调整，导致间距过大或过小，以及纵向位置不在一条直线上，造成标高不准，受力不均，影响施工质量和安全，见图9-12。

▲ 图9-11 叠合楼板满堂红支撑体系

▲ 图9-12 独立支撑搭设不规范

（2）预防措施

1）叠合楼板等水平预制构件临时支撑宜采用独立支撑体系，应由设计人员给出支撑方案。

2）为保证独立支撑搭设的规范性、安全性，应在独立支撑搭设前，制订专项作业方案。

3）独立支撑立杆位置和间距要严格按照设计要求进行布置，还应控制好独立支撑到墙体的距离。

4）独立支撑立杆下部的三脚架必须搭设牢固。

5）楼层较高或跨层空间支撑杆过长容易发生失稳，应加密布置或加大支撑杆的拉杆布置间距。

5. 安装了存在质量问题的预制构件

（1）可能造成的危害

预制构件安装完成后，才发现存在质量问题，甚至存在影响结构安全的问题，如裂缝等。如果能及时发现，可以采取更换构件的方式加以补救，但会延误工期，影响整体施工进度；如果未能及时发现，本层后续作业已经完成，甚至上面楼层已经开始施工，将很难采取补救措施，即使可以采取，成本也会相当大。

（2）预防措施

1）施工单位与预制构件工厂协同，做好预制构件出厂的质量检查，确保出厂构件质量全部合格。

2）监理人员和施工现场质检人员做好进场预制构件的质量检查，主要检查构件运输过程中是否受到损坏。

3）如果进场构件没有直接吊装，而是先卸到存放场地后再进行吊装，吊装前对预制构件再次进行检查，确认无质量问题后，再进行吊装。

4）预制构件安装就位后，还应对构件进行检查，查验吊装过程是否造成构件损坏，确认无质量问题后，再进行下道工序作业。

6. 叠合楼板接缝处漏浆

（1）可能造成的危害

叠合楼板板底平整度差和板与板拼缝处漏浆是叠合楼板施工中经常出现的问题。另外，叠合楼板安装在现浇梁或墙上，且叠合楼板叠合层与梁同时浇筑时，若不采取接缝密封措施，接缝处也会出现漏浆现象（图 9-13）。漏浆会导致接缝处混凝土观感质量差，增加后期处理成本，无法实现免抹灰。

▲ 图 9-13　叠合楼板与墙或梁接缝处漏浆

（2）预防措施

为防止叠合楼板接缝处漏浆，在严格控制叠合楼板外观尺寸和安装精度的前提下，可在后浇混凝土模板上的周边粘贴泡沫胶带（图9-14），以保证接缝部位的平整度要求，从而实现免抹灰（图9-15）。

7. 叠合楼板叠合层管线较多

（1）问题及危害

目前大部分叠合楼板后浇混凝土叠合层厚度为70mm，有些项目配电箱下局部线管较密集，且有很多交叉，尤其板跨较小，钢筋贯通时，叠合层设计厚度无法满足线管的埋设要求（图9-16），最终导致叠合层厚度及叠合楼板标高无法控制。

（2）预防措施

▲ 图9-14　后浇混凝土模板上的周边粘贴泡沫胶带

▲ 图9-15　后浇带平整度较好达到免抹灰要求

设计人员设计时应考虑配电箱下局部楼板尽量采用现浇楼板，且板厚不小于120mm；如必须采用叠合楼板时，应增加叠合层厚度，同时考虑叠合楼板整体厚度增加对层高的影响。

8. 预制楼梯固定端和滑动端施工不当

（1）问题及可能造成的危害

预制楼梯的安装节点分为固定端和滑动端。固定端安装部位现浇混凝土施工时需要埋设锚固钢筋，锚固钢筋一旦遗漏就会导致楼梯固定不牢靠（图9-17），存在安全隐患。楼梯滑动端不得采取刚性固定的方式，否则

▲ 图9-16　线管密集导致叠合楼板叠合层混凝土标高无法控制

一旦发生地震，不仅楼梯本身会受到损坏，楼梯的反作用力还会传递给主体结构，造成主体结构破坏。

（2）预防措施

1）设计人员在预制楼梯制作和施工安装设计时，应按规范要求进行固定端和滑动端的节点设计。

2）施工现场应加强楼梯安装部位现浇混凝土的施工管理，确保预埋锚固钢筋的埋设及定位准确。

3）预制楼梯安装就位后，滑动端严禁采用灌注混凝土或灌浆料等刚性的固定方式。

9. 预制构件上线盒线管遗漏现场凿沟埋设处理不当

（1）造成的危害

如果设计时各专业、各环节没有进行有效协同，就有可能导致预制剪力墙板预埋管线遗漏或错位，现场施工时只能在预制剪力墙板上凿沟埋设管线。

▲ 图 9-17　预制楼梯安装部位预埋锚固钢筋遗漏

在某装配式混凝土建筑施工现场，由于电气管线埋设遗漏，施工人员在预制构件上剔凿沟槽，造成水平钢筋被凿断（图 9-18）。现场凿沟把钢筋凿断是普遍的现象。施工管理人员和现场工人不清楚剪力墙水平钢筋对结构安全的重要性，或者为了省事，或者为了抢工期，凿断钢筋也未处理，直接埋设管线后用砂浆填平沟槽（图 9-19）。

▲ 图 9-18　预制剪力墙墙板忘记埋设管线后现场凿沟槽

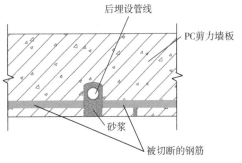

▲ 图 9-19　忘记预埋管线时常见处理办法

凿沟埋设管线常常存在以下问题：

1）被切断的水平钢筋没有重新连接。

2）沟槽内填充的砂浆随意配置，强度得不到保证，多数情况下低于预制墙板的混凝土强度等级。

3）填充砂浆收缩产生裂缝。

4）填充沟槽的砂浆抹平后，大多没有进行可靠养护，强度等级更没有保障，耐久性也受到影响。

对于受弯剪力墙，切断水平分布钢筋会降低其承载力，如果所凿沟槽位于剪力墙截面受压区，砂浆强度等级降低，则会进一步降低其承载力，并削弱受弯剪力墙的延性，造成脆性破坏。

对于受剪剪力墙，切断水平分布钢筋或沟槽填充砂浆强度等级低，极大削弱了剪力墙的抗剪性能。在水平荷载作用下，该处会最先出现裂缝，并很快扩展，导致发生脆性破坏。

脆性破坏会造成建筑物突然倒塌。

（2）预防措施

预制构件上的线盒线管一旦遗漏，应采取正确的补救处理办法，防止出现质量和安全方面的问题。

1）可以采用凿沟方案，尽最大可能不凿断水平钢筋。

2）所凿沟槽应清理掉混凝土表面的松动块与颗粒。

3）一旦有水平钢筋被凿断了，须用搭桥钢筋焊接，将断开的钢筋连接上（图9-20）。搭接钢筋与被切断的钢筋的焊接长度应符合规范关于钢筋搭接焊长度的要求。

4）埋设好管线后，须用具有膨胀性的高强度砂浆将沟槽抹平压实。砂浆的强度等级和膨胀性应由试验室配置试验得出。也可以考虑使用树脂砂浆。

5）填充砂浆应当留同步养护强度试块。

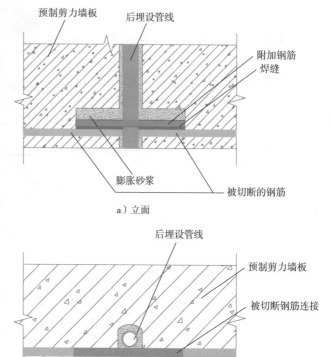

a）立面

b）平面

▲ 图9-20　被凿断的水平钢筋搭桥连接示意图

6）必须采取有效的养护措施，或贴塑料薄膜封闭保湿养护，或喷涂养护剂养护。

7）抹灰作业达到28d时，应观察处理部位有没有裂缝，压试块强度，并用回弹仪现场测试强度。

10. 外挂墙板连接件的螺栓施行了全部拧紧

（1）可能造成的危害

外挂墙板的连接节点分为固定节点和活动节点，切记并非所有螺栓都需要拧紧，固定节点的螺栓需要拧紧，活动节点的螺栓如果过分拧紧，就会影响节点的活动，形成刚性约束，造成墙板被动变形。

（2）预防措施

设计人员应给出外挂墙板活动节点螺栓扭矩及预紧力的具体要求，并组织技术交底；现场施工人员应认真区分外挂墙板的固定节点和活动节点，活动节点的螺栓必须按设计给出的扭矩及预紧力进行作业（图9-21）。

▲ 图9-21　外挂墙板的活动节点

11. 外墙安装缝防水

（1）问题及可能造成的危害

外挂墙板或夹芯保温剪力墙外墙板安装后，需要对安装缝进行封堵和打胶密封，如果预制构件制作或安装偏差大（图 9-22），或封堵和打胶作业不规范，就会影响建筑防水的效果及建筑外立面的美观。

（2）预防措施

1）设计应考虑构造防水和封堵密封防水相结合的防水方式。

2）应保证预制构件制作和安装精度。

3）必须选择与混凝土相容的密封胶，密封胶的性能特别是压缩率应满足设计要求。

4）安装缝封堵质量对打胶影响较大，安装缝封堵可采用发泡氯丁橡胶，或聚乙烯泡沫棒，接缝封堵必须严实、牢固。

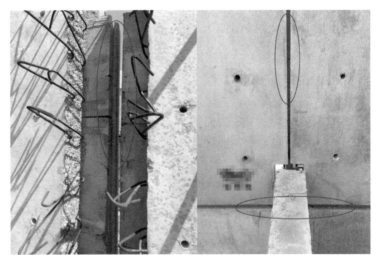

▲ 图 9-22　夹芯保温外墙板安装缝偏大

5）由专业的、熟练的、有责任心的人员使用专业的工具进行打胶作业，保证打胶质量，提高打胶效率。

12. 防雷引下线施工

（1）问题及可能造成的危害

如果设计未给出防雷引下线具体的焊接做法，包括焊接要求、焊接部位的防锈蚀要求，就可能造成施工现场焊接不规范、焊接部位防锈蚀处理不达标，从而导致防雷引下线起不到避雷效果，或焊接部位出现断裂，造成重大的安全隐患。

（2）预防措施

预埋在预制构件中的防雷引下线和连接接头的可靠性和耐久性必须与建筑物同寿命。连接接头的焊接必须符合规范和设计要求。须请设计人员给出防锈蚀的具体要求，如防锈漆种类、涂刷方式和遍数等。

9.3　灌浆常见问题及危害与预防措施

装配式建筑的结构连接环节是装配式建筑施工中最重要、最核心的环节，套筒灌浆连接是目前我国装配式混凝土建筑竖向结构构件采用最普遍的连接方式，套筒灌浆质量的好坏直接影响装配式建筑的安全。因此，甲方必须予以高度重视。由于人员素质、施工管理等原因，目前阶段灌浆作业有时还会出现一些问题，本节对灌浆作业常见问题与危害进行了分析，并给出了预防措施及处理办法。

1. 剪力墙板分仓作业常见问题及危害与预防措施

（1）常见问题及危害

剪力墙板分仓作业的常见问题主要有没有分仓或分仓过大。

单仓（单个连通腔）长度越长，灌浆阻力就越大，灌浆不饱满的风险就越高；同时由于单仓长度长，需要较大的灌浆压力，对接缝封堵材料的强度要求就越高，否则容易出现接缝封堵开裂或爆仓的现象，影响正常灌浆。所以，没有分仓或分仓过大会导致灌浆不饱满或灌浆作业失败。

（2）预防措施

1）剪力墙板灌浆前应按设计要求进行分仓作业，见图9-23。

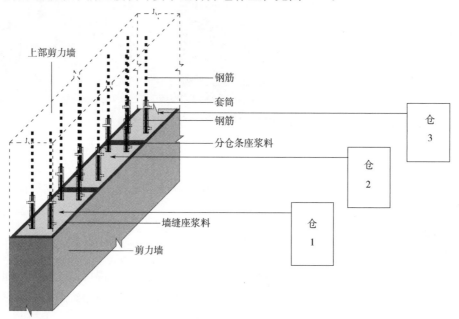

▲ 图9-23 剪力墙板分仓构造示意图

2）利用强度不低于50MPa的座浆料对预制剪力墙的灌浆区域进行分仓。

3）一般单仓长度在1.0~1.5m之间，或3~4个钢筋套筒为1个单仓，也可以经过实体灌浆试验后确定单仓长度。

4）分仓作业时控制好分仓料与主筋的间距，分仓部位与主筋间距应大于50mm。

5）分仓座浆料的高度应比正常标高略高，一般高出5mm左右，宽度为20~30mm。

2. 接缝封堵作业常见问题及危害与预防措施

（1）常见问题及危害

接缝封堵作业常见问题主要有接缝封堵不严实（图9-24）、嵌入式封堵不规范。

接缝封堵不严实，会造成漏浆或堵缝材料爆开，导致灌浆不饱满或灌浆失败。

采用座浆料或橡塑海绵胶条进行嵌入式封堵时，如果作业不当，就有可能导致钢筋保护层厚度不够，留下结构安全隐患（图 9-25）。

▲ 图 9-24　接缝封堵开裂

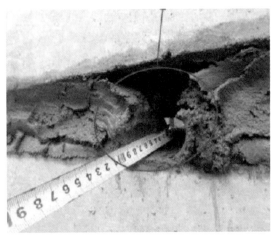

▲ 图 9-25　座浆料过厚嵌入过深

（2）预防措施

1）接缝封堵通常采用抗压强度为 50MPa 的座浆料等封堵材料，有座浆法和抹浆法两种方式。

2）接缝封堵前，需将预制柱或预制剪力墙板底部与结合面的接缝清理干净，封堵部位用水润湿，以保证座浆料与混凝土之间良好的粘结性。

3）采用座浆法封堵时，座浆料宽度为 20mm，长度与预制剪力墙板长度尺寸相同，高度高出调平垫块 5mm，座浆料的外侧与预制剪力墙板的边缘线齐平。

4）采用抹浆法封堵时，用专用工具（或 PVC 管）作为座浆料封堵模具塞入接缝中（图 9-26），抹好后抽出专用工具，抽出时不要扰动抹好的座浆料。座浆料宜抹压成一个倒角，可增加与楼地面的摩擦力。座浆料封堵完成后外侧还可以用宽度为 20 ~ 30mm 的木板靠紧，并用水泥钉进行加固，木板加固的方式可以缩短接缝封堵与灌浆时间间隔，提高接缝封堵强度和效率。

▲ 图 9-26　用专用工具抹浆堵缝

5）接缝封堵部位 24h 内严禁受扰动。

6）当剪力墙板外沿采用橡塑海绵胶条封堵时，胶条的宽度需经过计算，胶条尽可能靠近预制墙板外侧，且固定牢靠，防止移动、偏位，以满足钢筋保护层的厚度要求。

3. 灌浆料制备作业常见问题及危害与预防措施

（1）常见问题及危害

灌浆料制备常见问题包括没有按照规定的水料比配制、没有按照操作规程进行搅拌作业。

不严格按照规定的水料比配制，或不按照操作规程进行搅拌作业，会导致灌浆料拌合物初始流动度过大或过小（图 9-27）。流动度过大会导致灌浆后灌浆料拌合物回落过大，就会导致灌浆不饱满；而流动度过小，又会使灌浆料拌合物无法在连通腔内正常流动，导致灌浆失败；还有可能堵塞灌浆设备，导致灌浆作业无法进行，甚至造成灌浆机损坏。

（2）预防措施

1）根据产品说明书的水料比要求，用量杯准确称量水。

2）将水倒入搅拌桶内，加入 70% ~ 80% 的灌浆料，用搅拌器搅拌 1~2 分钟（图 9-28）。

3）加入剩余灌浆料，再次搅拌 3~4 分钟。

4）搅拌完毕后静置 2~3 分钟，待浆内气泡自然排除后进行灌浆作业。

4. 灌浆作业常见问题与危害及预防措施

（1）常见问题及危害

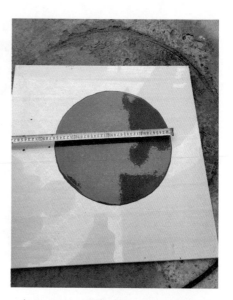

▲ 图 9-27　灌浆料拌合物流动度检测

灌浆作业常见问题有灌浆料拌合物回落大、部分出浆孔未出浆，这都会导致灌浆不饱满；以及灌浆失败后未对灌浆部位进行及时冲洗。

灌浆不饱满将直接影响受力钢筋的有效连接，导致严重的结构安全隐患。灌浆失败不及时冲洗，灌浆料一旦凝固，只能将灌浆构件拆除更换，对工期和成本都有很大影响。

▲ 图 9-28　灌浆料搅拌

（2）预防措施

1）检查预制构件所有孔洞是否畅通，如遇孔洞堵塞，须进行处理。

2）按本节上述规定进行接缝封堵、分仓和灌浆料制备作业。

3）剪力墙或柱等竖向预制构件各套筒底部接缝连通时，对所有的套筒采取连续灌浆的方式，连续灌浆是用一个灌浆孔进行灌浆，其他灌浆孔、出浆孔都作为出浆孔。

4）待所有出浆孔全部流出圆柱体灌浆料拌合物并用封堵塞塞紧后，灌浆机持续保持灌浆状态 5~10 秒，关闭灌浆机，灌浆机灌浆管继续在灌浆孔保持 20~25 秒后，迅速将灌浆机灌浆管撤离灌浆孔，同时用堵孔塞迅速封堵灌浆孔，灌浆作业完成（图 9-29）。

5）灌浆一旦失败，须将接缝封堵的座浆料全部剔开，让仓内的浆料流出。并用高压冲洗机的水枪头对准出浆口导管，开启电源开始冲洗，冲洗至该套筒内流出清水，按同样办法逐个冲洗其他套筒。最后将接缝部位用水冲洗干净。

5．监理旁站存在问题及危害与预防措施

（1）存在问题及危害

由于监理人员没有装配式建筑监理经验，或责任心不到位，或灌浆前施工人员与监理人员没有沟通，导致灌浆时监理人员没有旁站监理，或没有发现灌浆相关问题。如果监理旁站不规范、不到位，就可能导致灌浆质量无法保证，最后出现严重的结构安全隐患。

图 9-30 是某市质监站对装配式项目灌浆节点进行破坏性检查时发现套筒内根本没有灌入浆料，受力钢筋没有形成安全有效的连接，造成的后期处理难度及费用将是巨大的。

▲ 图 9-29　用堵孔塞封堵灌浆孔、出浆孔　　　▲ 图 9-30　套筒内没有灌入浆料

（2）预防措施

1）应选用有经验、责任心强的监理人员进行灌浆作业旁站监理。

2）施工人员应提前将灌浆楼号、楼层、需灌浆预制构件、灌浆时间等告知监理人员。

3）灌浆作业应做好记录，并全程进行视频拍摄。

9.4　工期延误的主要原因及预防措施

1．工期延误的主要原因

（1）甲方原因

一方面甲方在施工开始后对项目提出新的想法，甚至去改变方案，从而导致工期延误。另一方面合同约定的甲方付款时间和方式不合理，或者甲方没有按照合同约定及时付款，导致施工企业资金紧张，影响正常施工。

（2）设计原因

包括设计错误、设计遗漏、设计不合理导致工期延长。

（3）预制构件等部品部件工厂原因

预制构件等部品部件交货不及时，或者进场的构件等部品部件质量存在问题，无法安装，导致窝工、停工。

（4）管理模式和管理体系不适应装配式建筑的要求导致工期延误

很多项目由于没有采用工程总承包的模式，也没有建立完善的共同协商、齐头并进、相互支持的项目管理流程和制度，从而延误了工期。

（5）施工组织设计不科学导致工期延误

施工组织设计人员没有装配式建筑施工的经验，也没有向有经验的施工单位人员咨询，对施工计划没有预见性，细节考虑不周，施工计划不科学、不合理，导致工期延误。

（6）施工计划落实不到位导致工期延误

没有按照施工计划组织实施，没有解决瓶颈工序的流程和机制，没有根据施工的实际情况对计划进行及时的调整，导致工期延误。

（7）预制构件不直接吊装导致工期增加

预制构件进场后在运输车上直接吊装可以节省大量工期，但目前国内绝大多数装配式项目施工企业没有直接吊装的意识，习惯性地在施工现场设置构件存放场地，大部分构件采用二次吊装的方式，导致工期增加、成本增加。

（8）施工准备不充分导致工期延误

没有做好施工准备，包括技术准备、人员准备、设备准备、材料准备、设施准备等导致工期延误。

（9）没有考虑特殊原因对工期的影响

施工单位在确定合同工期时通常是按日历天数，而没有扣除下雨不能作业、六级风以上不能作业、施工人员正常休息等时间，而这些又恰恰是影响工期的不可忽视的因素。

2. 避免工期延误的预防措施

（1）宜采用工程总承包（EPC）模式，将设计、生产、施工方案同步制定，同时在实施过程中加强各参与单位的协同。

（2）没有采用工程总承包（EPC）模式的项目，甲方应组织施工单位与设计单位、预制构件等部品部件工厂的协同。

1）与设计单位做好协同，确保设计完整、准确、合理，避免因设计原因导致施工困难，甚至无法施工的现象，同时还要尽可能地避免施工过程中的设计变更。

2）选择有经验、业绩好、信誉高的预制构件等部品部件工厂，并尽早签订供货合同，以保证工厂有充裕的生产时间，保证部品部件的生产进度和质量。对部品部件工厂的生产要全程跟踪，以便及时解决可能影响工期的问题。

（3）应由掌握装配式建筑规律和特点的人员主导装配式项目的施工，既没做过装配式项目施工，也没有装配式项目施工专业人员的施工企业，应请有装配式施工经验的顾问单位给予指导，或者聘请有装配式经验的人员担任项目负责人。

（4）编制切实可行的施工组织方案和施工计划，并组织好施工计划的实施。每天都要对施工计划的执行情况进行检查，并根据具体情况对施工计划进行及时的修订，对没有按时完成的计划部分，要采取补救措施。

（5）保证原材料及安装材料及时进场，进场时间要满足施工需要，对施工所用的原材料及安装材料要列出清单，避免个别材料进场不及时造成窝工、停工。

（6）劳动力供应一定要充足并合理搭配，技术培训常态化，提高作业人员的技能水平，核心技术工人队伍要保持稳定。

（7）设备供应要做好策划，根据施工技术方案合理优化，型号和性能灵活匹配，满足施工要求。

（8）预制构件进场后，应尽可能采用直接吊装的作业方式。

（9）合理安排工序，有效实施流水作业和穿插施工。

（10）运用 BIM 技术手段，保证施工质量，提高施工效率。

9.5　甲方对施工环节管理常见问题

1. 项目团队没有经验的情况下不招聘内行人员或不聘请顾问

装配式建筑施工安装与传统现浇施工有较大不同，若甲方项目管理团队没有经验，又没有招聘内行人员或聘请相关顾问，施工现场无法得到有效管控，将不可避免地影响项目开发建设的进度、质量和成本。

2. 没有进行装配式系统培训

甲方没有根据装配式建筑的特点及时对设计、招标采购、施工管理等内部管理人员进行系统培训，导致管理水平和技能达不到装配式建筑施工管理的要求。

3. 对工程进度计划管理不到位

甲方仍然惯性地按照传统建筑施工现场的管理模式对工程进度计划进行管理，导致工程实际进度与计划进度相差甚远，对整个项目的总体计划目标造成较大影响。

4. 对需要关注和管控的问题不清楚

甲方对施工安装需要关注和管控的问题不清楚，如施工方案、施工进度、安装质量、重点节点把控、重点材料验收、施工工序衔接、作业穿插等，导致现场进度、质量、安全出现问题，项目无法顺利推进。

5. 没有制定预防管控问题的方案

甲方对施工过程中容易出现的问题没有制定专项预防管控方案，问题出现时，手忙脚乱，穷于应付，问题处理的质量和效率都大打折扣。

6. 对关键环节没有要求

甲方在与施工方、监理单位签订合同时，没有对影响质量、工期和成本的关键环节提出要求，如预制构件吊装、套筒灌浆、安装缝打胶等环节，关键环节一旦出现问题，甲方将遭受较大的损失。

7. 对关键环节监督检查不够

甲方由于人员缺少或管理经验不足，又没有聘请专业的管理或咨询团队，也没有借助视频拍摄等辅助管理手段（图 9-31），导致对关键环节监督检查不够，容易出现严重的质量问题。

8. 对监理要求不具体

甲方对监理人员重点监理项目、监理手段和方法、监理工作标准要求不具体，导致监理对责任及监理范围不清晰，容易导致监理内容漏项或达不到监理效果。

9. 对现场管理人员监督检查不到位

甲方对施工单位项目管理人员、技术人员、质检人员业务能力、责任心等监督检查不到位，导致施工现场管理不规范，施工组织不严密，影响项目的顺利进行。

▲ 图 9-31　灌浆过程视频拍摄存档

10. 没有制定出现问题的报告和处理程序

甲方没有制定施工现场出现问题的报告和处理程序，导致施工单位对现场出现的问题自行处理或不处理，没有报告监理或甲方，造成质量事故或埋下质量安全隐患。

9.6　甲方对施工环节管理要点

1. 重点问题清单

（1）按合同要求的内容，对主要预制构件等部品部件、材料进行对板验收。

（2）严格审查《监理规划》，以便监督监理公司的质量管理行为。

（3）审核施工方案内容是否符合招标文件和甲方管理文件要求，主要包括：管理架构、技术措施、质量安全等。

（4）按总的进度计划审核施工单位施工进度计划，派驻专人监督预制构件生产进度情况。

（5）建立联合验收制度，即甲方组织施工单位、监理、设计、预制构件工厂等对预制构件首批安装的验收制度。

（6）制定关键工序的检查验收标准及监督检查办法。

（7）对高空作业、交叉作业等应进行安全交底；监督施工单位在施工现场设立安全警示标志、配备完善的安全防护设施。

（8）制定施工现场出现问题的报告和处理程序。

2. 在与施工单位、监理单位的合同中做具体约定

甲方可在与施工单位、监理单位的合同中对施工环节的管理重点做出具体规定，具体规定可以以合同附件的形式体现，包括但不限于以下内容：

（1）预制构件进场验收应符合规范要求。

（2）预制构件存放场地、存放设施和存放方式应符合审批方案要求。

（3）规范使用专业吊具吊装预制构件。

（4）预制构件支撑体系搭设、拆除须符合设计及规范要求。

（5）施工单位灌浆作业中，一旦灌浆失败须立即进行冲洗并按审批的灌浆方案重新灌浆。

（6）灌浆、外墙安装缝打胶环节应旁站监理。

（7）监理人员应按规范要求及时进行隐蔽工程验收。

3. 甲方项目团队或委托咨询机构进行检查监控

甲方项目管理团队应对施工的关键环节进行有效的检查监控。如甲方项目管理团队无装配式管理经验，可委托专业的咨询机构代行检查监控的职责，对实施的建设项目进行精细化管理，提高工程项目的施工和竣工验收等阶段的管理效果。

4. 制定详细的检查监控方案

（1）重要材料、设备的质量监控

由于许多重要的材料、设备均为甲供，因此必须严格审核招标文件和合同条款。对于乙供材料，必须在施工合同或限价过程中给予必要的质量要求描述。监理单位对所有进场材料需根据规范要求查看合格证和检验报告等资料，对于主要结构材料和连接材料尚应进行抽检，未经检查合格的材料不得使用。发现不合格品时，予以退货。

（2）对隐蔽工程及重要和关键工序的监控

甲方应建立质量检查制度，对隐蔽工程及重要和关键工序（如高支模、灌浆、重要部位的混凝土浇筑、防水工程、装修工程等）要会同监理单位到施工现场进行检查。当出现不合格项时，要求监理人员填写《整改通知单》，并要求其负责施工单位整改后的验证和封闭。

（3）严格中间验收

在需要进行中间验收的分部工程完工后，按照有关施工中间验收控制程序的规定核查质量并组织验收。在单位工程完工后，通知监理单位按照工程竣工验收控制程序的规定核查质量，并组织验收。

5. 施工现场设立监控系统

甲方利用施工现场的监控系统可以更有效地进行现场监督检查和管理，可实时检查存在的问题，随时了解和掌握工程进度。在

▲ 图 9-32　施工现场监控系统

监控系统的技术支持下，可大大提高甲方对施工现场的管理效率和质量，见图 9-32。

9.7　出现质量隐患或事故的处理程序与要点

装配式建筑工程在施工过程中，可能会出现质量隐患或事故，原因较为复杂，涉及的专业和部门较多，因此如何正确处理显得尤为重要，质量隐患或事故的正确处理应遵循两不准原则：不准瞒报，不准自行处理，力求采用及时完善、科学准确、经济合理的处理方式，为各方所接受。

1. 质量隐患或事故报告程序与要点

装配式建筑和现浇建筑质量隐患或事故处理的程序相似，工程质量隐患或事故发生后，项目部事故处理调查小组按以下程序进行：

（1）立即停止进行装配式质量隐患或事故部位和其有关部位及下道工序施工。

（2）在质量隐患或事故作业区域采取必要的措施，防止隐患或事故扩大，并保护好现场。

（3）迅速按类别和等级向相关单位报告，报告程序为：项目技术负责人在事故发生 24h 内（重大事故应先立即当面或电话告知）发出事故报告表→施工单位项目经理→监理单位→甲方。

（4）质量隐患或事故报告应包括以下主要内容：

1）隐患或事故发生的单位名称、工程名称、部位、时间、地点。

2）隐患或事故概况和初步估计的直接损失。

3）隐患或事故发生原因的初步分析。

4）隐患或事故发生后正在或已经采取的措施。

5）其他应报告的相关信息。

2. 质量隐患或事故处理流程

质量隐患或事故处理流程（参考）见图 9-33。

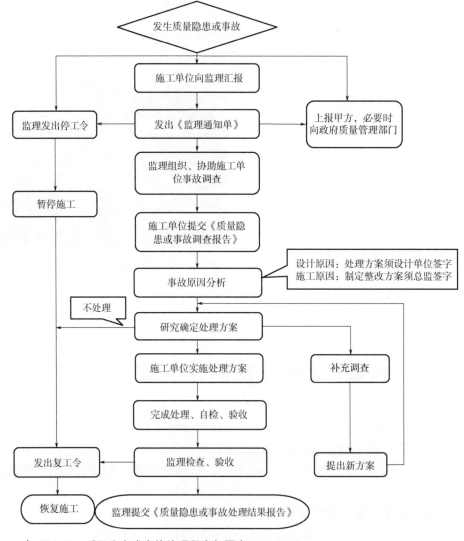

▲ 图 9-33　质量隐患或事故处理程序与要点

第 10 章
监理管理问题及预防

本章提要

本章列出了装配式建筑监理常见问题和甲方对监理管理的常见问题；提出了甲方关于监理环节管理的要点；给出了甲方对驻厂监理工作、施工环节特别是灌浆作业监理工作进行监督管理的具体要求。

10.1 装配式建筑监理常见问题

10.1.1 装配式建筑监理常见问题

甲方委托监理进行工程质量和安全的监督与管理。由于装配式混凝土建筑是新事物，一部分作业由施工现场转移到了工厂，施工环节的作业内容也与现浇混凝土建筑不尽相同，甲方应当了解装配式混凝土建筑监理工作中存在的常见问题，通过选择合格的监理企业、签订适宜的监理合同以及通过有效的管理措施避免这些问题的发生。

装配式混凝土建筑监理常见问题如下：

1. 监理单位没有从事过装配式建筑监理工作，不具备有效监理的能力

由于装配式建筑开展不久，很多监理单位从未从事过装配式混凝土建筑监理工作，没有实际业绩，更没有经验，不具备预防和处理问题的能力，这种摸着石头过河的状况可能会给甲方造成质量隐患或安全隐患。

2. 监理企业内部没有装配式建筑全过程各个环节的监理细则与工作程序

从事装配式混凝土建筑监理的企业，没有制定装配式混凝土建筑全过程各个环节的监理细则与工作程序，监理人员工作无章可循。

3. 项目监理团队没有装配式建筑的监理经验

项目监理团队从总监到普通监理都没有装配式混凝土建筑的监理工作经验，也未聘请顾问或与有经验的监理企业合作。

4. 监理人员接受的装配式建筑监理业务的专业培训内容不全

作为新的建造方式，装配式混凝土建筑与传统建造方式有很大的不同，这就要求监理人员应同步接受装配式建筑方面的专业培训，没接受过这方面的专业培训或者专业培训内容不

全，都可能因监理工作不专业、不
到位而导致装配式建筑出现质量和
安全方面的隐患。

5. 监理人员没有驻厂

与传统建造方式相比，装配式
混凝土建筑最大的变化就是将一部
分作业从施工现场转移到了工厂。
如果没有安排驻厂监理或驻厂监理
身兼其他工作，在监理必须在场的
工厂作业环节（如每天都可能进行
的预制构件的隐蔽工程验收，见图
10-1）缺席，都可能造成管理失控。

▲ 图 10-1　浇筑前的隐蔽工程验收

6. 规范要求的灌浆旁站监理缺席

灌浆作业是装配式混凝土建筑结构连接中最关键的环节，规范要求须旁站监理，有些项
目没有做到旁站监理，就有可能无法保证灌浆饱满度和结构连接质量。

10.1.2　各级监理人员应掌握的装配式建筑基本知识

装配式混凝土建筑的监理人员不仅要掌握监理基础业务知识和传统现浇建筑的相关知
识，还应按管理范围掌握相应的装配式建筑知识，具体包含以下内容：

1. 装配式混凝土建筑基本知识

（1）装配式混凝土建筑的基本概念。

（2）装配式建筑国家标准《装标》、行业标准《装规》、《钢筋连接用灌浆套筒》JG/T
398—2012、《钢筋连接用套筒灌浆料》JG/T 408—2013 和国家其他及项目所在地的地方标准
中关于装配式建筑相关材料、制作和施工的规定。

（3）装配式混凝土建筑所采用的预制构件及适用的结构体系。

（4）装配式混凝土建筑结构连接的基本知识，特别是套筒灌浆的基本原理、作业方法和
监理要点等。

（5）装配式混凝土建筑图纸会审和技术交底的要点。

（6）对于质量和安全方面的违章或者不合格作业有基本的判断能力并熟悉处理流程。

（7）关于吊具、吊索、索具以及吊装作业的基本知识。

2. 驻厂监理应掌握的预制构件制作知识

（1）驻厂监理的工作内容与重点。

（2）预制构件制作工艺基本知识。

（3）预制构件制作方案审核的主要内容。

（4）预制构件制作原材料和部件基本知识及监理要点。

（5）试验项目的范围、规定及灌浆套筒抗拉强度试验方法。

（6）预制构件模具基本知识和监理要点。

（7）装饰一体化预制构件基本知识和监理要点。

（8）钢筋加工基本知识和监理要点。

（9）钢筋、套筒、金属波纹管、预埋件、预埋物等入模固定的基本知识与监理要点。

（10）吊点的锚固、局部加强加固等基本知识。

（11）预制构件制作隐蔽工程验收要点。

（12）预制构件混凝土浇筑基本知识和监理要点。

（13）预制构件混凝土取样试验监理要点。

（14）预制构件养护基本知识和监理要点。

（15）预制构件脱模、翻转基本知识和监理要点。

（16）预制夹芯保温外墙板基本知识和监理要点。

（17）预制构件存放、倒运、装车、运输基本知识和监理要点。

（18）预制构件检查验收的规定。

（19）预制构件修补的基本知识和监理要点。

（20）预制构件成品保护基本知识和监理要点。

（21）预制构件档案与出厂证明文件的要求等。

3. 驻工地现场监理应掌握的装配式混凝土建筑施工知识

（1）装配式混凝土建筑施工监理项目与重点。

（2）装配式混凝土建筑施工方案审核的主要内容。

（3）装配式混凝土建筑施工质量体系要点。

（4）预制构件进场检查方法与要点。

（5）施工用材料、配件基本知识和监理要点。

（6）集成化部品部件基本知识和进场验收要点。

（7）预制构件在运输车上直接吊装的基本知识和监理要点。

（8）预制构件在工地临时存放、场内运输基本知识和监理要点。

（9）预制构件吊装知识与监理要点。

（10）装配式混凝土构件连接基本知识和监理要点。

（11）预制构件临时支撑基本知识与监理要点。

（12）灌浆作业基本知识和旁站监理要点。

（13）后浇混凝土隐蔽工程监理要点。

（14）后浇混凝土浇筑监理要点。

（15）防雷引下线基本知识与监理要点。

（16）预制构件接缝基本知识与监理要点。

（17）内装施工监理要点。

（18）成品保护监理要点。

（19）工程验收的规定。

（20）工程档案的规定。

4. 总监应掌握的知识

总监除掌握以上知识外，还应掌握装配式混凝土建筑及其监理的全面知识和能力，包括：

（1）装配式混凝土建筑国家标准、行业标准和项目所在地的地方标准中关于设计的规定，熟悉连接节点的设计要求。

（2）熟悉装配式混凝土建筑专用材料基本性能，特别是物理、力学性能。

（3）熟悉吊具、吊索、预制构件支撑的设计计算方法，有审核设计的能力。

（4）对装配式混凝土建筑预制构件制作与施工出现的一般性安全、质量问题有解决能力。

（5）对装配式混凝土建筑预制构件制作与施工出现的重大问题有组织设计、制作、施工单位共同解决问题的能力。

以上装配式混凝土建筑监理应掌握的专业知识内容，可通过项目实践、专业咨询机构咨询、有经验专业技术人员培训、通过学习国家标准/行业标准/地方标准以及相关专业技术书籍（可参考机械出版社出版的《装配式混凝土建筑口袋书——工程监理》一书）来掌握。

10.2　甲方对监理管理的常见问题

甲方对装配式混凝土建筑监理的管理存在的主要问题可以归纳为以下"六个没有"：

1. 没有按照装配式建筑特点选择监理企业

有些甲方为了贪图方便，或者直接委托给长期合作的监理企业，或者没有考虑监理企业是否具有装配式建筑的监理经验和团队，选择了对装配式混凝土建筑特点、知识和规范不熟悉的监理企业，导致最终对预制构件质量或者工程质量不能把控。

2. 没有在合同中对监理企业提出有关装配式的具体要求

有些甲方虽然选好了装配式混凝土建筑监理单位，但是对该监理单位的工作内容却没有要求，比如：

（1）没有要求监理单位派驻驻厂监理

预制构件制作环节的质量控制非常重要，甲方应委托监理单位作为工程质量控制的监管方，必须派驻驻厂监理。主要原因参见本书第 8 章 8.3 节。

（2）没有要求监理单位对灌浆作业进行旁站监理

构件连接的灌浆作业环节对于工程质量至关重要，甲方应委托监理单位作为工程质量控制的监管方，对灌浆作业进行全程的旁站监理。

3. 没有按照装配式建筑监理工作范围扩大的特点增加监理费用

装配式混凝土建筑增加了预制构件工厂、桁架筋加工厂和其他预制部品部件工厂的监理范围，增加了灌浆作业旁站监理作业内容，监理工作量增加，监理人员增加，由此导致监理成本增加，如果甲方仍按照传统施工方式支付监理费用，监理公司就可能减少一些必要的监理工作。所以，甲方在确定监理费用时应考虑监理企业因装配式而发生的成本增量。

4. 没有制定装配式建筑发现质量问题的处理流程

装配式混凝土建筑出现设计、预制构件制作和安装质量问题时，不应任由工厂或施工企业自行处理，应当制定一个流程，由甲方负责或委托监理负责、组织监理、设计、制作、施工各方共同进行问题性质与危害性的判断，制定处理方案。包括（不限于）预埋件预埋物遗漏、钢筋干涉无法安装、套筒或伸出钢筋误差大无法安装、预制构件裂缝、灌浆不饱满等。

5. 项目实施过程中没有对监理工作进行检查和参与关键环节

甲方把所有有关质量、安全方面的问题都交给了装配式建筑监理，但却对监理本身没有抽查或检查，容易使监理人员懈怠并导致监理工作不到位。

还有些关键环节，如灌浆套筒抗拉强度试验、首件进入施工现场验收、首层或首个单元安装等，甲方未参与其中或未进行抽查。

6. 没有建立甲方、监理、设计、制作和施工方的信息交流平台

由于装配式建筑是个新事物，各个环节经验不多，及时沟通就显得非常重要。装配式混凝土建筑不像普通建筑施工那样大多数问题在现场就能解决，借助于网络平台和影像、视频手段进行沟通非常便利和高效，甲方、监理、设计、制作和施工环节应当建立沟通信息的交流平台，如微信群等。

10.3 甲方对监理环节管理的要点

甲方对装配式混凝土建筑监理环节的管理要点见表 10-1。

表 10-1 甲方对监理管理要点一览表

阶段	要点			说明
	序号	事项	具体内容	
选择监理企业	1	优先选择"四有"监理企业	有业绩、有经验、有装配式建筑监理制度、有监理过装配式混凝土建筑的总监和监理人员	"四有"原则应同时适用于预制构件工厂的驻厂监理和施工现场的现场监理两部分
	2	如果选用没有装配式混凝土建筑监理业绩的企业，其项目管理团队必须有经验，有项目监理制度	可与有经验的监理企业合作或聘请装配式专项监理顾问；最基本也得要求该单位的监理人员要经过严格的装配式监理专业知识培训，并给出需要培训的知识要点	
与监理企业的合同要点	1	关于装配式的监理工作的要求	应特别强调预制构件工厂的驻厂监理和灌浆作业的旁站监理	宜设立合同评审程序，并在该程序中增加装配式混凝土建筑监理的合同评审内容
	2	驻厂监理要求	给出监理要点，如隐蔽工程验收等	
	3	工厂档案要求	抽查档案是否完整、正确、及时	
	4	合格构件出厂要求	抽查出厂构件质量	
	5	工地监理要求	对构件临时存放区管理、吊装安全管理等提出要求	
	6	灌浆作业旁站监理要求	监理人员必须到位，且有影像记录	
	7	问题处理流程	要有明确的问题处理流程图，如图 10-2 所示	
	8	装配式环节与监理有关的档案要求	明确增加的档案内容	
	9	适当增加监理费用	在合同中注明	

(续)

阶段	要点			说明
	序号	事项	具体内容	
甲方对监理的管理	1	驻厂监理抽查	不定期去构件厂抽查	重点是微信群随时监督以及不定期现场抽查
	2	旁站监理检查	有灌浆作业时不定期抽查，无灌浆作业时可抽查旁站监理视频影像资料	
	3	建立多方信息平台	设立沟通微信群	
	4	对问题处理的检查	依照问题处理流程图进行	

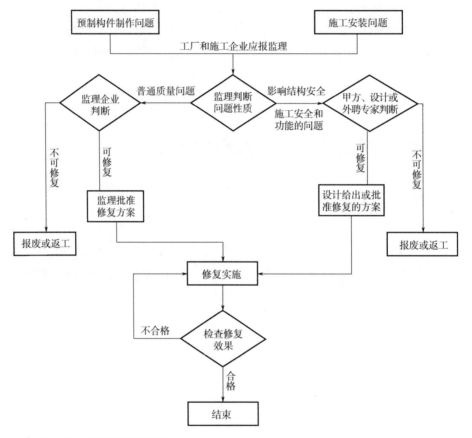

▲ 图 10-2   问题处理流程图

10.4   甲方对驻厂监理的抽查

装配式混凝土建筑许多作业转移到工厂，预制构件的质量涉及结构安全和施工安全，监理人员驻厂是装配式建筑监理的最主要的特点，甲方对此必须予以高度重视并进行抽查。

1. 驻厂监理的工作内容

装配式混凝土建筑驻厂监理的具体监理工作内容参见表 10-2。

表 10-2　装配式混凝土建筑驻厂监理工作内容

类别	监理项目	监理内容
图纸会审与技术交底	熟悉设计图、领会设计意图，明确质量控制关键环节的重点与难点	参与工厂图纸会审与技术交底
	分析预制构件制作、运输、存放及现场吊装、临时固定、连接施工的可行性和便利性，提出设计优化建议	
	检查各类试验验证、检测的设计参数是否明确	
	检查装配式混凝土建筑常见质量问题和关键环节，是否结合本工程实际制定了相应技术措施或设计优化方案	
制作方案审核	审查制作方案内容的全面性、可操作性	审核方案
	制作中的重点、难点及相应施工措施	
	方案是否符合国家强制性标准要求，如是否有灌浆套筒抗拉强度试验方案等	
原材料	套筒或金属波纹管	检查资料，参与或抽查实物检验
	外加工的桁架筋	到桁架筋加工厂监理和参与进场验收
	钢筋	检查资料，参与或抽查实物检验
	水泥	检查资料，参与或抽查实物检验
	细骨料（砂）	检查资料，参与或抽查实物检验
	粗骨料（石子）	检查资料，参与或抽查实物检验
	外加剂	检查资料，参与或抽查实物检验
	吊点、预埋件、预埋螺母	检查资料，参与或抽查实物检验
	钢筋间隔件（保护层垫块）	检查资料，参与或抽查实物检验
	装饰一体化构件用的瓷砖、石材、不锈钢挂钩、隔离剂	检查资料，参与或抽查实物检验
	门窗一体化构件用的门窗、钢副框	检查资料，参与或抽查实物检验
	防雷引下线	检查资料，参与或抽查实物检验
	须预埋设到构件中的管线等预埋物	检查资料，参与或抽查实物检验
试验	灌浆套筒抗拉强度试验	旁站监理，审查试验结果
	混凝土配合比设计、试验	复核
	夹芯保温板拉结件试验	检查资料，参与或抽查实物检验
	浆锚搭接金属波纹管以外的成孔试验验证	审查试验结果
模具	模具进厂	检查
	模具生产的首个构件	检查
	模具组装	抽查
	门窗一体化构件门窗框入模	抽查
	装饰一体化构件瓷砖或石材入模	抽查

（续）

类别	监理项目	监理内容
钢筋、预埋件、预埋物	钢筋加工与骨架制作	抽查
	钢筋骨架入模	抽查
	套筒或浆锚孔内模或金属波纹管入模、固定	检查
	吊点、预埋件、预埋物入模、固定	抽查
	隐蔽工程	检查、签字隐蔽工程检查记录
混凝土浇筑、养护、脱模	混凝土配合比计量复核	检查
	混凝土浇筑、振捣	抽查
	混凝土试块取样	检查
	构件养护静停、升温、恒温、降温控制	抽查
	脱模强度控制	审核
	脱模后构件初检	检查
夹芯保温外墙板制作的保温板铺设和拉结件安装	保温板铺设	检查
	拉结件安装	检查
验收与出厂	构件修补	审核方案、抽查
	构件标识	抽查
	构件存放	抽查
	构件出厂检验	验收、签字
	构件装车	抽查
	第三方见证检验项目取样	检查
	检查工厂技术档案	复核

2. 驻厂监理的监理重点

装配式混凝土建筑驻厂监理的监理重点主要包括以下 8 个方面：

（1）准备阶段

1）参与图纸会审。由于装配式混凝土结构属于新技术，不如现浇混凝土结构及钢结构设计成熟，设计人员在设计方案制定过程当中应与制作方、施工方交流探讨，吸取经验，使得设计方案不断优化和完善。在图纸会审时，对涉及结构安全的问题，应从设计角度来解决，做到事前控制，以利于现场安装和保证质量。

2）审核预制构件制作的技术方案，熟悉构件制作流程，制定驻厂监理细则，明确监理工作流程，为后续监理工作奠定基础。

（2）对工厂预制构件制作涉及结构安全的主要原材料和配件进行重点检查，见证取样，并跟踪复试结果。涉及构件结构安全的主要原材料和配件有：钢筋、水泥、砂子、石子、套筒、连接件、吊点及临时支撑的预埋件等。

（3）预制构件工厂大都拥有混凝土搅拌站，混凝土材料自产自用。这就要求驻厂监理按设计和规范要求重点检查混凝土配合比、留置试块情况，还需要有资质的实验室对混凝土进行试验，跟踪试验结果，保证混凝土强度。

（4）重点检查连接夹芯保温外墙板的内叶板和外叶板的拉结件锚固深度、数量设置、位置是否符合设计计算的要求，保证内叶板和外叶板形成有效且安全可靠的连接。

（5）隐蔽工程验收重点检查套筒或金属波纹管定位、钢筋骨架绑扎、钢筋锚固长度及钢筋保护层厚度，保证装配式建筑构件自身的结构安全和竖向结构连接的安全，参见本书第 8 章图 8-34 浇筑前隐蔽工程检查拍照。

（6）套筒灌浆是装配式建筑中最重要的环节，因此灌浆套筒抗拉强度试验的监理是驻厂监理最重要的工作，要求驻厂监理旁站，审核试验结果。

（7）预埋件隐蔽验收，重点检查吊点的位置、数量、规格型号及安装情况，吊点设置的正确、可靠与否直接影响施工吊装的作业安全；还要重点检查临时支撑预埋件的位置、数量、规格型号及安装情况，临时支撑预埋件直接影响预制构件的固定及校正，从而影响施工安全。

（8）混凝土浇筑完成后，驻厂监理重点检查混凝土养护，跟踪混凝土试验结果，控制预制构件实体强度，以此确定拆模、运输、吊装的时间，保证构件自身的结构安全。

3. 对驻厂监理的抽查

对驻厂监理的抽查就是指甲方定期或不定期对上述驻厂监理的工作内容及监理重点进行抽查，以检验驻厂监理的有效性。

10.5　甲方对现场监理的监督

1. 装配式混凝土建筑现场监理的监理项目和监理内容

装配式混凝土建筑现场监理的监理项目和监理内容可参见表 10-3。

表 10-3　装配式建筑现场监理的监理项目和监理内容

类别	监理项目	监理内容
准备	图纸会审与技术交底	参与
	施工组织设计	审核
	重要环节技术方案制定	参与、审核
	实体样板制作、评估	参与
预制构件等部品部件	构件入场验收	参与、全数核查
	其他部品入场验收（门窗、内隔墙、集成卫生间、集成厨房、集成收纳等）	参与、抽查
施工现场原材料	灌浆料	检查资料、参与验收实物
	接缝封堵及分仓材料	检查资料、参与验收实物
	钢筋	检查资料、参与验收实物
	商品混凝土	检查资料、参与验收实物
	临时支撑部品部件	检查资料、参与验收实物

(续)

类别	监理项目	监理内容
施工现场原材料	安装构件所用的螺栓、螺母、连接件、垫块	检查资料、参与验收实物
	构件接缝保温材料	检查资料、参与验收实物
	构件接缝防水材料	检查资料、参与验收实物
	构件接缝防火材料	检查资料、参与验收实物
	防雷引下线连接用材料和防锈蚀材料	检查资料、参与验收实物
试验	受力钢筋套筒抗拉强度试验	见证取样检查、审核结果
	吊具、吊索、索具检验	检查
预制构件安装前作业	现浇混凝土伸出钢筋精度控制	检查
	安装部位混凝土质量	检查
	放线测量方案与控制点复核	检查
	水平构件临时支撑搭设	检查
	剪力墙板接缝封堵及分仓方案	审核
预制构件吊装	构件安装定位	检查
	竖向构件斜支撑搭设	检查
	灌浆作业	旁站全程监督
	外挂墙板、楼梯板等螺栓固定	检查
	防雷引下线连接	检查
后浇混凝土施工	后浇筑混凝土钢筋加工	抽查
	后浇筑混凝土钢筋入模	检查
	后浇混凝土模板支设	检查
	后浇混凝土隐蔽工程验收	检查、签字隐蔽工程记录
	叠合层管线敷设	抽查
	后浇混凝土浇筑	抽查
	后浇混凝土试块留样	抽查
	后浇混凝土养护	抽查
其他作业	构件接缝保温、防水、防火施工	抽查
	临时支撑拆除	检查
	后浇混凝土模板拆除	检查
	其他部品安装	抽查
工程验收	安装工程	验收、签字
	工程技术档案	复核

2. 现场监理的监理重点

装配式混凝土建筑现场监理的监理重点主要包括以下 10 个方面：

（1）准备阶段的施工组织设计和重要环节技术方案制定。这对于后续的监理工作有着非常重要的指导意义，必须引起足够的重视，把方案做好、做细。

（2）预制构件入场验收。判断预制构件的质量好坏对于现场监理来说非常重要，一旦有缺陷甚至有安全隐患的预制构件没有在入场验收的时候被发现，会造成安装阶段大量的窝工或返工现象，影响工期，并增加成本。

（3）受力钢筋套筒抗拉强度试验和吊具（包括吊索、索具）检验。受力钢筋套筒抗拉强度试验是很容易被忽视的试验，但对于结构安全来说却是至关重要的一环。吊具在安装过程中使用非常频繁，因此对于吊具的检验也至关重要。

（4）现浇混凝土伸出钢筋精度控制及检查。现浇转换层伸出钢筋的规格型号、位置、伸出尺寸的准确与否，直接影响竖向预制构件能否顺利安装，以及装配式混凝土建筑的结构安全，所以必须采取钢筋定位等有效措施确保伸出钢筋的精度，并严格检查验收。

（5）后浇混凝土伸出钢筋精度控制及检查。后浇混凝土连接的核心是钢筋连接，后浇混凝土伸出钢筋精度控制、检查是保证连接质量的重要手段。

（6）灌浆作业。灌浆作业是装配式混凝土建筑施工中最为重要的关键节点之一。灌浆作业的质量直接影响着建筑物耐久性和安全性。因此，对灌浆作业必须进行全程旁站监理（如图 10-3 所示），从而保证灌浆作业的质量符合设计及规范要求。

（7）外挂墙板活动支座及楼梯滑动端的连接。外挂墙板活动支座的螺栓须按照设计给出的拧紧力矩要求紧固，不得过于拧紧；同样楼梯滑动端也不得采取刚性固定的方式。这样的设计是为了地震的时候外挂墙板或楼梯不会随着地震产生的层间位移而扭动，一是保护构件本身不被破坏，二是避免把这种层间位移的反作用力传递给主体结构，造成主体结构破坏。但现场施工工人往往不懂这个原理，会把外挂墙板活动支座螺栓锁紧，把楼梯滑动端用水泥浆料固定住，使这种设计失效，从而造成安全隐患。因此这也是监理人员应该重点关注的环节之一。

（8）后浇混凝土的隐蔽工程验收。后浇混凝土是连接预制部分和现浇部分的重要连接节点之一，其重要性不言而喻，监理人员要防止现场施工人员忽略其质量的重要性。

▲ 图 10-3　灌浆作业旁站监理

（9）安装缝封堵及打胶作业。外挂墙板、夹芯保温剪力墙外墙板安装后须对安装缝进行封堵及打胶作业，如果封堵不严，就会造成渗水，影响使用功能及保温效果，此外打胶效果对建筑的整体外观质量也有直接影响，因此，监理人员须对安装缝封堵及打胶作业给予足够重视。

（10）安装工程验收和工程技术档案。安装工程验收是最后一道把握安装工程质量的关口，工程技术档案的好坏则直接影响到质量和责任的追溯等，这也是监理工作中极其重要的一环。

3. 对灌浆作业旁站监理的监督

灌浆作业如此重要，以至于除了监理单位应有专门监理人员进行旁站监督（图 10-3）外，甲方也应对监督灌浆作业的旁站监理进行监督，监督方式可以是派驻专门的监督人员或者是对灌浆施工进行全过程视频拍摄，并将该视频作为工程施工资料予以留存。

视频内容应包含：灌浆施工人员、专职检验人员、旁站监理人员、灌浆部位、预制构件编号、套筒顺序编号、灌浆出浆情况等。视频拍摄以一个构件的灌浆为一个段落，宜定点连续拍摄。

第 11 章
成本控制问题及解决思路

本章提要

对比分析了国内外装配式混凝土建筑的成本情况，分析了国内装配式建筑成本高的原因，指出了国内甲方在装配式成本控制上的问题，并给出了甲方降成本增效益的思路和选项。

11.1 装配式混凝土建筑成本现状

11.1.1 国外装配式混凝土建筑的成本情况

装配式混凝土建筑是为了大幅度降低建造成本才提出并发展起来的。目前，正常情况下其他国家没有装配式混凝土建筑的成本高于现浇混凝土建筑成本的；也没有强制采用装配式的政策规定，如果成本高了，甲方、设计方、施工方都不会选择做装配式。所以，国外凡是做装配式的混凝土结构建筑除特别情况外（如不能进行现浇作业），一定是节省成本的。

国外装配式混凝土建筑的成本之所以低，主要有以下 9 个方面的原因：

1. 建筑风格和建筑形式适合做装配式

国外的装配式混凝土建筑大多是建筑风格和建筑形式上适合做装配式，甚至只有装配式才能建造的建筑。

20 世纪 50 年代，世界四大著名建筑大师之一的勒·柯布西耶设计了马赛公寓，采用了大量预制清水混凝土构件（图 5-8）。简单粗放的马赛公寓在浪漫的法国不受欢迎，但这种风格的建筑在德国却受到欢迎。项目规模大，装配式加上不装饰，大幅缩短了建设工期、降低了建造成本。

贝聿铭设计的普林斯顿大学学生宿舍是 4 层建筑（图 11-1），一共 8 栋。这组建筑没有柱、梁，只有楼板和墙板，板厚都是 20.32cm。8 栋建筑全部构件均为预制，墙板最长12m，重 1.78t。墙板与墙板、墙板与楼板之间用螺栓连接。这组建筑于 1973 年建成，是美国最早的全装配式混凝土建筑，因采用装配式建造方式，成本降低约 30%，还大大缩短了工期，建筑风格也颇有特色。

北欧或东欧的冬期长、气温低、白天短，可施工时间少，而装配式建筑可以大幅缩短现场施工时间，利用冬季时间在室内进行大量的预制构件制作，在另外的春夏秋三季进行现场吊装和施工，从而实现全天候施工，大幅缩短了建造工期，提高了投资效益。

日本绝大多数建筑项目单体建筑数量很少，所以多层建筑较少

▲ 图 11-1 贝聿铭设计的普林斯顿大学学生宿舍

采用装配式，因为模具周转次数少，搞装配式造价太高；高层及超高层建筑绝大多数采用装配式，一般是混凝土结构或钢结构装配式建筑。日本是世界上装配式混凝土建筑运用最为成熟的国家，质量好、工期短、效率高。图 11-2 是 2012 年竣工的日本东京石神井公园计划项目，为装配式混凝土建筑，地上 25 层（1~3 层是现浇结构，4~25 层为装配式结构）。日本很多钢结构装配式建筑，也使用外挂墙板、叠合楼板等混凝土预制构件，见图 11-3。

2. 选择的结构体系适宜做装配式

国外高层、超高层装配式建筑通常选择的是柱梁结构体系，因柱梁结构体系是装配式建筑中应用时间最早、案例最多、技术最成熟的结构体系，故其规范和标准相对齐全、连接节点设计构造简单、预制构件安装方便、效率高，综合成本相对低。同时，预应力构件应用较多，在结构部分本身可以节省成本，或至少不增加成本。例如图 11-2 的装配式项目，地

▲ 图 11-2 日本东京石神井公园计划项目　　▲ 图 11-3 日本采用混凝土外挂墙板的钢结构装配式建筑

上 25 层，1~3 层是银行、4~25 层是住宅，选择做框架结构，并采用了预应力楼板。

3. 连接节点趋向于简单

柱梁结构体系采用的预制构件主要是柱、梁、板，相对于剪力墙结构体系来说，柱梁结构体系连接相对简单，因而经济性好。如竖向构件预制柱的连接只有上下两处，而剪力墙板的连接是上下左右共 4 处，柱的连接是点连接，墙板的连接是线连接。同时，对低多层建

筑或抗震设防烈度低的地区的建筑多采用连接方式更简单的（如干连接）全装配式混凝土结构（图11-4和图11-5），效率高、成本低。而我国多采用灌浆套筒等湿连接方式，甚至在规范中给出的便捷的连接方式也极少应用，例如对于多层墙板的水平钢筋用锚环灌浆连接的方式（《装标》第5.8.6条）。

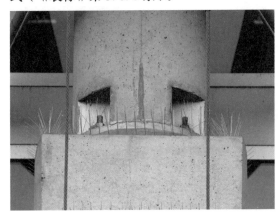

▲ 图11-4　美国凤凰城图书馆预制柱脚采用螺栓连接

▲ 图11-5　美国凤凰城图书馆预制柱和预制梁采用搭接方式连接

4. 一些预制构件的标准化程度很高

国外有些预制构件，如叠合板、双皮墙板、预应力楼板等标准化程度很高（图11-6～图11-8），生产制作和施工安装都非常方便，可有效降低装配式建筑成本。预应力楼板的大量应用，可以实现大跨度、大开间，还可节省结构本身的混凝土和钢筋用量。

5. 有些难以标准化的构件，专业化程度高

日本高桥公司的几家预制构件工厂只生产非标准化的装饰一体化外挂墙板（图11-9）。这类企业通过专门生产复杂构件，专门生产某一类构件，以高度专业化、高技术含量、高精度来获得成本优势和市场份额。而我国一般是一个项目的所有预制构件都是由一家构件厂生产，难以体现专业化分工的优势。

▲ 图11-6　日本高村山梨第二工厂生产的标准化叠合楼板

▲ 图11-7　日本富士PC东北工厂生产的标准化预应力板

▲ 图 11-8　欧洲某品牌的自动化预应力板生产线

▲ 图 11-9　日本高桥筑波工厂生产的装饰一体化外挂墙板

6. 没有三个欠账：管线分离、同层排水、全装修

无论是装配式建筑还是传统现浇建筑，全装修交房、管线分离（图 11-10～图 11-12）、同层排水、高质量标准等是发达国家的普遍做法和要求，在这样高标准的前提下，传统现浇建筑与装配式建筑之间的工程内容差异较小、成本差异较小，而装配式可以缩短工期，综合成本相对低。我国借发展装配式之机来推行这些先进的做法，提升建筑品质，这部分工程内容的成本增加属于补课性质，不属于搞装配式产生的成本增量。

▲ 图 11-10　设置吊顶来实现管线分离

▲ 图 11-11　采用楼地面架空来实现管线分离

7. 采用集成式部品较普遍

美国等发达国家很多建筑结构主体不是装配式，但在外围护系统和内装系统上装配化程度却比较高，装配式部品部件应用普遍，特别是集成部品部件，例如集成化外墙板、集成厨卫、集成收纳和家具等。日本应用集成厨房、集成卫浴（图 11-13）、集成收纳等集成部品较为普遍。应用集成部品部件，可以有效减少现场施工工序、减少现场湿作业，从而提高施工效率、缩短工期、降低成本。

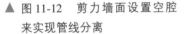

▲ 图 11-12　剪力墙面设置空腔来实现管线分离　　▲ 图 11-13　日本的集成卫浴

8. 装配式建筑内外装可以前置

装配式建筑内外装前置，可以缩短项目总工期、降低成本、提升建筑品质。仍以图 11-2 的项目为例，因主体结构以干作业为主，装修在 3 层以后随之开展，最终地上工程工期 18 个月，主体结构与装修作业有效搭接了 5 个月。同时，通过合理规划、外装的一体化设计及内装前置，日本项目中的外装一般不占用关键线路，内装占用关键线路的时间也较少，从而可以做到缩短工程总工期，降低财务成本和更早地收回投资。

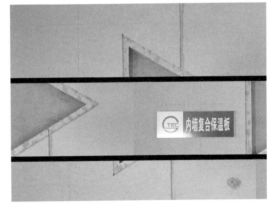

▲ 图 11-14　外墙内保温

9. 多采用外墙内保温做法

通过外墙内保温（图 11-14）等设计使得外墙构件简单化，一是可以降低预制构件的生产和安装成本；二是通过缩短外墙工期使得外墙施工不占用关键线路，从而实现外装前置、缩短项目总工期的目标，降低财务成本和管理成本；三是有利于建筑节能分户管理和计量、提升建筑防火性能。

11.1.2　国内目前装配式混凝土建筑的成本状况

现阶段，我国装配式混凝土项目的建安成本总体是增加的，规模大、标准化程度高的项目增加幅度小，反之则增加幅度大。同时，装配率指标高的项目建安成本增加幅度大。总体而言，我国 2019 年当年完成装配式建筑面积约 3 亿 m^2，建安成本增量的总额约 1000 亿元。

1. 成本增量的数据情况

装配式建筑成本的不均衡分布情况类似于绿色建筑、被动式太阳能建筑，通过前期的、相对高的建造成本来提升建筑品质和节能效果，以获得后期的、相对低的使用维修成本。

在不同的成本视角下，有不同的成本情况。

（1）在建安成本视角下，全国不同城市的装配式混凝土建筑成本增量大致为 150~600 元/m²。主要受不同的装配式政策和指标的影响，装配率指标越高，成本增量越大。在相同装配率指标下，结构预制比例越高，成本增量越大。具体可以参阅本丛书《装配式混凝土建筑——如何把成本降下来》一书的第 1 章 1.3 节。对于销售型项目而言，销售均价越高，成本增量对项目的影响越小，参见表 11-1 和图 11-15。管理者需要根据影响程度的不同采取不同层级的成本管理对策。

表 11-1　不同城市的装配式成本增量对房地产销售价格的影响程度

序	城市	预制率或装配率	单体建筑成本增量 （元/m²）	销售均价 （元/m²）	单体建筑成本增量 占比
1	深圳	预制率 15%、装配率 30%	190	54790	0.3%
2	苏州	装配率 30%、三板率 60%	220	19568	1.1%
3	无锡	预制率 20%、装配率 50%、三板率 60%	420	12800	3.3%
4	宁波	预制率 25%、50%的外墙预制比例	390	22814	1.7%
5	沈阳	装配率 50%、主体结构得分 25 分	410	9817	4.2%
6	上海	预制率 40%	600	50945	1.2%

说明：表中成本增量数据来源于本丛书《装配式混凝土建筑——如何把成本降下来》一书第 1 章表 1-2 的案例，销售均价来源于安居客 2019 年全国销售均价。

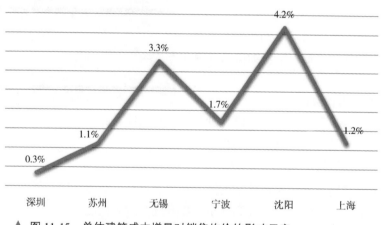

▲ 图 11-15　单体建筑成本增量对销售均价的影响示意

（2）在建造成本视角下，一些项目的建安成本增量可以被财务成本和管理成本的减量抵消一部分、甚至全部抵消。这部分成本减量主要来源于装配式混凝土建筑的预售提前、总工期缩短，尤其是在高地价、高标准装修、高售价的项目上。以百米高层住宅项目为例，当销售均价在 20000 元/m² 时，以 50%预售比例、10%的资金成本来估算，每提前一个月预售，可以获得边际财务收益为 84 元/m²；每提前一个月竣工备案，可以减少财务成本 30 元/m²、减少管理成本 16 元/m²。

（3）在全寿命期成本视角下，装配式混凝土建筑的全寿命期成本低于传统现浇建筑，这是装配式建筑最大的成本优势。原因之一是装配式建筑如果遵循规范的要求和提倡，进行全装修、管线分离、同层排水、大跨度大开间，保证构件的连接质量，就可以减少寿命期内装修、改造对建筑的损伤，如果土地使用期限及建筑使用年限延长，装配式建筑的使用年限可以更长，资产价值更高，摊销至每年的成本更低；原因之二是装配式建筑的建安成本虽然高，但属于一次性支出，而在长达 50~70 年的使用期间内每年可以节省的维护、改造成本虽然金额少，但持续时间长，使用期间的减量成本属于持续性收益。

（4）在销售项目的开发收益视角下，一些装配式混凝土建筑项目通过获得容积率政策奖励，能够全部抵消建安成本增量，甚至还有较大盈余。以装配率指标 50%、容积率奖励 3% 为例，项目售价在 18000 元/m² 以上，就可以覆盖掉近 500 元/m² 的成本增量。在售价越高的项目上，收益越大。除了容积率奖励政策以外，有的城市还有资金补贴、融资支持等鼓励支持政策。

2. 成本增量的控制情况

现阶段，甲方普遍重视对成本增量的控制，某大型房地产企业在上海一年的装配式成本增量超过 10 亿元，显然对房地产的销售利润有较大的影响。不同的城市、不同的项目，可以采取不同的控制成本增量的措施，下面举几个典型例子：

（1）通过获得容积率奖励，可以抵消大部分成本增量。

南京市对装配式住宅项目，在满足单体预制装配率不低于 50%、100% 实行成品住房（全装修）交付的条件下可以获得 2% 的容积率奖励，若同时使用预制外墙，其使用预制外墙体的水平截面积还可以额外获得最高 2% 的容积率奖励。表 11-2 是对江苏南京某高层住宅项目采用不同的装配式实施方案的成本效益分析，以该项目地上建筑面积 10 万 m² 来计算，三种方案分别是成本增量 1300 万元、成本增量 450 万元和成本减量 400 万元。

表 11-2　南京某高层住宅项目装配式实施方案对比　　　　（单位：元/m²）

序号	装配式实施方案	容积率奖励比例	成本增量	收益增量	收益-成本
方案 1	预制装配率 50%+避免预制外墙	2%	630	500	-130
方案 2	预制装配率 50%+适量预制外墙	3%	795	750	-45
方案 3	预制装配率 50%+鼓励预制外墙	4%	960	1000	40

（2）通过系统地标准化设计降低生产和施工成本。

武汉中建·深港新城一期工程，共 6 栋高层建筑，建筑面积 86000m²，5 个户型，共 18056 个预制构件，装配率 78%，预制率 53%（图 11-16）。在设计阶段前期就按照装配式思维进行方案设计，通过标准化的模数、标准化的构配件并通过合理的节点连接，进行模块组装，最后形成多样化及个性化的建筑整体；同时通过节点设计标准化、组合方式标准化、施工工艺标准化来优化拆

▲ 图 11-16　武汉中建·深港新城一期工程效果图

分和预制构件设计，最终获得平均 376 次的模具周转次数，充分发挥了钢模具的性能，大大降低了模具成本，参见表 11-3。据估算，该项目的模具成本不是增量，而是减量，估算可以为项目节省成本 50~100 元/m²。构件标准化，还可以提高构件生产效率和吊装效率，进一步降低成本。

表 11-3　武汉中建·深港新城一期工程的模具周转次数统计表

序号	预制构件类型	预制构件数量	模具数量	模具周转次数
1	外墙板	4018	13	309
2	内墙板	564	2	282
3	PCF 板	1504	3	501
4	叠合梁	2914	10	291
5	叠合板	7568	15	505
6	叠合阳台	800	1	800
7	楼梯	188	2	94
8	空调板	500	2	250
	合计	18056	48	376

（3）用装配化装修来缩短总工期，降低财务成本和管理成本。

我国第一栋"没有围墙的小区"——北京郭公庄一期公租房项目，由北京市保障性住房建设投资中心投资建设，北京城建建设工程有限公司总承包，其中住宅部分 13 万 m²，共 3002 套公租房，为装配式混凝土建筑（预制率约 35%~40%），采用全屋装配化装修系统解决方案，涵盖厨卫、给水排水、强电弱电、地暖、内门窗等全部内装部品，由北京和能人居科技有限公司完成从一体化设计到部品工厂生产、现场装配等装配化装修环节，对项目减少质量问题、降低维修频次和加快进度等方面发挥了关键作用。装配化装修与传统装修的对比见表 11-4。

表 11-4　装配化装修与传统装修方式对比表

对比项	传统装修方式	装配化装修方式
质量	原材料施工，工序复杂；湿作业，质量通病多；对工人的技术水平依赖大，施工质量风险点多；质量问题维修麻烦，维修慢、维修成本高	工厂化生产，质量稳定，从源头上杜绝了湿作业的质量通病；现场是半成品施工，弱化了工人技术水平高低不稳定对施工质量的不利影响；质量问题少、维修率低，维修更换便利，维修成本低
进度	现场湿作业多，工种多、用工量多，装修工期长	湿作业极少，工种少、用工量少；规避了不必要的技术间歇，还可以穿插施工，装修工期短。在提前介入设计、与结构穿插施工的情况下一般在结构封顶后 30d 内完工
成本	对装修标准和规模没有限制；成本变动风险较大；工期长，管理成本高、财务成本高	在装修标准和规模满足一定条件时具有较大的成本优势，节约人工费和措施费。在临界点以上，同等品质时成本更低；成本可控，一价到底；管理成本低；维修和翻修成本低；全寿命期成本大幅降低

（续）

对比项	传统装修方式	装配化装修方式
使用	使用年限短，维修和更换对主体结构和相邻空间影响较大，二次装修浪费大、成本高	标准部品部件在现场组合安装，有利于翻新和维护，部品部件的重置率高，单次维修成本低，翻新成本低，对结构主体和相邻空间基本无影响；隔热层效果好，节省能源费用
小结	从长远来看，不适合装配式建筑，或适用于仅需要达标的装配式建筑	更适合装配式建筑；进度快、质量稳定、成本低、维修率低、维修快、维修成本低；至少可以达到 60% 的装配率，适用于 A、AA、AAA 级装配式建筑

该装修标准约 1000 元/m²，单体建筑的装修工期 3 个月，比传统装修方式缩短约 60d；采用传统装修方式进行 60m² 两居室的房屋装修，需要 5 个工人，30d 时间；该项目采用装配化装修方式，现场施工仅需要 3 个工人，10d 时间全部完成，见表 11-5 和图 11-17。每栋楼按缩短工期 2 个月计算，可以节省的财务成本和管理成本约 100 万元，整个项目可以节省约 1000 万元。

表 11-5　公租房施工现场装修工期对比表

对比项	传统装修方式	装配化装修方式	差异
单栋	150d	90d	缩短 60d
单层	50d	18d	缩短 32d
单户	30d	10d	缩短 20d

此外，还有企业通过产业链整合、战略或集中采购等方式控制成本。

11.1.3　国内目前装配式混凝土建筑成本高的原因

目前阶段我国装配式混凝土建筑成本高的主要原因有以下 9 个方面：

1. 对比参照系成熟

我国装配式混凝土建筑对比的参照系是现浇混凝土建筑，特别是现浇剪力墙结构混凝土建筑，经过了几十年的发展，工期控制

▲ 图 11-17　北京郭公庄一期公租房内装实景图

和成本控制已非常成熟，世界领先。装配式混凝土建筑作为新登场的角色，马上达到和超过"老演员"的水平还有很大难度，需要一段时间下一番功夫才有可能超越。

2. 发展初期的原因

任何新技术、新工艺、新材料的推广初期，都会有一笔学习成本。我国目前处于装配式建筑发展的起步阶段，组织管理模式不先进、技术体系尚不完善、供应链尚不成熟导致稀缺资源溢价高、熟悉装配式的管理人才和劳动力缺乏导致出错成本高、试点示范等小规模项目

或低预制率项目较多及技术研发和预制构件工厂建设等前期投入摊销大等多种原因导致装配式的建安成本相对较高。这是发展初期的正常情况，也是发展初期必须解决和改善的问题。

3. 建筑品质和建筑节能补课原因

我国现阶段仍处于建筑标准低、产品适应性差、产品完成度低、建造过程的环境污染大、人工消耗大、装修改造成本高的大环境。国家通过发展装配式建筑来推动建筑产业升级、节约资源、减少污染、提升劳动生产效率和质量安全水平，推进供给侧结构性改革和新型城镇化发展。通过推行绿色建筑技术、全装修成品房交付、管线分离、同层排水（图 11-18）等是借发展装配式之机来提升建筑品质、减少环境污染，以便于适应逐步提高的环保要求，这部分工程内容的成本增加属于补课性质。

4. 人工价格低的原因

现阶段，我国的现浇混凝土建筑相对成熟、质量精度要求不高，建筑业仍属于劳动密集型产业，劳动力相对充足、价格不高，传统现浇建筑的劳动力成本占建安成本的25%~30%左右，与发达国家和地区的50%相比较低，还不足以高到与装配式的劳动力成本持平；加上我国现阶段的装配式建造并不熟练，单位用工量并未明显减少。因而，装配式所能节省的劳动力成本还无法抵消其他方面的成本增量，节约人工的优势暂时还没有显现出来。

▲ 图 11-18　同层排水现场施工图

5. 政策原因

在强制性要求做装配式的政策之下，必然会有一些不适宜做装配式的项目也做了装配式。这样的项目，其成本必然会高于传统现浇建筑。同时，国家层面在 2016 年提出了用 10 年左右的时间使装配式建筑占新建建筑的比例达到30%的目标，但有些省市制定的地方政策的目标高于国家目标，其中的部分城市供应链并不成熟、甚至并不完善，这些政策直接导致了这些城市的供需矛盾突出，甚至个别部品部件供应稀缺，价格高昂。前期的装配式项目受此影响，成本必然高于传统现浇建筑。

6. 标准原因

现阶段，适合装配式建筑的技术标准和规范尚在逐步建设和完善中，目前阶段标准体系尚不健全、甚至存在空缺或细分不够。在这样的情况下，先行先试的标准中部分要求高于国外标准、过于保守甚至部分标准条文不合理、不适宜部分项目，特别是结构连接方式单一，无论地震设防烈度高低、建筑物高低都依赖"湿连接"，效率低、成本高。

7. 甲方管理原因

很多甲方仍是传统现浇建筑的惯性思维，习惯性地认为可以抢工、可以后改，不前置策划、不及时决策，导致在项目前期错失了控制成本的最佳时机；不组织协调、前期不急，倒排工期、倒逼预制构件工厂和施工单位，导致生产工期紧张，正常生产工期下同一个预制构件可能只需要 2 套模具，而为了抢工，必须需要 4 套模具甚至更多，导致了成本增加。

8. 组织模式的原因

装配式建筑是系统工程，具有高集成、低容错的特征，适宜的组织模式是总承包模式，而我国目前绝大多数项目仍是传统的碎片化管理模式（设计、采购、生产、施工各自为政、各为其主）。旧的组织模式与新的建造方式的不适宜，导致装配式建筑在设计、生产、施工等环节的价值链条被中断，没有发挥装配式建筑在集成化方面的综合成本优势。

9. 结构体系原因

受传统现浇建筑技术成熟、经验丰富的惯性影响，目前我国的装配式住宅项目绝大多数仍然是剪力墙结构。剪力墙结构体系可以做装配式住宅，但不像柱梁结构体系那样有相对更成熟的技术和经验，剪力墙结构体系做装配式的很多技术问题短期内还得不到很好的解决。例如现在的预制剪力墙板大多是三边出筋、一边是套筒，无法采用流水线生产，加上现浇部位多且零碎，导致构件生

▲ 图 11-19　剪力墙结构的施工现场

产和现场施工环节均存在难度大、效率低、成本高的问题，图 11-19。

10. 税收环节

装配式混凝土建筑的预制构件价格较高，普遍在 2300~4000 元/m^3左右，比现浇混凝土构件的综合单价高出一倍左右，导致计税基数增加；以及预制构件的增值税和现浇混凝土构件增值税的税率差异等原因，综合计算预制构件比现浇构件增加的税金成本约 5%~8%。同时，在全装修的情况下，还要考虑增加装修成本后计税基数增加导致实际税金增加等成本增量。

11.2　甲方在成本控制方面的问题

甲方在成本控制方面存在的问题主要表现在以下 7 个方面：

1. 前期没有做好成本策划

目前甲方普遍缺乏懂装配式的管理人才，加上装配式建筑的前期时间紧迫、又不可逆，而没有做针对性的前期成本专项策划，没有形成《装配式建筑前期成本控制工作指引》，导致成本管理部门在项目前期忙于各种招标投标工作，错失了控制成本的最佳时机；或主攻点不对，认为成本控制重点是在招标采购环节，重心和主要精力都放在了预制构件等部品部件采购和施工的招标及压价上；或知道重点在决策和方案阶段，但因不懂装配式建筑的特征和规律，不知道如何下手又没有请专家引路，从而无计可施、无所作为。

例如，某房地产项目一期工程中有 1 栋楼是装配式建筑，甲方项目团队成员都是第一次做装配式项目，没有类似经验。项目负责人认为设计单位、总包单位有能力完成，就没有配备懂装配式的人，也没有组织团队学习装配式或聘请专业人员指导。成本部则忙于组织前

期各个标段的考察、评标、定标等工作，没有重视装配式建筑在前期的成本策划和成本控制工作。最终在施工中陆续出现成本失控的问题，包括：

▲ 图 11-20 叠合楼板下满铺模板(非本案例项目)

（1）该楼的结构含量指标超出 30% 左右，较同类项目增加约 50 万元。

（2）中期付款中对叠合楼板下面的模板（图 11-20）、脚手架是否给钱产生重大争议，争议金额 110 万元。

（3）预制构件的单价较高，钢模具的周转次数不到 20 次，各类构件综合模具摊销成本约 500 元/m³。

2. 没有做出正确的决策

装配式建筑的特征和差异，要求甲方在前期要做出一系列的分析研判和决策。如果没有遵循装配式的规律，不扬长避短，只用心理定式作判断，没有做出适合于装配式的决策，就不能发挥装配式的综合优势，必然会导致成本增加。

例如，目前我国对住宅项目结构体系的心理定式，普遍为剪力墙结构体系，而不是更适合装配式的、经济性更好的柱梁结构体系，因为大家普遍认为柱梁结构体系有梁有柱，会"露梁露柱"，影响销售，但这是用毛坯房交付存在的问题。我国正在大力推行成品房交付，装配式建筑必须是全装修房，"露梁露柱"的问题完全可以通过结构设计与内外装饰设计的协同、大跨度大开间设计等手段加以解决。类似的装配式建筑案例包括沈阳万科春河里公寓楼（图 11-21）、南京万科上坊保障房（图 11-22）等，都取得了不错的综合效果。

3. 没有用活政策、争取政策

面对装配式的相关强制性政策，大多数甲方还是采取一种被动应付的态度，思考的主要是如何减少政策的影响，如何少受政策的限制。而没有积极地争取一些创新的、有利于增加建筑功能、降低成本、提升产品竞争力的鼓励支持政策。例如做大跨

▲ 图 11-21 沈阳万科春河里公寓楼（框架核心筒结构）

▲ 图 11-22 南京万科上坊保障房项目（框架-钢支撑结构）

度大开间设计（图 11-23），既有利于降低装
配式成本增量、加快进度，又可以实现可变
户型，让用户可以自由地进行空间分隔，做
全寿命期住宅产品，从而大幅提高住宅产品
的性价比，促进销售。企业可以就这样的政
策与主管部门沟通，计入装配式加分项或政
策奖励项，有利于实现装配式建筑的综合效
益，有利于提高消费者的生活品质。

▲ 图 11-23　上海城建实业建设集团的大空间住宅样板楼

4. 没有用好、用活规范

甲方和设计单位没有吃透规范、用活规
范，而是生搬硬套、死守规范，包括对各种
图集的使用。强制性的规范条文都应执行，
非强制性规范不是必须执行，但往往是有利
于提升建筑功能和品质的政策，是属于国家倡导、企业自主选择的范围。图集中有些只是
示意性的构造图，有的设计单位直接套用，不进行计算，造成多配浪费或少配返工。

例如规范中"宜管线分离""宜同层排水"等条文，这些规范条文的使用可以明显提升
建筑使用功能，提高居住舒适度，是住户比较关注的功能，是在住宅产品的销售中能宣传、
有帮助的亮点，比起其他"看得见的亮点"更有实用性。

5. 没有很好地行使组织协调功能

甲方是一个统领全局、协调各方的重要角色，这一点在装配式建筑上的作用更明显，对
成本管理的影响更大。在项目前期，往往是很多单位还没有确定下来，都在投标考察环节，
但是装配式的前期策划和协同又需要这些单位参与进来。如果仍然以传统套路管理装配式
项目，没有针对装配式的规律组织相关单位进行协同设计，就会在成本控制方面出现各种
问题。

例如，某项目的一期工程，地上建筑面积约 9 万 m^2，预制率 40%。甲方按现浇混凝土
建筑的管理方式，并没有前置招标和组织协同设计。先委托设计单位进行设计，然后招标
确定了总包单位，最后再找装配式专项设计单位进行拆分和预制构件设计。最后的结果是
预制构件种类多达 1000 多个，仅拆分设计图就多达 1800 多张，模具用量远超正常情况，造
成预制构件成本失控，现场安装难度大、进度慢，单层结构工期在 10d 左右，导致总工期延
长，产生了额外的财务成本和管理成本。

6. 没有让装配式产生足够的功能增量

在装配式建筑的成本控制上，没有使功能增量大于成本增量的统筹，没有重点控制对用
户使用功能无效的成本增量。装配式建筑的各环节成本增量，不一定都有对应的功能增量。

例如，桁架筋叠合楼板，对于客户而言几乎没有功能增量，建筑质量没有明显提高，交
房时间没有提前，保温和隔声性能没有明显改善，室内空间的灵活性没有提升，反而因叠合
楼板比现浇板更厚而降低了室内净高。日本高村公司山梨第二工厂生产的叠合楼板可以给
予我们一些启发（图 11-24），叠合楼板较厚，中间填充苯板，虽然损失了一些层高，但减少
了混凝土用量、减轻了自重、增加了保温隔热性能，同时，可以应用于大跨度、大开间的

建筑。

7. 没有针对性地提出装配式的限额设计要求

甲方招标设计单位，多是由设计部门而不是成本招采部门主导进行的，往往比较急，直接采用续标方式确定设计单位，约定了增加的设计费而没有针对装配式建筑的特点约定限额设计指标，导致整个建筑受装配式设计的影响而出现设计周期延长、成本超标。

▲ 图 11-24 日本高村公司生产的叠合楼板

例如，某住宅项目设计单位直接选择了战略中标单位，补充了装配式专项设计费单价，但没有约定装配式的结构设计限额指标增加值，没有约定设计成果的标准化率，没有约定预制构件的模具周转次数，没有要求设计单位上报装配式专项设计技术措施。最终设计单位的第一轮设计超出目标成本比例较大，以预制楼梯设计为例，设计师没有进行结构设计挠度验算，就直接将 100mm 厚的现浇楼梯套用其他项目做法设计成了 120mm 厚的预制楼梯（图 11-25），仅此一项就增加成本 2 元/m²，整个项目增加 50 万元。甲方不得不组织装配式方案优化、制定专项技术

▲ 图 11-25 预制板式楼梯

措施，重新要求设计单位进行设计，设计延期近 20d，导致整个项目工期紧张。

个别甲方仍然按照传统现浇建筑的标准确定设计费额度，没有考虑装配式专项的设计费用，导致设计组织工作被动及设计质量受到影响。

11.3 甲方降本增效的思路

甲方要控制装配式混凝土建筑的成本增量，除了直接降低工程建安成本，还要以缩短工期、提前预售、增加销售收入来抵消建安成本增量的负面影响。即要以大成本管理的思维来提高装配式建筑的性价比，以价值工程为主要管理工具，以下 3 个方面可以作为甲方降本增效的主要思路：

1. 功能不变、成本降低

保持装配式建筑的所有基本功能，但通过系统性设计优化来降低成本。降低成本的途径主要包括两个方面：一是降低装配式相关环节的成本（具体参阅本套丛书《装配式混凝土

建筑——如何把成本降下来》一书的第 3 章 3.3 节）；二是借前置管理和设计优化之机，促进或倒逼整个建筑的系统性的成本优化，以优化金额抵消部分或全部成本增量。

例1　欧洲、我国香港地区最初做装配式建筑，都是为了以更低的成本解决老百姓的居住问题，这其中降低成本的主要手段是标准化设计。2012 年，由中国建筑承建的香港启德 1A 发展项目上就应用了标准化设计的整体预制卫生间（图 11-26）和整体预制厨房（图 11-27），大幅降低了施工成本。

▲ 图 11-26　香港的整体预制卫生间

▲ 图 11-27　香港的整体预制厨房

例2　在国内传统现浇混凝土建筑中应用较多的各类混凝土预制小部品部件，如承台外模、构造柱外模、反梁外模、配电箱、水沟、水簸箕、屋面烟道（图 11-28）、景观坐凳、临时围墙等部品部件，大多是总包单位降低成本的措施；中南集团开发项目中的西班牙风格的住宅建筑都有一个"铅笔头"圆顶（图 11-29），屋面瓦和结构进行一体化预制，现场直接吊装，比现浇方式的成本低很多。碧桂园集团旗下博智林机器人公司正在研发的建造机器人，也是在功能不变的前提下降低成本的创新之举。

▲ 图 11-28　中南集团的预制屋面烟道

▲ 图 11-29　中南集团的预制"铅笔头"

2. 成本不变、提升功能

随着房地产市场竞争的日益白热化，在保持与竞品相同成本的情况下，如何提高建筑产品的功能成为项目成功的关键因素之一。提高功能的途径包括两个方面：

（1）对建筑产品的技术参数进行不平衡配置，结合装配式技术特点来提高客户敏感性功能的成本比重。例如防雾霾的空气净化系统、提高私密性的隔声楼板和墙板（图 11-30）等。

（2）动态调研市场上各类部品部件的功能更新，选择具有更多功能的产品，不断提高客户使用的满意度。例如集成卫生间，在相同价格下，各个企业的产品在功能上都存在差异性，可以根据项目定位选择适合的产品，满足客户更多的功能需要，可参见图 3-11。

▲ 图 11-30　隔声分户墙同时实现管线分离

3. 成本小幅增加、功能大幅增加

通过功能优化，提高性价比高的那部分技术应用的比例，从而实现成本小幅度增加但功能得到大幅度提升，实现功能增量大于成本增量，提高产品的性价比，从而为客户提供实实在在的价值体验，让客户体会到物有所值。这样的成本增量能获得建筑产品的购买者和使用者的认同和补偿。包括大跨度大开间设计、管线分离、同层排水、天棚吊顶、地面架空等。

（1）大跨度大开间可变体系设计，可以促进销售，减少更新改造成本，满足住户在不同人生阶段的个性化需求。

结合装配式建筑的设计，根据项目定位进行大跨度大开间设计，实现户内"百变空间"，这样做的好处包括：

1）促进销售。没有户型的户型是最好的户型，除了室内空间面积相对提高，还有更多的装修户型方案，可以灵活地满足根据不同购房人的第一次装修需求，进行定单式分隔、装修；这样的户型可以适应后期户型改造，与购房人更容易达成购买意向。

2）减少二次装修成本。大跨度大开间的结构设计，满足住户在建筑全寿命期的使用需要，住户在使用中，可以自由地根据人生不同阶段的生活需要，自由地调整室内空间的分隔，减少装修改造成本，减少污染，符合全寿命期成本管理的理念。

3）缩短结构工期。从结构设计效果上看，剪力墙相连布置比分散布置的刚度大、延性也好，预制构件的规格种类和数量相对少，同时由于连续性施工，结构工期可以缩短。

图 11-31 是绿地集团按大跨度大空间设计的装配式住宅项目，结构剪力墙套型外侧设计，套内空间无结构竖向构件，少梁、大板，套内空间彻底开放，楼板厚度 150mm。既实现了用户更喜欢的可变户型，还实现了更好的隔声性能，满足了用户日益提高的私密性需求。只要同时优化结构设计，成本增加并不明显。此外，万科、龙湖、金地等房地产企业均有大跨度大开间设计的住宅产品。

（2）管线分离设计，降低全寿命期成本，延长建筑使用寿命，实现固定资产的保值增值。

管线分离设计，不在混凝土中埋设管线，是发达国家的普遍做法。这样做的好处包括：

1）可降低预制构件生产成本 30～50 元/m³。不把机电管线预埋进混凝土中，可以提高构件生产效率，减少构件生产中机电管线预埋套管材料费、预留接口材料费、人工费（图 11-32）；有利于实现构件生产的自动化，降低构件成本。

▲ 图 11-31　绿地集团的大开间设计项目

▲ 图 11-32　预制墙板内预埋管线、线盒、手孔位

2）有利于解决单向叠合楼板的板缝问题，缩短工期。管线分离的设计一般都有地面架空、天棚吊顶，这种情况下叠合楼板底部的非结构裂纹就会被遮挡，叠合楼板就可以按单向板设计，避免了另外的两边出筋，便于自动化生产；避免了施工现场的混凝土后浇带，可以缩短结构工期。

3）有利于减少叠合楼板的板厚，降低成本 15 元/m²。因常规设计的机电管线通常预埋在混凝土结构中，所以叠合楼板上面的后浇混凝土层需要加厚，导致叠合楼板的整体厚度超过原设计的现浇楼板厚度 20mm 左右。如果实施管线分离，或者尽可能减少管线预埋在楼板中，就可以压缩部分成本增量。

4）提升建筑的节能和隔声性能，提高建筑品质。管线分离的空腔层设计，提高了建筑保温、隔热、隔声，有利于实现供暖和制冷的按户开启和计量，有利于提高住户的私密性。

5）有利于实现大跨度大开间设计的综合效果。管线分离设计，使得机电管线的排布比较灵活，能适应大跨度大开间设计的灵活分隔，并解决二次装修时机电管线的问题。

6）有利于降低全寿命期成本。管线分离直接解决了机电管线、装饰与主体结构不同寿命的问题，维修改造方便，二次装修方便，机电管线的重复利用率高，降低装修或维修改造成本。

7）延长建筑使用寿命，实现固定资产的保值增值。不把机电管线预留预埋在结构主体内，就可以避免装修改造对结构主体的不利影响，有利于结构安全，延长建筑使用寿命。

8）在计算装配率时有优势。在现行《装配式建筑评价标准》（GB/T 51129—2017）中，采用管线分离的项目可以在管线分离 4～6 分、干式工法 6 分、内隔墙与管线、装修一体化 2～5 分等评价项目上同时获得评分。

9）有利于缩短主体结构的工期。将原预埋的机电管线调整至装修中一并施工，减少了主体结构这个关键线路上的工作内容，有利于抢预售、抢封顶，缩短总工期。

另外，在"大幅降低成本、小幅降低功能"以及"降低成本、提高功能"两个方面，也有尝试和探索的空间。

11.4　甲方可压缩成本的选项

甲方环节是造成装配式混凝土建筑成本增加的一个关键因素，甲方是一个统领全局、协调各方的角色。甲方管理的重点是抓好前期的管理工作，解决甲方在前期决策上存在的问题，形成好的成本基因；解决好甲方在组织协同上存在的问题，做好设计协同。

1. 组织周密的策划来缩短工期，减少财务成本和管理成本

发挥装配式建筑"以空间换时间"的工期优势，通过缩短工期实现高周转，提高投资转化率，实现高周转是抵抗任何风险最有效的手段；通过缩短工期可以降低的财务成本和管理成本，是现阶段可以获得的最大的成本减量。

除此以外，对于房地产开发项目而言，还有其他三个方面的经济价值，详见图11-33。

（1）通过采取相关措施，提前开放展示区，提前达到预售节点，提前实现资金回流。

各地均出台了装配式建筑可以提前预售的政策，甲方首先要利用好该项政策。同时，在工程建造环节通过前置管理和精细化的计划管理来缩短工期。

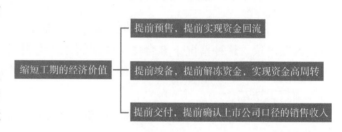

▲ 图 11-33　缩短工期的经济价值

1）设计不能因为装配式的原因而增加工期，要与设计单位进行周密的前期策划，组织设计环节的前置和穿插。通过组织施工图与装配式的一体化设计，缩短装配式设计报审时间，提前完成预售前相关报建手续。

2）以有利于提前开放展示区的原则来选择展示区设计方案和建造方案，例如选择模块化建筑，选择装配化装修方式，选择预制混凝土的景观部品等。

3）设计选择的预制部位要有利于尽早满足预售条件，对预售进度楼层内的构件要灵活安排，预制快则预制，预制慢则现浇；拆分预制构件数量要平衡好时间成本与吊装成本的关系，不能让模具制作、构件生产增加工期，不能让现场吊装增加工期。

4）在安排进度计划时，要精细计划到日，必须在现浇转换层施工完成前使需安装的预制构件具备发货的条件，宁可让构件等现场，不能让现场等构件。甲方要调整招标计划，提前确定装配式专项设计单位和预制构件工厂，确保构件生产前置。

5）组织更高效的预制构件生产、运输、吊装，减少中间环节，通过精细化的计划管理来实施构件进场不存放、在运输车上直接吊装。例如上海万科西都会住宅项目，由于场地狭小，没有设置构件存放场地，绝大部分预制构件均是在运输车上直接吊装。

（2）通过统筹设计方案、建造工艺、施工组织设计的优化，提前竣工备案，提前解除部分预售资金的监管，实现资金的高周转。

1）通过建筑设计标准化和优化，让外立面造型更简洁、功能更多，缩短外立面施工工期，将关键线路变为非关键线路。

例如剪力墙结构用"边缘构件预制方案"来替代"整间板预制、边缘构件现浇方案"，以缩短每个楼层的工期。现在大部分剪力墙结构都是设计为边缘构件现浇，虽然现浇混凝土量减少了，但浇筑部位多且零碎，导致结构工期难以缩短。

还有将外保温改为内保温，将外立面复杂线条简单化、标准化，将外墙预制构件变成结构装饰保温一体化构件等方案都有利于缩短工期。

2）通过建造工艺优化，尽可能减少施工现场后浇混凝土等湿作业，让更多的工作不受现场施工进度的制约，可以在施工现场以外提前建造。例如在设计中加大对集成式部品部件的应用比例，集成卫生间等这些集成部品部件可以提前生产，如果采购标准部品的效果更好，装配化装修在这方面更有独特优势；还可以在施工中主动应用构造柱外模、屋面烟道（图 11-28）等预制小品，以加快施工进度。

3）在设计优化和工艺优化的基础上，通过施工组织设计的优化，组织内装、外装的设计前置、生产前置、施工前置，将传统项目中的内装、外装两大关键线路变为非关键线路，从而缩短总工期。

（3）通过工艺创新，提前交付小业主，按上市口径可以提前确认收入，这一点对于上市公司尤其重要。

通过建造方式创新来提升工程质量，减少整改返修工程量，缩短完工后的检查、整改时间，缩短交付准备时间，提前交付小业主。

1）发挥预制构件质量精度高的特点，减少纠偏的水泥砂浆找平层，减少找平层容易出现的室内装饰面空鼓开裂等质量问题，从而减少整改工作量。

2）发挥外墙预制构件可以功能集成的特点，减少结构层与保温层、装饰层的中间工序，减少外墙装饰面开裂渗漏等质量问题，从而减少整改工作量。

3）发挥装配化装修可以系统规避质量风险、返修快的特点，减少质量问题整改数量、加快质量问题返修。

2. 发挥装配式的优势，组织北方项目冬季施工，大幅缩短工期

装配式建筑的特点之一就是可以最大限度地减少湿作业，减少露天施工，不受冬雨期影响。可以充分利用装配式建筑的这一优势，进行施工组织的设计优化，将预制构件等部品部件的生产安排在不能正常施工的冬季，将构件安装安排在可以现场施工的其他季节。还可以考虑冬期施工安装，选择适合冬期施工的结构材料和结构形式，采取一些必要的技术手段，如对连接节点施工部位采取取暖保温措施等，增加全年施工安装天数，提高施工效率，缩短总工期。

目前阶段我国北方城市的可施工时间较短，一年中的可施工时间普遍比南方少 2 个月以上。例如黑龙江省一年停工约 5 个月，辽宁省和吉林省约 4 个月，内蒙古自治区 4~5 个月。我国经济的 40% 在北方，如果北方城市能组织冬期施工，即使只少停工 2 个月，产生的经济价值也非常可观。以 10 万 m^2 的住宅项目为例，可以早销售、早回款 2 个月，每年可以节省的财务成本和管理成本达到 1000 万元以上，如果再考虑资金的高周转效益，经济价值更可观。受此带动，我国北方的建筑业、工业到社会经济的方方面面都会活跃起来，北方城市的整体经济将可能大有改观。

3. 选择适合的组织管理模式，从组织设计层面化解成本难题

要实现装配式建筑的综合成本优势，选择适合装配式这种新型建造方式的组织管理模式是前提条件之一。装配式是集成度比较高的建造方式，与之相适应的是总承包、建筑师负责制、全过程工程咨询等集成度较高的管理和运行模式。欧美、日本等发达国家多是总承包模式，图 11-2 是 2012 年竣工的日本东京石神井公园计划项目，是日本开发商野村不动产以设计-施工一体化承包方式直接委托给前田建设的。

而我国目前绝大多数项目还是采用传统的碎片化管理和运行模式，这种模式下的设计、生产、施工企业，都会以各自企业的利益最大化为目标，最终可能导致项目总成本远远超过预期。在装配式建筑中，如果仍然沿用传统承发包模式，除了甲方以外，任何一方都将难以系统地考虑全环节的成本控制，最终会导致装配式建筑的价值链条被碎片化的组织模式割裂，装配式建筑的综合成本优势无法体现。

以施工企业总包、预制构件甲供为例，至少会产生以下三项额外成本：

（1）对于新增加的预制构件供应合同，会额外增加总包照管协调费或总包配合费，一般是分包合同金额的 2%左右，这就让预制构件贵了 2%。如果是总承包模式，预制构件的生产和供应在总承包合同范围内，甲方不用额外支付这笔费用。

（2）由于施工单位将预制构件的生产和供应进度视为不可控风险，在报价中按较保守的工期进行较高的管理费报价。在构件甲供的情况下，施工单位只是名义上的总包单位，实际上弱化了施工单位在进度目标上的合同责任，降低了其管控总体进度的积极性，难以在前期进行周密的施工进度筹划，不会额外采取进度控制措施。如果是总承包模式，整个工程项目的进度真正意义上由施工单位负责和控制，甲方与施工单位在项目工期上有共同的经济利益，施工单位在投标报价中会考虑工期相对短的管理费报价，在履约过程中会极力缩短工期，实现成本控制目标。

（3）难以统筹预制构件生产质量与现场现浇混凝土和砌体等工序施工质量的协同，采用预制构件本来可以减少的成本（例如找平层抹灰、脚手架部分）将难以落实。如果施工企业负责构件生产和供应，就能结合其他现场施工工序（特别是上一道和下一道工序）的需要，合理地确定构件生产过程中对表面质量的控制精度。例如，是毛糙面还是光面对现场施工成本影响很大；就能合理地确定现场相邻工序的质量精度，并根据质量精度采购不同的材料，安排适宜的劳动力，最终能降低施工成本。

而采用总承包模式，除了能从组织模式上规避以上额外成本以外，还有以下四个优势：

（1）有利于甲方实现真正意义上的"总价包干"。总承包管理模式下，"结算即概算"，由总承包单位对建设项目的工程总成本负责，可以大大降低甲方的成本控制风险，确保甲方实现预期的投资收益。

（2）有利于甲方算大账，有利于甲方看清和解决装配式的成本问题。从成本角度而言，装配式建筑有增加成本的地方，也有减少成本的地方，但是这一增一减并非一一对应的关

系。只有整体对整体的考虑，才能解决装配式的成本问题，只有算大账才能解决装配式的成本问题。

（3）有利于甲方实现管理前置，获得缩短工期带来的综合成本降低。装配式项目因其前置性强、协同性强、管理复杂度高、容错度低，标段划分得过细过多不利于管理前置，专业交接面太多不利于从总体进行工序组织和优化。例如外墙装饰和总包是两家单位施工时，外立面很难实现免抹灰，如果都是由总包单位负责，实现免抹灰就很容易。尝试采用总承包模式，消除管理割裂问题对装配式建筑的负面影响，从组织设计层面化解成本控制难题（表 11-6）。

表 11-6　装配式建筑的承发包模式对比表

对比项		总分包模式	总承包模式
基本概念		不同承包商分别承担设计、采购、施工	一家单位承担设计、采购、施工
基本特征	管理	分割式管理	集成式管理
	工期	依次进行、工期较长	集成管理、工期最优
	协调	多点责任、分工明确，但责权利不清晰；多头管理、协调困难	单一责任、责权利清晰；一家总承包，管理简单
	成本	可选单位多，竞争性好，定价优；后期变更多、索赔多	现阶段的可选单位少，竞争性差，有中标价略高的风险；后期变更少、索赔少
	质量	可施工性差、质量风险大	可施工性好、质量风险小
风险	甲方	大	小
	乙方	小	大
可控性	甲方	大	小
	乙方	小	大
小结		不适合装配式建筑	更适合装配式建筑

（4）现阶段，实施总承包还可以获得政策奖励。各地对于总承包模式也有相应的鼓励支持政策，例如河南省装配式建筑评价标准中，对于采取 EPC 总承包的装配式项目给予加 1 分的奖励，即可以减少成本增量 $6\sim8$ 元/m^2。同时，采用总承包模式也有利于装配式建筑参评示范项目，在直接获得经济补贴的同时还可提升企业品牌和产品竞争力，促进销售。

▲ 图 11-34　江苏海安万达海之心公馆项目

在政府投资项目实行总承包模式试点示范的同时，部分房地产开发项目持续在进行总承包模式的尝试，以期系统性地降低成本、提升品质。例如，万达集团从 2015 年 1 月 1 日开始实行总承包交钥匙模式。图 11-34 为江苏海安万达海之心公馆，预制装配率 50%，是万达集团实行总承包交钥匙模式的项目之一，在 EPC 总承包的基础上增加了前期管理和后期运营工作。

4. 尝试可实施方案的对比分析，不断寻找降低成本增量的最佳方案

要找到中国装配式的省钱路子，靠对比分析、靠实践验证，生搬硬套的拿来主义、凭心理定式来做决策都不可能找到最经济的方案。我国装配式建筑处于发展初期，所对比的参照系是多年来已经非常成熟的现浇施工工艺，装配式混凝土建筑最适宜的方案还在探索中，没有哪种方案的适宜性可以不证自明，一些习惯的或想象的做法很有可能不是最合适的，只有将传统建筑项目管理的个人经验和套路清零，重新尝试，进行多方案的对比分析，这样才有可能找到适合装配式建筑的最经济的方案。并不断总结项目实践中的经验和教训，形成企业的标准化成果，指导更多项目做出最经济的决策。

例1 与其每一栋楼都按要求做到装配率 50%，不如将其中适合做装配率 80% 的做到80%，只能做 30% 的做 30%，不适合做装配式的不做装配式，最后按建筑面积加权平均后整个项目的平均装配率不低于要求的 50% 来考评。以适合性、经济性来决定每一个单体建筑的装配式实现程度，自然能获得最经济的成本投入。

例2 对结构体系进行重新研判、灵活考虑。采取哪一种结构体系取决于该体系在具体项目上的适应性和竞争力。在传统现浇混凝土的住宅建筑中，我们常用的是剪力墙结构，现在是不是重新进行分析和研判——是否可以采用框架结构、框架剪力墙结构。对建筑高度不高、对非抗震地区或低烈度设防地区的低层剪力墙建筑，可以采用无后浇带的预制剪力墙，以简化连接接点，提高效率、降低成本。

例3 在传统现浇建筑普遍做外墙外保温的情况下，针对装配式的特点，尝试重新进行外墙保温三种方案的对比分析（表 11-7），根据项目情况选择最适合的设计方案。

表 11-7 外墙保温方案对比表

对比项	方案 1：外保温	方案 2：夹芯保温	方案 3：内保温
质量	工艺复杂，整体建筑的外保温效果好，但耐久性较差，有开裂、脱落等重大质量风险	工艺要求高，一般不会出现保温层开裂、脱落等质量风险，但存在冷热桥问题，耐久性需要实践检验	工艺简单，保温节能分区清晰，升温降温快
进度	占用关键线路，工期影响大	与结构同步施工，进度快	不占用关键线路，有利于缩短工期
成本	需要外支架，成本高	有增量厚度、构件重、成本高	对保温材料的防火要求不高，对内墙施工平整度要求不高，无外支架，成本低
使用	不影响内部使用	不影响内部使用，保温层更换困难	影响室内使用面积，容易被二次装修破坏
小结	在毛坯房中优先考虑	在有政策奖励时优先考虑	在全装修房中优先考虑

类似需要重新进行对比分析的还有表 11-8 中的各项内容。表中是一般情况下的定性分析，具体项目需要结合实际情况和项目需要，应进行定量分析后综合决策。

表 11-8　需要重新进行对比分析的内容

序	内容	适合装配式	适合传统现浇建筑
1	框梁体系与剪力墙体系	框梁体系	框梁体系、剪力墙体系
2	传统装修与装配化装修	装配化装修	传统装修、装配化装修
3	管线分离与管线预埋	管线分离	管线分离、管线预埋
4	单向板与双向板	单向板	双向板
5	板式阳台与梁式阳台	板式阳台	梁式阳台
6	板式楼梯与梁式楼梯	梁式楼梯	板式楼梯
7	外保温、内保温、夹芯保温	内保温、夹芯保温	外保温、内保温
8	屋面结构找坡与材料找坡	材料找坡	结构找坡
9	梁柱一边齐与中心对称	中心对称	梁柱一边齐
10	钢筋归并还是精细化设计	钢筋归并	精细化设计

5. 对设计单位提出具体的限额设计要求

甲方工作的重点是管理，是资源整合，是通过发挥合作伙伴的专业智慧来实现项目利益最大化。成本管理对象的重点是设计单位，但是在传统建筑中，很多甲方以"甲方发号施令、设计负责画图"的低级管理模式来管理设计单位，最终受伤害的是甲方。要控制好成本，甲方就必须尊重设计单位的专业成果，尽可能多地发挥设计单位的专业智慧，通过系统性地管理来让设计单位在设计过程中兼顾艺术性与经济性、兼顾安全与成本，既要满足设计规范的最低标准，又要控制在限额设计指标的上限以内。

具体来说，可以通过以下措施来加强限额设计管理，获得更经济的设计成果。

（1）项目公司要建立保障限额设计实施的组织、制定工作原则。

1）项目负责人需要组织设计招标启动会，讨论确定招标小组和决策机制、确定投标单位的入围条件、定标原则、定标时间、定标方案等，例如确定优质优价的定标原则，对于装配式专项设计给予合理的设计费，不应要求设计单位按原传统现浇建筑的设计费包干或续标，不应要求预制构件工厂或总包单位分摊；针对主体设计与深化设计分离还是一体化、是否聘请装配式专项顾问单位、是否引进外地优质的设计单位等问题进行讨论和决策。

2）制定限额设计专项协调会议机制，定期、定员召开协调会，总结成果、讨论问题解决方案等；定期邀请产品研发、营销以及各个设计单位的分管领导参与重要协调会；提前与建筑方案主创团队进行交流和专题研讨，确定适合装配式的建筑方案。

3）在甲方公司及主体设计单位均建立建筑师主导的管理团队，从概念设计开始就植入装配式思维，平衡建筑风格、建筑功能与装配式规律之间的关系，从方案设计开始就贯彻集成设计的思维，植入较好的成本基因。

（2）在设计招标中，成本招采部门与设计管理部门需要与设计单位深入沟通，共同确定以下三个方面的限额设计目标和相应的保证措施：

1）时间限额：对于装配式建筑而言，应该将不超出传统建筑的设计工期作为双方共同努力的目标，至少要确保在正负零完工前开始构件制作。要注意评估设计周期不增加的措施，详细了解已完项目的实际情况，确定一个可执行、可落地的设计周期。

2）设计质量问题限额：装配式建筑因设计上的"错漏碰缺"或变更所导致的成本损失更大，需要进一步缩小设计质量问题的允许范围，增加零变更的保证措施。例如，列出常见的设计质量问题清单，至少保证在本项目设计中不再重复出现；评估设计单位已形成的技术成果或管理办法，根据设计案例的图纸来评估设计深度是否满足，避免设计单位按惯性思维进行装配式的设计。

3）成本限额：在现浇混凝土建筑设计限额的基础上要调整结构设计的钢筋、混凝土的限额用量指标，一般是要调增，要约定上限；要补充针对性的限额指标，包括标准层预制构件数量、模具周转次数、钢模具的用钢量等指标。例如模具周转次数，至少不能低于钢模具成本与传统木模的临界点 30~40 次。

同时对投标单位的限额设计保证措施进行评价和讨论，避免限额设计承诺落空，例如户型数量控制的建议，减少预制构件出筋面、出筋数量、出筋规格等来减少模具套数的措施等。

（3）在合同中，既要约定限额设计目标，又要约定奖惩方式。包括：

1）对上述三项限额设计指标分别约定奖惩对等的条款，例如提前一天完成设计，给予设计合同金额 1% 的奖励；成本限额每节约 100 万元，给予 20 万元的奖励等。

2）结合公司的合作方管理制度进行奖惩，例如对于全部按三项限额完成的设计单位，给予列入区域或集团的战略合作方名单的待遇，可以较高的投标价中标其他项目；将履约不达标的设计单位列为降级单位或淘汰单位，限制或暂停其参与公司内的投标的资格。

（4）在合同中，还要确定能控制成本的其他措施：

1）充分利用现有模具，减少新开模具的成本。

2）充分协同生产和施工环节，减少不必要的关于预留预埋的具体事项。

3）驻场协调的具体时间、人员、工作范围等。

6. 通过主动地组织协同设计来减少成本增量

要控制装配式建筑的成本增量，在设计前期组织协同设计是最关键的一项工作，成本基因是高是低就此决定下来。甲方管理者一般要在项目启动初期做相应的组织工作，但在初期的时间档期比较紧张，甲方高层对设计效果的关注度远高于成本，同时有很多单位还没有招标确定下来，甲方只有更加积极地、更有智慧地处理才能推动、组织起相关单位来协同设计。

例如，在预制构件工厂尚未定标时，挑选候选单位中技术实力和类似经验相对丰富的两家单位提前介入到协同设计中，并给予一定的协同设计咨询费用（中标单位的含在中标价中），让协同设计单位都能贡献出专业经验和智慧，避免设计中的考虑不周到或不合理，这样就可以尽可能地提高装配式设计的可实施性和经济性，减少成本增量。或者借鉴部分企业采取战略定标的方式确定预制构件厂家，或采取产业链整合、投资构件制作企业等方式顺利地组织前期的协同设计。

再例如，全装修既是国家标准中的"应"字号的要求，也是发挥装配式建筑缩短工期这一优势的关键。但目前多数项目受企业管理体制的制约（装修属于企业级管理的专业工程，不在项目公司管理职权内），难以在前期组织装修设计参与装配式协同设计，仍然只能先做装配式设计、后做装修设计和施工，容易导致传统建筑中的通病在装配式建筑中不但未减少反而有可能增加。例如部分预留预埋要么重复、要么遗漏，或者装修部品与已完工的结构碰撞，成本不减反增。如果甲方在前期能灵活地打破旧体制的制约，组织装修设计和施工单位参与协同设计，就能组织装修设计前置、装修穿插施工，从而缩短总工期，降低财务成本和管理成本。组织装修协同设计的方式除了针对性调整企业相关管理权责体系和流程以外，还可以通过创新装修施工方式，例如采取更适合装配式建筑的装配化装修方式，以装修模块化和工业化来解决与装配式协同设计的问题（表 11-9）。

表 11-9　装修专业与其他专业的设计协同事项举例

序	内容	装修设计协同事项
1	建筑设计	要提前与营销方案进行协同，确定产品定位、户型、装修标准、外墙保温方案等关键事项
2	结构设计	结构体系的选择与装修方案协同设计，梁板柱墙的布置与尺寸要与装修方案协同设计
3	机电设计	机电管线预埋设计时，精装修方案设计需要前置确定机电点位
4	装配式专项设计	传统装修还是装配化装修，要提前确定，并与装配式专项设计协同
5	施工组织设计	传统装修还是装配化装修，要提前确定，并与总包单位的施工组织设计协同，以缩短总体工期

7. 应用集成式部品部件，提高功能增量

应用集成式部品部件，是实现功能增量大于成本增量的方案之一，能较好平衡质量、进度与成本的关系，系统性实现缩短工期、提高质量、降低成本的目标，是装配式建筑得以健康发展的一条有效路径。集成式部品部件能给住户带来实实在在的价值体验，即使有一定的成本增量，客户也往往容易接受。

例如，美国建筑物的一大特色是大量使用预制混凝土装饰外墙，在混凝土剪力墙外墙板或外挂墙板上集成了装饰面砖（图 11-35）、石材、彩色混凝土、清水混凝土、露骨料混凝土及图案混凝土等装饰材料，为装配式建筑提供了耐久、灵活、经济的外墙预制构件。

再例如，日本普遍使用集成内装部品部件，质量精细的、功能齐全的集成卫生间（图 11-14）。以最小的面积、最合理的布局满足了住户的使用功能。由于标准化设计、工业化生产、装配化施工，所以大幅降低了综合成本。

应用集成式部品部件的优势主要体现在：

（1）缩短工期。将部品部件的二次深化设计前置到前期建筑设计中一并完成，有利于前期协同，缩短设计工期。将传统建筑中的后续工序提前生产，减少了后期在施工现场的工作量，缩短了施工工期。

（2）提高质量。通过集成设计减少了中间施工工序，系统性解决了传统建

▲ 图 11-35　美国南加州大学新校区教学楼外立面

筑中的质量通病，例如外立面采用装饰面砖反打、石材反打的预制构件，可以杜绝装饰面砖或石材破损、脱落等质量问题，终身免维护，不用更换；通过将一部分工程内容转移至工厂生产，提高了生产质量；工程现场的多工序、多工种施工转变成少工种进行装配式安装，提高了施工质量的精度。

（3）降低成本。通过缩短工期和提高质量，可以降低财务成本、管理成本和质量成本；集成式部品部件在专业化的工厂进行规模化生产，可以节约材料、降低成本；集成化外立面预制构件一体化施工，可以实现"免外架"施工，降低安全风险、降低成本；集成化设计减少了中间工序，可以降低成本。例如，石材反打一体化构件，没有中间的钢龙骨，仅此一项就可以节省材料和施工成本约 200 元/m^2。外立面石材反打一体化构件，还可以实现石材装饰层与结构同寿命，从而延长外立面装饰的使用寿命，降低了运维和更换成本。

同时，也要看到应用集成式部品部件，对施工质量控制要求高，对项目管理要求高，这让很多甲方不敢轻易尝试；加上集成式部品部件的初期成本普遍较高，只有以工期缩短、质量返修减少等来综合衡量才体现出成本优势，只有以节省的长达 50~100 年的运维成本来衡量才能体现出更大的经济价值（表 11-10）。

表 11-10　集成式部品部件的应用价值

序	内容	应用价值
1	石材和面砖反打预制构件	与建筑同寿命，终身免维护；减少中间工序，降低成本
2	夹芯保温（三明治）外墙板	与建筑同寿命，终身免维护；减少中间工序，降低成本
3	集成卫生间	占用空间小，功能齐全，做工精致，维修方便
4	集成厨房	占用空间小，功能齐全，做工精致，维修方便
5	集成收纳	占用空间小，功能齐全，做工精致，维修方便

8. 积极尝试新技术、新工艺、新产品的应用

通过本丛书中《装配式混凝土建筑——如何把成本降下来》的第 2 章表 2-4 定量分析可以看出，适应装配式的规范标准相对滞后导致的成本增量占比较大，是属于对提升建筑功能无效的成本增量，是现阶段降低装配式成本的一项重点。积极尝试应用新技术、新工艺、新产品是降低此项成本增量的主要方法。

从成本增量在部品部件的分布上来看，主要是叠合楼板、剪力墙板这两类预制构件的成本增量较大。

表 11-11 是现阶段统计的新技术、新工艺、新产品的类别和应用价值分析，可供参考。

表 11-11　"三新"应用的经济价值举例

序	内容	相关企业	应用价值
1	密拼双向叠合板（图 11-36）	锦萧科技	双向板实现免后浇带施工
2	楼承板	行家钢承板、欧本钢构等	自重轻，不出筋，安装效率高
3	预应力板	万斯达等	跨度大、免模免支撑

（续）

序	内容	相关企业	应用价值
4	模壳体系	衡煦	不影响原结构设计，不增加设计工作量，结构设计增量小；底层加强区等所有非标层均可使用；免拆模、免抹灰，自重轻、吊装效率高
5	叠合墙	三一筑工、美好装配、宝业	构件不出筋、生产施工便利，自重轻、吊装效率高、不增加结构连接成本
6	叠合柱	三一筑工	构件不出筋、生产施工便利，自重轻、吊装效率高
7	双向偏心钢筋机械螺纹连接套筒	上海班升科技	套筒尺寸小，材料成本低，安装操作便利
8	柱钢筋快速连接接头（图 11-37）	江苏金砼	可调组合钢筋接头，可以对偏心和长度进行补偿，可同一截面 100% 连接，适用于钢筋不能转动的操作情况
9	UHPC 材料后浇高效连接技术	上海建工	免套筒，安装便捷
10	螺栓剪力墙干式连接技术	上海建工	操作方便、效率高
11	无脚手架建造技术	上海建工	制作简单、搭拆方便，立体施工，缩短工期
12	预制构件后浇段无支撑高效浇筑定型模具	上海建工	制作简单、搭拆方便、周转使用

▲ 图 11-36　密拼双向板（锦萧科技）

▲ 图 11-37　柱钢筋快速连接接头（江苏金砼）

第 12 章
销售问题及解决思路

本章提要

分析了消费者对装配式建筑的四种认知状态,列出了装配式建筑的销售
策略和方法以及存在的问题,给出了在销售环节让消费者放心的具体措施和
建议。

12.1 消费者对装配式建筑的认知

消费者对装配式建筑的认知大致有四种状态:持有好感、印象模糊、有些怀疑和深有抵触。从笔者在国内多个地区了解到的情况来看,持模糊、怀疑或抵触态度的消费者占比多一些,持好感态度的消费者占比少一些。

1. 持有好感

对装配式建筑持有一定好感的消费者对装配式建筑的了解,基本来源于对装配式建筑发达国家的成功经验和案例的了解和认识。目前,我国对装配式建筑的宣传渠道和宣传力度都受一定的专业限制,仅有很少一部分消费者能够通过专业渠道对装配式建筑有比较深入的学习和了解,并客观、积极地看待和迎接装配式建筑的发展。

2. 印象模糊

有些消费者对装配式建筑印象模糊,对技术体系或材料应用感觉无所谓,他们并不关心房子是如何建造而成。近 40 年的传统现浇方式在他们看来似乎更稳妥和可靠一些,更新升级与否,对他们的购买选择并无大的影响。

3. 有些怀疑

第三种认知状态是部分消费者对装配式建筑有些怀疑。这部分消费者主动去学习和了解过装配式建筑的基本常识和国外的典型项目,知道装配式建筑的技术较为成熟,在一些发达国家已经被广泛应用。但对装配式建筑在中国的发展,他们认为中国的技术还不够成熟,对装配式建筑推广过程中所遇到的问题有些担忧,持怀疑态度,这种态度对装配式建筑的消费群体会有不利的影响。

4. 深有抵触

第四种认知状态来自于对装配式建筑深有抵触的消费者,这部分消费者往往从设计理

念、技术解析、材料优势、制作精度和安装质量等方面去说明装配式建筑在中国不具备起步和推行的条件，评判和推演的结论比较悲观，认定"在中国推行装配式建筑是死路一条"，或主张"让装配式建筑去死"。这种认知状态可能源于对传统技术的迷信或对新技术应用推广的排斥和不宽容。

12.2　销售策略与方法及存在的问题

推广装配式建筑的目的是实现经济效益、社会效益和环境效益，从根本上讲是向消费者提供在建筑质量、使用功能、建筑寿命期和结构安全方面更好的建筑产品。装配式建筑发展初期，在消费者了解不多，有些疑问，甚至不接受的情况下，甲方在销售环节应当做好产品介绍和专业引导，让消费者有正确的认知和体验，指导用户选择满意的产品，使装配式建筑逐步从政府推动走向市场的主动选择。

目前在装配式建筑产品销售环节，甲方的销售策略与方法还存在一些问题，包括：

1. 回避或未涉及装配式话题

装配式建筑房屋销售较为普遍的状态是回避或不涉及装配式话题。营销团队自身不关注，也未意识到消费者的关注；未根据装配式建筑房屋的特点和消费者的关注点制定有针对性的销售方案，仍沿用传统现浇建筑房屋的销售方案。

2. 营销团队说不清楚

虽然意识到应当直面装配式的话题，但营销团队对装配式建筑究竟是怎么回事自身也说不清楚，认为就是国家推广装配式建筑的大环境、大趋势，对客户的问询或疑问，无法做出令人信服的回答和解释。

3. 对消费者的关注点不敏感

销售或售后服务过程中，不注意收集消费者对装配式建筑疑问和不满的信息，未向项目管理部门及时做出通报，以获得正确、清晰和让消费者满意的答复。同时，由于消费者的疑问和不满得不到及时反馈，也错失了提高装配式建筑设计、施工水平，不断提升产品品质以满足消费者需求的机会。

4. 宣传方式不当

没有用浅显易懂、直观明了的方式宣传装配式建筑的特点，仅限于口头或文字说明，空话、套话较多，没有系统、完整、细致的描述，还停留在国家政策的行文用词的状态。这种不务实、不具体、不细致的宣传方式，容易让消费者对装配式建筑形成假、大、空的印象，无法获知装配式建筑真正的优势。

5. 对功能增量和标准提升宣传不够

因提升功能或标准而导致房价提高，如外围护系统集成化、全装修、管线分离和同层排水等功能增量大于成本增量的变化，没有向消费者解释清楚，消费者只看到了装配式建筑的房价更贵了的一面，却不知道有哪些功能改善了，安全性和耐久性有哪些提高。

12.3 让消费者放心的具体措施和建议

1. 把装配式概念纳入营销策划

销售环节是将装配式建筑从政府推广转换为市场自觉选择的重要环节。通过让消费者了解装配式建筑的优点，接受装配式建筑，并收集他们的疑问和要求，进一步完善装配式建筑，使装配式建筑房屋成为消费者放心和欢迎的产品。甲方应当把装配式建筑的概念纳入到营销策划中，融入日常销售工作中。

营销策划方案中需要明确以下要点：

（1）由谁来全面负责装配式建筑的宣传引导实施工作。

（2）本项目采用了哪些装配式建筑技术，尤其是可以让消费者受益的技术。

（3）有哪些专业技术问题需要向消费者做出讲解说明。

（4）选择哪些宣传方式更益于消费者理解和接受。

（5）销售人员的专业培训如何进行及应达到的标准。

2. 从消费者的角度出发

消费者对企业的经济效益、国家的社会效益和环境效益不会过分关心，他们关心的是装配式建筑到底给自己带来了什么利益。销售工作应当明确和切实把握这一视角，在质量和标准的提高、功能的改善等方面，深入浅出地讲解装配式建筑的特点和优势，以及本项目所采用的装配式建筑技术给消费者带来的具体好处。

3. 针对性要强

对消费者可能关心和关注的问题进行推演，对可能会涉及的每类问题、每个问题，都要做出具体解释和准确回答，不应当是空洞抽象的泛泛而谈。

4. 眼见为实

"眼见为实"有助于人们理解和认可某一事物，专业的设计与生产过程都与消费者生活相距甚远；而购买房屋居住后，许多技术又都封闭在主体结构和围护结构里面，装配式建筑的一些特点并不在普通消费者的常识认知范畴内。销售环节应多采用样板间、图片张贴、视频播映、微信推送等浅显易懂、灵活便捷的宣传手段。还可以借助售楼处的场地，将项目所采用的一些装配式的优势技术和部品，通过一些形象新颖、主题鲜明、让人耳目一新的实物展示出来，比如，将传统的沙盘模式加入装配式建筑的元素（图12-1）、用卡通布偶以玩具形式展示一些部品部件（图12-2）、展示一些与销售项目采用相同技术和部品的国

▲ 图12-1 佛山万科用沙盘模拟施工现场讲解装配式建筑

内外有代表性的装配式建筑图片等。用简洁、直观的说明方法加强消费者的理解效果，以达到使消费者对装配式建筑技术模式放心的目的。佛山万科公司将艺术、工艺与销售宣传结合，用装配式集成管道做成"机器人卫士"，给人以深刻的印象，信任感油然而生，见图 12-3。

▲ 图 12-2　佛山万科用布偶和实物管件做装配式集成管道展示

5. 对消费者疑虑的解答

（1）对结构安全疑虑的解答

对消费者有疑虑的问题，尤其是结构安全方面的疑虑，要重点描述，详细说明。在销售现场的宣传图册上、在接待桌台的摆件上、在售楼处的场地上，可以用文字、照片、图样、视频、模型等做出具体展示和详细说明，做到深入浅出、一目了然，让消费者放心。

笔者看过日本鹿岛的一栋超高层住宅的售楼书，特别强调该建筑是装配式施工方法所建，制作精良，质量有保障（图 12-4）；日本东京铁钢参建的某项目在售楼处展示连接节点的实物模型（图 12-5）；上海保利某项目，在售楼处展示灌浆套筒实物模型、后浇混凝土模型；日本积水住宅在沈阳的项目，对咨询的消费者最先展示的环节是观看企业宣传片，宣传片中用已竣工的装配式建筑项目的施工过程视频结合字幕和旁白，讲解装配式；佛山万科的项目，将模块化设计和预制构件在工厂的浇筑、振捣、养护等制作环节录制于宣传片中，在售楼处播放讲解（图 12-6），同时，还定期向消费者开放施工现场，将装配式建筑的部品部件实物和吊装施工环节向参观者展示（图 12-7）。以上案例都是针对消费者对装配式建筑结构安全、连接技术方面的质疑进行解答和消除疑虑的有效举措。

▲ 图 12-3　佛山万科用集成管道
做成的机器人宣传装配式

▲ 图 12-4　日本超高层住宅售楼书把装配式作为卖点

部品部件采用标准化和模数化的设计方式

▲ 图 12-5 东京铁钢参建的项目在售楼处摆放实物模型介绍连接节点

▲ 图 12-6 万科在宣传片中讲解预制构件制作环节

（2）对工程质量疑虑的解答

要让消费者知道，装配式建筑并不是单纯的工艺改变——将现浇混凝土和其他环节的现场施工变为预制部品部件预制装配，而是建筑体系与运作方式的变革，对建筑质量提升有推动作用。

工厂化生产的装配式建筑预制构件比较容易实现高精度（图 12-8），更容易控制保护层厚度等决定混凝土耐久性的构造环节。而预制构件的高精度会带动现场后浇混凝土精度的提高，从而提高整个建筑质量。

▲ 图 12-7 万科对业主展示装配式建筑施工环节

▲ 图 12-8 高精度的柱、梁、墙板一体化预制构件

与工地现场的自然养护方式不同，装配式建筑预制构件通常采用蒸汽养护，对保证混凝土的质量和耐久性更有利。

6. 对功能和标准提升的宣传

（1）大跨度大开间的优势

大跨度大开间能够实现在住宅房屋使用寿命期内方便地进行户内改造。比如，两口之家在有一个孩子和两个孩子以后，可以轻松增设婴儿房和儿童房，房屋易主时，也可以随时按照新业主的家庭人口情况和个人喜好进行布局改造，不必受结构墙体的限制，见图 12-9。

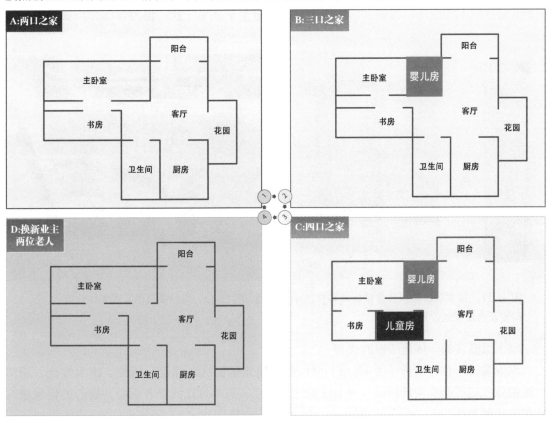

▲ 图 12-9 大跨度大开间结构模式下的户型改造示意图

（2）全装修的优势

全装修房屋便利省心，业主不必担心因为同单元或隔壁邻居入住时间不统一，先后装修时间不同，而造成的噪声干扰。由于全装修采用的材料一般更环保，装修时间与入住时间间隔较长，减少了用户自己装修毛坯房入住后由于装修材料气味、甲醛超标等造成环境污染、影响健康的问题。一些精装修房屋还采用了高性能的门窗，气密性、水密性、隔热

▲ 图 12-10 日本积水某项目售楼处向客户展示门窗降噪性能

保温性能、降噪性能更好（图 12-10 和图 12-11），大大提高了居住舒适度和建筑品质。

（3）天棚吊顶地面架空的优势

装配式建筑通过预制构件内添加隔声材料、天棚吊顶（图 12-12）、地面架空（图 12-13）等装配式装修技术的应用，增强了房屋隔声效果，避免了邻里干扰，也为管线分离提供了方便条件。

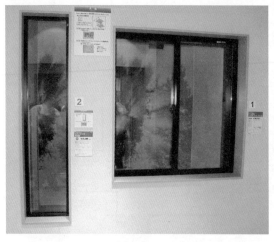

▲ 图 12-11　日本积水某项目售楼处向客户展示门窗及房屋保温效果

▲ 图 12-12　采用薄吊顶实现管线分离

（4）保温装饰一体化墙板的优势

保温装饰一体化墙板（图 12-14）可以提高建筑的防火、保温、隔热、防水性能，避免外墙薄抹灰层或装饰面砖脱落，保温层失火、渗水、透寒等让消费者担心、痛心的传统建筑质量通病的发生。

▲ 图 12-13　采用地面架空实现管线分离

▲ 图 12-14　保温装饰一体化墙板

（5）分户墙隔热的优势

在分户墙体有隔热保温处理的项目中，供热分户计量模式的前提下，可以节约能源。 如图 12-15 所示，未使用隔热保温板材的项目，如果住户 B 在非供暖状态，住户 A 的房间内会产生大量的热量流失，使用装配式隔热材料分户墙的项目，则不会产生或者是极少产生热量损失。

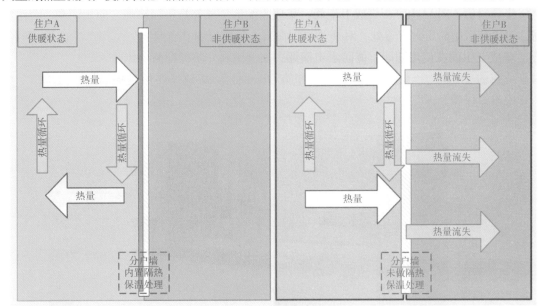

▲ 图 12-15　分户墙采用隔热处理的热量循环对比示意图

（6）管线分离的优势

管线与结构主体寿命期不同，与传统施工方式中把管线埋设在混凝土里的做法相比较，管线分离（图 12-16）可带来更高的使用安全性和维修便利性，一旦需要进行线路改造，施工快捷高效，还不会对建筑结构造成损坏。

（7）同层排水的优势

同层排水便于使用期间的维修，维修过程不会对上下层住户造成影响；使用期间，下水异味不跑串、不传染病毒，也不用担心下水渗漏殃及下层住户，引起邻里纠纷；由于排水立管更有条件设置在公共区域，还消除了室内立管排水的噪声。例如，佛山万科项目部使用同层排水原理图制作销售人员培训课件（图 12-17），讲解同层排水的概念和给业主带来的便利，深度分析了同层排水的优势。

▲ 图 12-16　实施管线分离的某项目

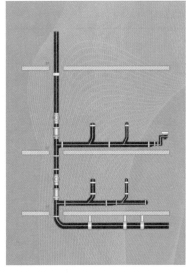

▲ 图 12-17　万科培训销售人员的同层排水功能原理课件

（8）集成部品的优势

集成厨房（图12-18）、集成卫生间、集成收纳等集成部品格局清晰、使用便利、节约空间，对提升房屋品质大有益处，对于小户型而言，更能显现其空间充分利用、功能性强的优势。集成卫生间在使用期间，能防水电渗漏，安全性高；防霉抑菌、快速干爽、无缝易洁，对于业主的生活多了一层保护。而对于甲方自身而言，集成部品更是提高施工效率、降低装修成本的保障。

▲ 图 12-18　收纳功能非常强的集成厨房

保利华南区域某项目，使用供应商的集成卫生间图集和实物相结合的形式，为销售人员进行培训，对使用材料、安装工法、优势比较等问题进行说明、讲解，并要求销售人员向前来咨询的客户进行全面、准确的介绍（图12-19）。

 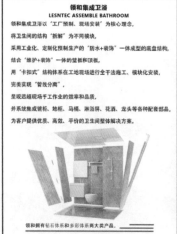 

▲ 图 12-19　保利某项目给销售人员培训集成卫生间的资料

第 13 章
物业管理问题及解决思路

本章提要

　　本章列出了甲方的物业管理责任、装配式建筑物业管理特点、甲方在物业管理中存在的问题、物业管理指导书与专项培训以及禁止砸墙凿洞的措施。

13.1　甲方的物业管理责任

　　尽管大多数开发商（即甲方）不直接进行物业管理，即使像万科这样的地产公司自己管理物业，也是由旗下独立注册的物业公司和业主对接。但甲方在物业管理方面依然负有重大责任，须保证建筑物整个寿命期的结构安全和正常使用。针对装配式项目，甲方应承担的物业管理责任包括以下内容：

　　1. 物业管理文件的提交

　　项目交付阶段，甲方向物业公司提供的文件除了必备的《住宅质量保证书》和《住宅使用说明书》（俗称"两书"）外，还应提供：

　　（1）全套竣工图和完整的工程技术资料（包括与装配式相关的内容：如预制构件分布图、主要预制构件种类和连接方式等）。

　　（2）《住宅使用说明书》，应纳入装配式集成部品的使用说明，如集成卫生间、集成厨房、集成收纳等。

　　（3）《物业管理指导书》，对建筑物的使用、维护、装修改造时的限制等给出详细指导，宜附有培训讲解视频。

　　（4）《保修流程》，保修期内业主或物业公司向甲方提出保修要求，由甲方组织实施保修。

　　（5）《重大质量问题处理流程》，当房屋出现影响使用功能或结构安全的重大问题时，业主或物业公司要求甲方予以解决。

　　2. 保修

　　保修期内，发生保修事项时，甲方根据《保修流程》组织施工单位、设备厂家、预制构件厂家及其他部品部件厂家等进行维修。

3. 回访

项目交付后，甲方定期对业主及物业公司进行回访，对建筑物等进行检查。回访频次可根据各分项工程和设备的保修期来确定。

4. 重大问题处理

保修期过后，如果建筑物等出现应由甲方负责的重大使用问题和结构安全问题时，根据《重大质量问题处理流程》组织调查、分析，给出解决方案并实施。

由于装配式混凝土建筑在使用、维护、装修及改造的限制等方面与现浇混凝土建筑有所不同，甲方在上述与物业有关的工作内容中必须将装配式混凝土建筑的物业管理特点与要求清楚地表述出来。

13.2 装配式建筑物业管理特点

13.2.1 应列入《物业管理指导书》的与装配式有关的事项

1. 禁止用户在混凝土结构构件上砸墙开洞凿沟

因为业主，特别是多年后重新装修的业主，不知道结构连接节点区域的具体位置，一旦发生凿断钢筋尤其是结构连接节点区域的钢筋，就会削弱结构承载力，造成结构安全隐患，甚至发生安全事故。

例如，对于现浇混凝土结构，根据规范要求，某一个构件位于同一标高截面内的纵向受力钢筋接头面积百分率不得大于50%；而对于装配式混凝土结构，不仅一个构件的钢筋接头都在同一标高截面内，甚至整层楼的钢筋接头都在同一标高截面内，因此，装配式混凝土建筑连接节点区域的保护须引起高度重视。

根据《装标》规定，预制剪力墙竖向钢筋采用套筒灌浆连接时，自套筒底部至套筒顶部并向上延伸300mm范围内，预制剪力墙的水平分布钢筋应加密（图13-1）。这些钢筋起到重要的加强作用，一旦被截断，会对结构带来明显的损伤和安全隐患。

2. 对膨胀螺栓等后植入连接件的施工操作要求

膨胀螺栓等后植入需先进行打孔作业，如打孔凿断受力钢筋会影响结构安全；即便没有凿断钢筋，打孔时产生的震动也易使钢筋保护层产生裂

▲ 图 13-1　预制剪力墙板灌浆套筒部位加密钢筋

缝，如果不及时处理，水汽一旦进入就会导致钢筋锈蚀，最终影响建筑物的耐久性。如确有打孔需要，应在物业人员的旁站监督下实施，并在专业人员指导下找出钢筋所在位置（如利用钢筋保护层探测仪，见图 13-2），从而选择在无钢筋处打孔。

3. 给出内隔墙重物悬挂注意事项

根据选用的内隔墙类型，给出该类型内隔墙重物悬挂的注意事项，如悬挂重物的位置、重量、方式等；在设计阶段，在内隔墙选用及布置时要考虑到重物悬挂事宜，如客厅背景墙处考虑悬挂电视、卫生间墙体考虑悬挂热水器等。

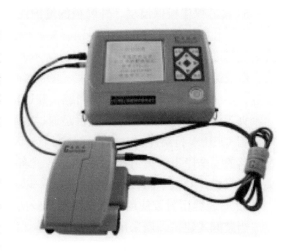

4. 门窗一体化外墙预制构件窗框更换要点

当门窗所处区域为现浇范围，则此处门窗框更换办法与现浇结构相同。如外墙构件采用门窗一体化预制构件，门窗框是预埋在混凝土预制构件中的，应给出门窗框使用过程中发生损坏需要更换时的更换要点。

▲ 图 13-2　钢筋保护层探测仪

在预制构件中，门窗的安装方式主要分为预埋门窗框（图 13-3）、预埋钢副框（施工现场安装外框，见图 13-4）和预留窗洞后安装。无论采用哪种方式，门窗更换时都需要注意以下几点：

（1）不能擅自自行更换。

（2）保修期内，由开发商组织施工单位、预制构件工厂、门窗部品厂等进行更换。

（3）保修期到期后，由业主委员会或物业公司组织设计单位、预制构件工厂、门窗部品厂等共同研究更换方案，并进行更换。

（4）更换时要严格遵循更换要点，不得对预制构件造成损伤。

▲ 图 13-3　预制构件的预埋窗框

▲ 图 13-4　预制构件的预埋钢副框

5. 防雷引下线接头部位图及检查要点

装配式建筑的防雷引下线通常预埋在竖向预制构件中，并通过焊接方式进行连接，见图

7-17。防雷引下线可靠与否关系到业主及整个建筑的安全，因此，甲方须给出防雷引下线连接处检查及维护要点，如防雷引下线连接处所在部位、检查办法、检查的时间间隔、检查的重点项目等，以及检查发现问题后的处理流程和办法。

6. 夹芯保温板保温层、外叶板的维护注意事项

有些装配式建筑的外墙采用预制夹芯保温板（图 13-5），施工安装时需要对板与板之间的安装缝进行防水封堵。如果防水封堵不严密或年久失修，安装缝处就有可能出现渗水现象，造成保温材料浸水后保温效果下降，影响建筑使用功能。因此，甲方应给出安装缝检查要点，以便定期检查，及时发现问题，并进行维修。

夹芯保温板的外叶板和内叶板是通过金属拉结件或树脂（FRP）拉结件锚固连接的，采用树脂（FRP）拉结件时，极特殊情况下，因作业不当，会造成外叶板锚固连接不牢靠，存在脱落的安全隐患。外叶板一旦脱落，就有可能造成重大的安全事故。因此，甲方应给出夹芯保温板外叶板牢固程度的检查要点，以及发现问题后的处理办法和程序。

7. 安装缝密封胶使用年限及重新打胶的作业要点

当装配式建筑外墙采用外墙板或夹芯保温剪力墙板时，板与板之间的安装缝封堵后，还要打胶对安装缝进行密封和美化处理（图 13-6）。国内目前采用的密封胶的使用年限大都无法与建筑同寿命，因此，甲方应根据密封胶的出厂说明给出密封胶的使用年限、密封胶的类型，并给出重新打胶的操作工艺及验收标准。

▲ 图 13-5　预制夹芯保温板

▲ 图 13-6　外墙板安装缝打胶

8. 集中式布置的管线的区分标识

可采用不同颜色，或在管线上包裹不同颜色的材料，或在管线上标注字母或文字对集中布置的装配式建筑管线加以区分，以便于后期的维护、维修及更换，见图 13-7 和图 13-8。

9. 集成部品使用、维修说明

装配式建筑要求全装修交付，因此采用集成部品越来越广泛，如集成卫生间、集成厨房、集成收纳、集成吊顶等。所以，甲方应给出所采用的集成部品的使用和维修说明，例如：集成卫生间的接口标识、管线、洁具维修更换要点；集成厨房的接口标识、设备使用及维修说明等。

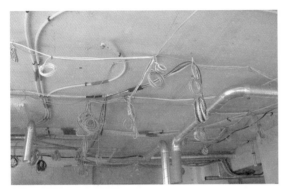

▲ 图 13-7　不同颜色的机电管线

10. 保修期过后业主自行组织维修的《维修指南》

为了保修期结束后，物业公司或业主对建筑物等进行有效、及时地维修，甲方应给出物业公司或业主自行组织维修的《维修指南》，以及施工总包单位、分包单位、设备及部品供应单位的联系方式，以便于保修期后，业主自行组织维修。

▲ 图 13-8　标注文字的室外给水排水管线

11. 日常维护保养项目清单

有效地做好装配式建筑的日常维护和保养工作，可以保证建筑物等的正常使用，还可以减少维修保修的频次和难度。因此，甲方应给出日常维护保养项目清单和维护保养办法。

12. 清洗外墙悬挂式脚手架固定部位

为了避免清洗外墙悬挂式脚手架固定不牢靠，发生安全事故，装配式建筑在预制构件制作及安装施工时，已将外墙悬挂式脚手架的固定点位安装到位，甲方应将此告知物业公司和业主。

13.2.2　保修期内装配式建筑常见保修内容及流程

1. 装配式建筑常见的保修事项

装配式建筑常见的保修事项因项目自身采用的预制构件、集成部品不同而有所区别，现举例说明如下：

（1）外墙板水平缝渗水

装配式住宅外墙采用预制剪力墙外墙板时，如果接缝封堵不严密、灌浆不饱满等会导致水平缝渗水（图 13-9），渗水不但会影响居住舒适度，还会导致保温层受潮，影响保温效果，严重时还会导致钢筋锈蚀，影响结构安全。

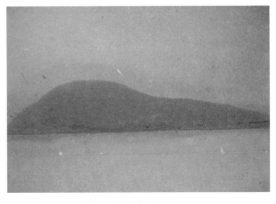

▲ 图 13-9　外墙水平缝渗水

（2）密封胶质量问题

安装缝打胶采用的密封胶质量不好或者施工工艺不当会造成安装缝密封不严，从而造成渗水、保温层受潮、外墙污染等，见图13-10。

（3）门窗框防锈问题

预埋钢副框的预制构件，待外墙施工完成后再将门窗外框安装于副框上，如果防锈处理不到位会导致锈蚀，造成锈水外漏等隐患。

▲ 图 13-10　密封胶质量不好对建筑外立面造成污染

（4）叠合楼板裂缝

叠合楼板拼缝处理不当有可能出现裂缝现象，影响业主居住的舒适度。

2. 保修期内的保修流程

装配式建筑保修期内的保修流程见图13-11。

13.2.3　重大质量问题及处理流程

1. 装配式混凝土建筑在保修期过后可能发生的重大问题

（1）装配式建筑围护体系渗漏水，见图13-12~图13-14。

（2）夹芯保温外墙板的保温层受潮，影响保温效果。

（3）预制构件可能出现的结构安全问题，如夹芯保温板外叶板的拉结件锚固失效等。

2. 与装配式有关的重大质量问题处理流程

与装配式有关的重大质量问题处理流程可参见图13-15。

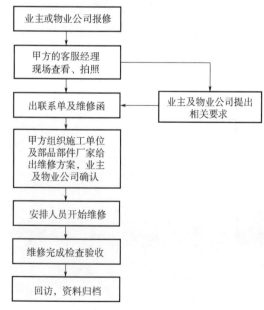

▲ 图 13-11　装配式建筑的保修流程

▲ 图 13-12　外墙板与屋顶梁板接缝渗漏水

▲ 图 13-13　外墙板与下层梁板接缝渗漏水　　▲ 图 13-14　阳台外墙板接缝渗漏水

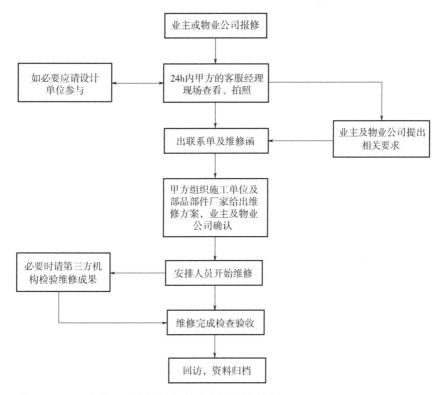

▲ 图 13-15　与装配式有关的重大质量问题处理流程

13.3　甲方在物业管理中存在的问题

甲方在装配式建筑物业管理方面存在的常见问题有：

（1）未提供《物业管理指导书》，或指导书中缺乏针对装配式建筑的内容。

（2）《住宅使用说明书》里缺乏装配式集成部品的使用说明。

（3）未对物业公司人员进行有针对性的培训。

（4）未制定针对装配式特点的维修保养预案、工作流程和工作标准。

（5）未制定回访制度和档案管理不到位。

（6）未考虑如何确保建筑物整个使用寿命期内，在业主或物业公司更换的情况下，《物业管理指导书》和培训内容能够被延续执行。

（7）未提供施工总包单位、分包单位、设备及部品供应单位的联系方式。

13.4　物业管理指导书与专项培训

1.《物业管理指导书》的主要内容

为了保障装配式建筑的长久安全，甲方仅在交房过程中叮嘱业主是远远不够的，必须编制规范、详细、操作性强的《物业管理指导书》。只有这样，才能确保历经几年或几十年，即便房屋几易其主，仍有适用的标准和规程来指导物业管理者及业主对建筑等的使用和维修。

装配式建筑的《物业管理指导书》应包括但不限于以下内容：

（1）装配式建筑的基本信息，如建设单位、设计单位、部品部件生产供应单位等企业名称和负责人、联系方式等。

（2）设定使用或维修禁区。根据装配式建筑的实际情况，明确安全红线。不能随意砸墙凿洞，不能随意采用后锚固螺栓，不能随意伤及结构，这些是业主在使用或维修过程中的禁区。如果确有需要，需联系物业，由物业公司与建设单位和设计单位等沟通，在征得原设计单位许可的情况下谨慎实施。

（3）其他应列入《物业管理指导书》的与装配式有关的事项，详见本章 13.2.1 节。

2.《物业管理指导书》的培训

《物业管理指导书》编制后，须对物业管理人员进行专项培训，培训内容可制作成视频，培训的要点应至少包括以下内容：

（1）熟悉小区的装配式楼栋及各楼栋的装配式基本情况。必要时可以请设计或施工等专业人员培训指导。

（2）学习装配式建筑的《物业管理指导书》，能随时解答业主的相关疑问。如业主在装修期间违规操作，应能正确判断、及时发现并禁止。

（3）掌握保修期常见的与装配式有关的保修内容和处理流程。

（4）了解并掌握各装配部品部件对应的厂家及联系方式。

3.《物业管理指导书》的宣传

除了分发纸质材料外，还可在住宅景观或楼栋的明显位置设置标识，通过扫描二维码等方法提示新业主在入住时一定要阅读《物业管理指导书》和宣传视频。

13.5　禁止砸墙凿洞的措施

　　为了人身和建筑物的安全，所有业主均应遵守国家的相关法律法规，不要随意破坏建筑物内的结构墙体，这点对于装配式建筑尤为重要。虽然所有物业管理者都会贴出温馨提示，但是总会有个别业主为满足自身的需求，私自砸墙凿洞。

　　当全装修住宅首次交付阶段，有物业公司的监督，砸墙凿洞的行为比较容易避免；但当住宅为简装或毛坯房交付时，砸墙凿洞的行为就可能会比较严重；同时，目前大部分住宅是70 年产权，在产权期间内，房屋往往会几易其主和多次重新装修，此时，容易出现随意砸墙凿洞的行为。为了确保安全，有必要从甲方、设计、物业管理等多方面采取措施，杜绝随意砸墙凿洞的行为。

　　1. 设计阶段就要考虑周全

　　（1）优化设计空间，合理布局。考虑后期改造的可能，承重墙体尽量布置在分户墙上，非受力墙体多用于户内隔墙，要尽量考虑居住的适用性和通用性，减少业主后期砸墙凿洞的主观意愿。

　　（2）设置万能预埋件。为适应后续需求的变化，可以在预制构件上设计埋设能够承受较大负荷的通用埋件，一旦有新的需求，可以利用该埋件引出、搭设布置新的吊点。如：在叠合楼板底面预埋内埋式螺母等。

　　2. 设置显著性的提示

　　（1）在石材或金属材料上刻印结构平面示意图，作为永久性标识，告知不能随意破坏的装配式建筑结构部位。

　　（2）有吊顶、架空地板等干法装修时，在混凝土构件上直接设置标识，见图 13-16。

　　（3）毛坯房交付或不方便在建筑结构上直接设置标识时，可在《物业管理指导书》中做图标重点提示。

▲ 图 13-16　禁止砸墙凿洞的标识

　　3. 建立重新装修改造的备案监督机制

　　（1）业主需要对房屋进行重新装修改造前，需到物业公司备案，并由装修公司提供详细的装修改造图纸。

　　（2）物业公司需告知业主和装修公司禁止砸墙凿洞的部位。

　　（3）装修改造过程中，物业公司应对随意砸墙凿洞的行为进行监督，一经发现，立即制止。

第 14 章
装配式建筑展望

本章提要

对装配式建筑总体趋势进行了展望，探讨了甲方目前在装配式推广背景下无法解决的问题，提出了对规范标准和政策制定、修订的期望，同时对供给侧改革和技术进步进行了展望。

14.1 装配式建筑总体趋势展望

笔者认为，装配式建筑发展的总体趋势有两种可能。

第一种可能：启动期→发展期→高潮期→稳定期

（1）启动期 政府大力推广的被动发展期。

（2）发展期 在启动期初步解决了规范保守、技术不成熟、标准不完善、政策不合理、结构体系不适应、人才短缺、质量通病难防治、成本高、工期长等问题，建筑标准普遍提升，优质供给侧形成，初步实现了三个效益特别是经济效益，进入市场自觉的发展期。

（3）高潮期 随着政策、标准、技术、管理进一步完善，尤其是技术和管理的进步，装配式建筑占新建建筑的比例和绝对数量（包括混凝土、钢结构、木结构和混合结构建筑）达到顶峰，为推进中国城市化和解决居民住房问题做出巨大贡献，标志着装配式建筑步入了高潮期。

（4）稳定期 随着城市化基本实现和居民住房问题基本解决，大规模建设时期结束，装配式建筑进入稳定期。虽然建筑量减少，但更加专业化、标准化和个性化，技术更先进、更实用。

第二种可能：启动期→徘徊期→终止

（1）启动期 政府大力推广的被动发展期。

（2）徘徊期 由于在启动期内未较好地解决装配式建筑的实际问题，未实现三个效益，得不偿失，勉强为之，企业不情愿但不敢违背，政府欲终止又不甘心，处于低迷的徘徊期。

（3）终止 由于长期无效益或负效益，不满与问责汹涌，或政府不再强制，自行终止；或政府下文终止。

为了装配式建筑走上健康发展的轨道，实现第一种可能，必须迫切地解决装配式建筑启动期出现的问题，同时我们必须清晰地认识到，这些问题不会自动消失！从政府主管部门到科研机构、甲方、设计院、预制构件等部品部件企业和施工安装企业等应当同心协力，客观面对并认真解决问题。

14.2　甲方无法解决的问题清单

自 2016 年国务院出台《关于大力发展装配式建筑的指导意见》以来，全国 31 个省、市、自治区陆续出台了推动装配式建筑发展的政策措施，越来越多的地区在土地招拍挂阶段就明确了装配式建筑的指标要求。

在政府主管部门的推动下，从行业协会到研究机构，从集团型龙头企业到产业链上下游企业，围绕装配式建筑发展，在各自领域做了大量探索性的工作，建成了一大批装配式建筑产业基地和装配式建筑示范工程。但也不能回避，甲方在装配式实践中也面临着一些难题，制约着行业的发展。影响建筑工业化发展的因素很多（图 14-1），有些问题源于企业自身，需要通过管理模式的改变和技术经验的积累加以解决，但有些问题靠企业自身是无法解决的。表 14-1 列出了甲方自身暂时无法解决的问题清单，供读者参考。

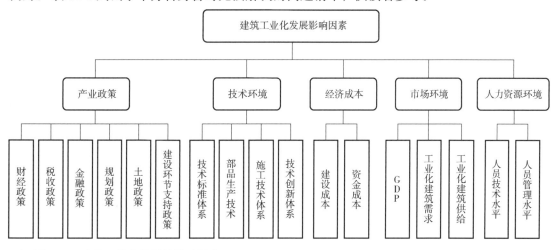

▲ 图 14-1　建筑工业化发展的影响因素

表 14-1　装配式建造下甲方自身无法解决的问题清单

序号	问题	现状描述
1	部分地区的政策 "一刀切"	没有因地制宜地确定装配式指标，不区分项目大小和类型，僵化执行相同指标；偏重结构预制，轻视四个系统均衡发展；按单体建筑考核指标，不允许项目内灵活调剂
2	鼓励支持政策有待进一步细化完善，个别政策落地性差	有些地区在制定政策时，缺乏与当地实际相结合，有照搬先进城市政策的痕迹；个别政策实施过程牵涉部门多，程序较烦琐
3	规范和标准体系尚在逐渐完善中，个别规范条文过于保守	尚未形成较完备的国家和地方标准，技术支持力度不够，现行规范中也有不完善之处

（续）

序号	问题	现状描述
4	供给侧资源不足	有些地区预制构件厂较少，产能不足，需要在其他地区采购和运输，导致运输成本增加、构件价格提高
5	投入建安成本较高	现阶段装配式混凝土项目的建安成本比传统方式高 $150\sim600$ 元/m^2
6	结构工期普遍延长	由于预制和现浇两种工艺穿插，结构工期普遍延长，甲方想通过穿插施工缩短开发周期又有管理门槛、实施有难度
7	全装修的政策对现浇建筑要求低，对装配式建筑要求高	有些地区允许现浇结构住宅可不采用全装修，装配式住宅必须全装修，在装配式结构成本增量基础上，又增加了装修成本，导致装配式建筑售价高、市场竞争力降低
8	土地使用期和建筑使用年限不统一	我国土地使用期 70 年，建筑使用年限 50 年。建筑使用年限短，导致装配式难以发挥品质优势，难以实现使用年限延长的优势
9	装配式住宅实现管线分离、同层排水等补课内容的驱动力不足，导致产品品质提升不明显	规范规定设备与管线"宜"与主体结构相分离，而不是"应"，由于管线分离的成本增量和面积损失可能无法通过售价平衡，企业主动性不强，实施存在障碍

14.3 对规范标准修订与制定的期望

目前各级建设主管部门、科研机构、标杆企业都积极参与装配式规范和图集的编制，为装配式发展提供了技术保障。但总体上来说，由于我国工业化建筑起步较晚，还处于初级阶段，与发达国家相比还有一定差距，还未能形成完备的标准体系；有些标准尚存在不合理之处，以下是笔者对标准修订与制定的一些粗浅建议，仅供参考。

1. 需丰富装配式结构的标准

目前装配整体式剪力墙结构的标准和图集较丰富，但针对装配式筒体结构（包括筒中筒结构、束筒结构等）以及采用减震或隔震技术的装配式结构尚缺乏专门的标准。对钢结构、木结构、混合结构用于装配式住宅的标准还需深化、细化。

2. 需统一装配式结构和现浇结构的限制高度

现有规范基于工程实践数量偏少，对于竖向剪力墙参与预制的装配整体式剪力墙结构采取从严要求，降低了最大适用高度。随着工程实践的增多和基础研究的深入，可从计算或构造措施上加强，从而实现装配式结构的适用高度与现浇结构一致，否则装配式建筑的应用范围受到限制，可能因为单体层数不足损失容积率。

3. 简化低设防烈度区或低层建筑的连接形式

《装标》第 5.8.5 条规定，多层装配式墙板结构纵横墙板交接处及楼层内相邻承重墙板之间可采用水平钢筋环锚灌浆连接，这极大简化了连接形式。低设防烈度区或低层建筑的地震作用较小，应和高层建筑有所区别，期望规范按照上述思路，探索诸如干法连接、干湿混合连接等更多的简便连接方式。

4. 增加全装配式体系标准

全装配式混凝土建筑采用干法连接，干法连接具有湿作业少，施工效率高，便于检验，成本较低的优势。在美国，多层停车场通常采用干法连接的全装配式剪力墙-梁柱体系（图14-2）。我国可先在低设防烈度区的低层建筑中尝试，最终形成适用于我国的全装配式混凝土建筑体系标准。

5. 建议调整现浇竖向构件内力放大的规定

《装标》规定：抗震设计时，对同一层内既有现浇墙肢也有预制墙肢的装配整体式剪力墙结构，现浇墙肢的水平地震作用弯矩、剪力

▲ 图 14-2　美国某多层停车场

宜乘以不小于 1.1 的增大系数。内力增大导致成本增加。严格意义上说，此条规定并不严谨，当仅有个别竖向墙体预制时，全楼层现浇墙体内力均须放大；相反的情况，大多数为预制墙体时，又仅对个别的现浇墙体进行内力放大，两种情况下的安全储备并不匹配。

6. 补充装配式非结构专业技术标准

现有装配式标准中以结构系统居多，有关外围护系统、设备与管线系统和内装系统的标准和图集较少，建议主管部门和行业协会在大量调研的基础上，补充相关标准，如装配式接缝防水密封应用标准、装配式外围护系统设计标准等。

7. 将管线与结构分离的要求由"宜"改为"应"

《装标》第 7.1.1 条规定：装配式混凝土建筑的设备与管线宜与主体结构相分离。这样做对结构安全、维修更换和延长建筑寿命有利，是发达国家的普遍做法。将"宜"改为"应"，通过规范的强制性规定，充分体现装配式施工的优势，推动装配式施工安装工艺的革新。

8. 将装配式建筑使用年限延长至 70 年或 100 年

利用装配式发展的契机，通过管线分离、同层排水、集成化应用提升产品品质，通过增加有限的结构成本延长建筑的使用寿命，使得建筑设计使用年限和土地使用年限接近，并在此基础上再同步延长，成为"百年宅"，以时间换空间，提高建筑全生命周期的性价比。

14.4　对鼓励支持政策的期望

国家政策针对建筑业发展的改革可分为两个阶段，一是住宅产业化推广期，二是建筑工业化攻坚期。目前我国仍处于住宅产业化推广期，政策助力是装配式快速发展的必要手段。

政府对装配式建筑的鼓励支持政策主要包括土地政策、规划政策、财政政策、税收政策、金融政策和建设环节的其他政策等。

1. 对鼓励性政策的建议

（1）制定政策要因地制宜，与时俱进。例如中西部地区鼓励的力度可以加大些，以便逐步缩小与东部地区的差距，带动当地配套产业；在同一地区也要阶段性地评价政策落地的效果，科学地、有计划地进行调整。

（2）倡导有利于实现社会效益和环境效益的举措。鼓励企业参与节能减排的技术创新和应用，对主动采用装配式装修、管线和结构分离的项目给予容积率奖励、地价补偿、提前预售等优惠政策。对装配式生产和建造过程与 BIM 紧密结合的项目给予一定补贴等。

（3）加大金融优惠政策支持力度，缓解企业资金压力。鼓励企业采取多种方式融资，采取优先放贷，无抵押融资贷款等金融政策；建立健全装配式项目工程担保体系；通过采取贷款贴息、财政补贴等扶持方式，加快建筑工业化项目的示范和推广。

（4）切入需求端，加强消费者补贴激励。制定购房政策时，对主动购买装配式住宅，尤其是全装修的装配式住宅的消费者提高贷款比例和贷款期限，或降低贷款利率、减免部分税费。

（5）鼓励建设单位采用工程总承包模式实施项目建设，释放市场需求。在审批流程或财政补贴上予以政策支持。

2. 对鼓励性政策的展望

（1）市场化导向。装配式发展初期需要政策推动，通过政策的支持使装配式建筑降低成本、提高效益、健康发展。但长期来看，不能完全依靠政府出台的相关政策，只有市场主动选择装配式建筑、形成真正的规模效益，装配式建筑才能实现可持续发展。

（2）全方位惠及。目前，我国装配式政策的扶持对象主要集中在企业和项目上，应扩大扶持覆盖面，在对企业进行激励的同时，也应对建筑工业化消费、技术、管理等方面提供支持。

（3）跨层级协同。政府通过推动技术融合、业务融合、数据融合、打通信息壁垒，逐步形成从区域至全国、统筹利用、统一接入的数据共享大平台，构建区域信息资源共享体系，实现跨层级、跨地域的协同管理和服务。

（4）可持续发展。建筑业的节能减排的任务重大，建设生态低碳城市、低碳生态社区、低碳绿色建筑，已经成为全球趋势。应积极出台鼓励节能减排的相关政策，实现真正的低碳经济与绿色建筑。例如，对自觉分类并处理建筑垃圾的企业给予绿色建筑奖励，对于随意排放建筑垃圾的企业征收较高费用等。

14.5　对不适宜政策改进的期望

在建筑工业化的推进过程中，也存在不适宜的政策，增加了企业负担，阻碍装配式发展，下面是对一些可能不适宜的政策提出的建议和改进希望，供读者参考，更希望能引起政策制定者的重视。

1. 避免"一刀切"的政策

有些地区政策过于僵硬，例如：无论项目规模、也无论建筑特点是否适合都要求采用装配式，僵化地执行同一标准；只按项目考核预制率或装配率指标，不允许单体建筑之间的指标调剂；硬性指定只允许某类型结构构件预制。

"一刀切"政策必会导致不适宜做装配式的项目成本增量过高，变得为了装配而装配，违背了发展装配式的初衷，政策制定时应考虑差异化。有些省市已经制定了差异化的政策，图 14-3 为上海市建设协会关于申报技术论证的平台，对于特别不适合实施装配式的项目可提出申请，经专家评审通过后，可对预制率或装配率指标进行调整。

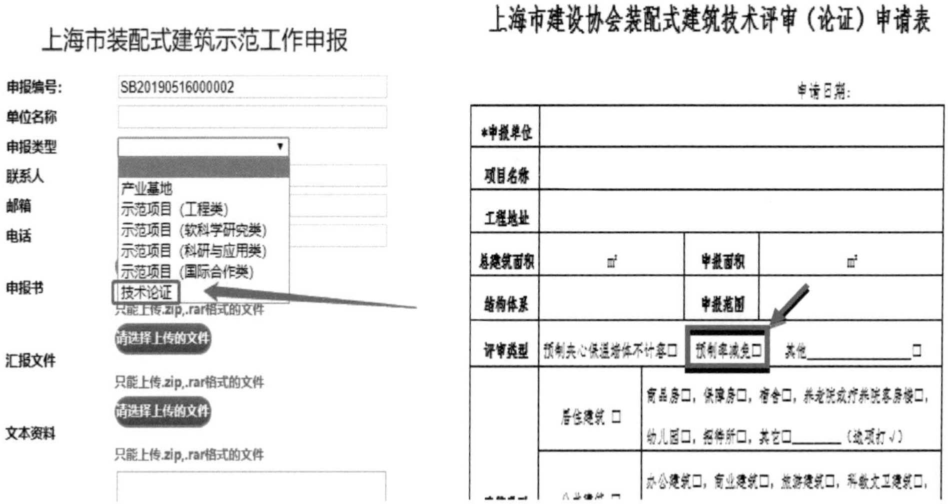

▲ 图 14-3　上海市建设协会装配式技术评审平台

2. 避免人为造成供给短缺

一些地方政府未根据当地情况规划适宜的发展目标，指标过高，过于激进，人为造成了供给侧短缺，导致预制构件等部品部件价格虚高，对装配式建筑的成本增高起到了推波助澜的作用。

3. 期望调整预制构件增值税率

目前预制构件的增值税率是 13%，比建安的税率高 4%，预制构件工厂可抵扣的进项税范围和税率受限，造成实际税负成本增加；另外，甲方因为可获得 13% 的进项税发票用于抵扣，所以倾向于构件甲供，由此也不利于总承包管理模式的推广。为减轻构件厂税负负担，同时推进总承包管理模式，建议政府在装配式建筑推广期对构件产品实施税率优惠，或者给予一定比例即交即返的政策。

4. 加强政府部门之间的信息互通

虽然多个省市推出类似容积率奖励的政策，但落地性会有所差异，有些地区比较谨慎，有些地区比较积极。此外，不同鼓励支持政策的执行部门也不相同，例如住建部门负责装配式项目的认定；规划部门负责不计容面积的落实；房管部门负责提前预售的审核。有时政府部门间的信息不对称会影响政策落地的实操性，建议政策的制定部门和执行部门加强信息互通。

5. 建立健全政策制定过程中的参与机制

现阶段国家和各级地方政府仍是推动装配式发展的主要力量，但也应意识到，政策只是手段而不是目的，最终要交给市场。因此政策的制定不应由政府"一手包办"，应完善政策制定过程中的参与机制，包括：畅通工作渠道，形成政府与协会、协会与企业的联动机制和意见反馈机制；发挥专家作用，形成装配式技术保障机制等。

14.6 对供给侧改进的期望

住房和城乡建设部原总工程师陈宜明指出："发展装配式建筑是建造方式的重大变更，是推进供给侧结构性改革和新型城镇化发展的重要举措。"采用装配式建造方式，会"倒逼"建筑行业摆脱低效率、高消耗的粗放建造模式，走依靠科技进步、提高劳动者素质、创新管理模式的发展道路。

为适应和满足装配式发展的需求，笔者对供给侧有以下期望可供读者参考。

1. 对材料供应端的期望

装配式适宜楼层数多且重复率高的建筑，高层、超高层建筑做装配式适宜性更强。装配整体式混凝土结构采用高强度大直径钢筋可以减少钢筋数量，避免钢筋配置过密、套筒间距过小而影响混凝土浇筑质量；高强度混凝土的使用，可以减小钢筋的锚固长度，减小预制构件尺寸，方便施工。

目前国内建筑由于大量是剪力墙结构住宅，高强度、大直径钢筋应用范围小，供货渠道少，采购相对困难；与之匹配的灌浆套筒和灌浆料也由于市场需求少，很少有单位投入研发。

随着大空间、超高层的装配式建筑增多，以及更适于装配式建筑的结构体系应用范围的加大，市场对于高强度大直径钢筋和高强度混凝土的需求也将随之增加，相关材料生产企业可提前布局。

2. 对预制结构和外围护系统的期望

（1）外挂结构与装饰的一体化，极大地提升了外立面的装饰质量和品质，也因耐久性的提高降低了外立面维护成本（图14-4和图14-5）。对于不适宜主体结构预制的低层房屋，可通过叠合楼板和一体化的外围护墙板体现装配式的特点。

▲ 图14-4 加拿大的胶木节能墙体

▲ 图14-5 陶砖反打一体化外挂墙板

（2）大跨度预应力板吊装速度快、连接节点少，在大空间、大跨度的结构内具有明显的优势。图 14-6 为预应力空心楼板，图 14-7 为预应力带双肋的叠合楼板。国内已有不少公共项目采用这两类预应力板，发挥了很好的效果。

▲ 图 14-6　SP 预应力空心板　　　　　　▲ 图 14-7　预应力带双肋叠合楼板（双 T 板）

（3）建立模块化、标准化的预制构件库（图 14-8），将预制构件"拆分图"变为预制构件"组装图"。企业可根据基本参数在库中选取标准化构件，减少了设计工作量，提高了施工安装效率，预制构件工厂组织标准化构件生产更容易实现生产均衡、技术进步、保证质量、降低成本。

▲ 图 14-8　预制构件库

3. 对装配式内装和集成部品的期望

（1）装配式内装发展缓慢的原因除了消费者接受需要一个过程外，更多的原因是市场可供选择的产品太少，价格偏高，除了几家装配式先锋企业在积极应用，大多数甲方仍然按照老的思路，对装配式内装尝试较少。未来政策的导向应鼓励更多的企业参与其中，探索更好的内装材料和干法施工方式。

（2）对于集成部品，国内企业需多借鉴发达国家产品，不断迭代提升。图 14-9 是加拿大的某集成厨房（局部），非常紧凑实用，空间不大，但包括了煤气灶、抽油烟机、洗碗机、微波炉、冷藏柜（右侧柜中部）、两个冷冻抽屉（右侧柜下部）和橱柜等。

图 14-10 是某房企 18m² 胶囊公寓，室内设置了可伸缩的餐台，内嵌洗衣机、冰箱等家用电器的集成收纳柜；沙发前的茶几可通过不同的翻折方式实现不同的使用功能（茶几、学

习用的书桌，社交用的餐桌等）。

▲ 图 14-9　集成厨房(局部)

▲ 图 14-10　某胶囊公寓室内布置

4. 对设计企业的期望

（1）能力的提升

装配式建筑的建造特点要求设计人员具备更综合的素质。首先，专业协同要求设计人员不但要有较高的本专业设计能力，还要掌握其他专业设计的基本知识；其次，设计人员要对预制构件生产和安装具有一定的了解。

（2）软件的提升

设计企业应加大诸如 BIM 的信息技术应用，不仅可以提高设计效率，减少错漏碰缺，未来更期望能够建立基于标准的数据库，快速建立起项目的模型信息共享的平台。

（3）定位的转型

目前不少设计单位和施工企业都在寻求企业转型，从单一的业务转变成打通全产业链的整体解决方案供应商。未来期望有实力的企业更多尝试以"设计+施工"联合体的形式承接项目，实现深度融合。

5. 对施工安装企业的期望

（1）提升工程质量

期望建设管理部门加大施工企业的监管力度，加强对专项施工人员的评级和备案；甲方在招标投标环节提高对技术标的权重；施工企业重视工人培训，强化质量控制。

（2）加快"四新"技术应用

期望施工企业尝试研发新技术、新材料、新设备和新工艺，通过技术创新和管理创新，形成企业的核心竞争力。

（3）承包模式的转变

装配式项目更多采用工程总承包模式，推进装配式建筑一体化、全过程、系统化管理，解决工程建设切块分割、碎片化管理问题，实现资源的合理配置。

14.7　对技术进步的期望

在享受装配式建筑红利前，甲方需要迈过工程量规模、技术两道门槛。装配式技术的发展方向，涉及建筑标准化、结构体系和连接方式的创新、一体化设计、部品集成、信息化管理、建造设备及工艺更新等方面。

1. 技术进步支撑建筑寿命延长

现阶段装配式建筑比传统建筑的成本主要高在前期的建安环节，在后期使用过程中的成本较低。以全生命周期的角度审视，装配式效益增量应高于成本增量，实现经济收益，也是国家推广装配式的初衷。

装配式建筑具备延长寿命的内在条件和外在驱动力，70 年使用寿命和"百年宅"的要求被纳入规范也并非遥远，而建筑使用期的延长需要技术进步的支撑。

（1）建筑设计的可变性和适应性要求。落实内装及管线与结构体分离的"SI"理念，摆脱设备管线在主体结构中预埋的传统做法，见图 14-11。

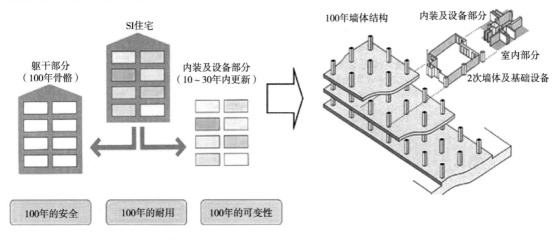

▲ 图 14-11　SI 住宅的内装及管线与结构体分离

（2）采用标准化设计，将建筑部品部件模块按功能属性组合成标准单元，部品部件之间采用标准化接口，形成多层级的功能模块组合系统，见图 14-12。

（3）结构体系适应大空间布局，利用柱梁结构和预应力楼板优势，便于空间灵活分隔，适应家庭全生命周期各阶段的功能需求。结构计算及构造满足 100 年使用期的安全性和耐久性。

（4）通过一体化设计和集成部品的研发，实现主体结构系统、外围护系统、设备与管线系统和内装系统的集约整合。完善部品部件的定制化和通用化，保证在全寿命使用期内的维护和更新。

2. 结构体系轻质化和连接方式便捷化

（1）利用减震或隔震技术提高抗震性能，提高预制率，减轻结构自重，见图 14-13。

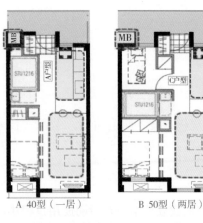

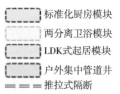

A 40型（一居）　　　B 50型（两居）　　　C 60型（两居）

▲ 图 14-12　套型的模数化与系列化设计

▲ 图 14-13　上海临港重装备产业区项目(预制框架+粘滞阻尼)

（2）通过大量试验研究和工程经验，简化节点连接。减少目前墙板和楼板侧边出筋被后浇段"绷带捆绑"的方式，改善目前预制构件分布细碎、连接段钢筋碰撞干涉、安装效率低的现状，见图 14-14 和图 14-15。

（3）借鉴欧美经验，研发主体结构构件之间的干法连接（图 14-16），探索在低设防烈度区或低层建筑中采用全装配式结构。

▲ 图 14-14　预制墙板分布细碎安装不便

▲ 图 14-15　楼板侧边出筋后浇区钢筋碰撞

（4）推广在非节点域的连接方式，即"节点预制+构件后浇"（图 14-17），避免在节点区因钢筋密集、预制构件安放

▲ 图 14-16　美国停车场常用的干法连接的梁柱体系

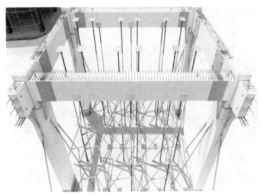

▲ 图 14-17　基于超高性能混凝土连接的装配结构体系 PCUS

顺序易错等影响安装效率和浇筑质量，更加符合"强节点、弱构件"的设计思路。

（5）优化钢结构体系，扩大钢结构项目覆盖面（图 14-18），开展新型组合体系和其他新型装配式混合结构的研究和应用。

▲ 图 14-18　包头万郡·大都城项目(钢结构住宅)

3. 预制构件生产的专业化和自动化

（1）研发适应我国结构体系的生产设备；随着结构体系理论和实践的进步，预制构件标准化程度提高，侧边出筋减少，构件生产方式从固定模台转变为更高效的自动化流水线，见图 14-19。

（2）研发与预制构件设计相协同的自动化加工技术。例如，研发钢筋骨架一次性自动化组合成型技术，将墙板钢筋骨架拆分成标准化、单元化模块，进行自动化加工；研发模具的自动化组拆技术；研发混凝土布料的智能化控制技术。

▲ 图 14-19　预制构件自动化流水生产线

▲ 图 14-20　可调节叠合板独立支撑

▲ 图 14-21　新型模壳剪力墙体系

（3）针对不同的建筑体系研制出数字化信息控制的高度自动化的生产系统，并逐步发展为可自律操作的智能生产系统，开发集搬运、安装、储存功能为一体的复合型机器人。

（4）建立先进的信息管理系统，完善生产资源的调配和生产计划的管理，通过物联网平台实现各生产环节的高效有机对接及厂区物料运输通道的优化设置。

4. 现场安装高效化和检测手段多样化

（1）针对成熟部品和工业化建筑体系研制专用建造设备。如采用诱导钢筋定位技术，实现预制构件高效安装就位；研发形成定型化的灌浆料封堵模具，保证灌浆密实；研发系列工具化、标准化外爬架、吊具、模板和支撑系统，实现高效装配，见图 14-20 和图 14-21。

（2）通过技术改进，丰富并提高目前装配式建筑检测技术手段。例如，对于套筒灌浆质量检测一直是难点，上海地方标准提出了四种检测方法：预埋传感器法、钻孔内窥镜法、X 射线数字成像法和预埋钢丝拉拔法，参见图 14-22。

5. 建造运维的信息化和智能化

（1）BIM 应用将不止停留在图纸碰撞检验和施工初步模拟等比较基础的层次，更将促使工程建设各阶段、各专业主体之间在更高层面上充分发挥共享资源，有效解决设计与施工脱节、部品与建造技术脱节的问题，发挥出全专

业、全员、全生命周期的应用价值，见图
14-23。

（2）采用信息技术建立全过程信息化管
理平台，包括各专业设计、生产、建造、安
装、装饰、运行、维修等建筑全生命期的信
息体系，提供建造全过程信息的交流和共
享，最终实现集成项目交付（IPD）和虚拟
设计建造（VDC）。

▲ 图 14-22　采用新技术进行套筒灌浆质量检测

6. 与绿色、低能耗建筑深度融合

以现有装配式建筑体系为基础，融入绿
色建筑、低能耗节能建筑的先进理念，进一
步探索部件及节点的节能工艺，通过装配式主体结构系统、围护结构系统、内装系统、机电
系统和超低能耗建筑标准的技术耦合集成，实现建筑全过程的高质量目标。

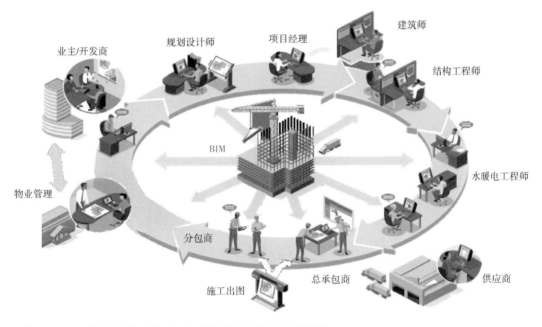

▲ 图 14-23　信息化技术应用贯穿建筑项目的整个生命周期